# Adobe
# Photoshop CC 2017
## 图像处理教程

※ 21世纪高等院校数字艺术类规划教材

石喜富 郭建璞 董晓晓 编著

U0381768

人民邮电出版社

北京

图书在版编目（CIP）数据

Adobe Photoshop CC 2017图像处理教程 / 石喜富,
郭建璞，董晓晓编著. -- 北京 : 人民邮电出版社,
2017.11（2020.8重印）
　21世纪高等院校数字艺术类规划教材
　ISBN 978-7-115-46529-0

Ⅰ. ①A… Ⅱ. ①石… ②郭… ③董… Ⅲ. ①图象处
理软件－高等学校－教材 Ⅳ. ①TP391.413

中国版本图书馆CIP数据核字(2017)第178200号

## 内 容 提 要

　　本书详尽地介绍了图像处理软件 Photoshop 的核心内容，讲述了 Photoshop 的基础知识、基本编辑操作方法和应用技能。本书的主要内容包括图像编辑基础、图像编辑软件 Photoshop CC 简介、Photoshop CC 基本操作、图像选区的创建与基本操作、绘图与修图工具组、路径和形状、在图像中输入文字、图像的色彩调整、图层、通道、蒙版、滤镜、3D 设计、动作与自动化、打印输出图像文件以及综合案例等内容。通过对本书的学习，学生可具备图像处理的能力，能够独立完成复杂图像作品的合成。

　　本书内容翔实，深入浅出，既有理论知识又有操作实例，针对性很强，适合作为高等院校非计算机专业尤其是文科（文史哲、经营类）和艺术类、师范类专业师生使用，也可作为从事图像编辑和创作的专业人员的参考用书和培训教材。

◆ 编　　著　　石喜富　郭建璞　董晓晓
　　责任编辑　　刘　博
　　责任印制　　陈　犇

◆ 人民邮电出版社出版发行　　北京市丰台区成寿寺路 11 号
　　邮编　100164　电子邮件　315@ptpress.com.cn
　　网址　http://www.ptpress.com.cn
　　固安县铭成印刷有限公司印刷

◆ 开本：787×1092　1/16
　　印张：19　　　　　　　　2017 年 11 月第 1 版
　　字数：460 千字　　　　　2020 年 8 月河北第 3 次印刷

定价：49.80 元
读者服务热线：(010)81055256　印装质量热线：(010)81055316
反盗版热线：(010)81055315
广告经营许可证：京东市监广登字20170147号

# 前言

　　图像编辑是面向非计算机类专业学生开设的一门计算机应用课程，本书是该课程的配套教材。本书较详尽地介绍了图像合成软件 Photoshop 的核心内容，讲述了 Photoshop 的基础知识、基本编辑操作方法和应用技能。通过对本书的学习，读者可具备图像处理的能力，能够独立完成复杂图像作品的创作。

　　本书包含多个实用的教学案例，全书以案例引领的方式介绍与图像编辑技术相关的内容。本书最后一章是综合应用，提供了典型的实例，通过对案例制作过程的详细讲解，将软件功能和实际应用紧密地结合起来，能够帮助读者逐步掌握使用 Photoshop 设计实际作品的技能。

　　本书主要特色如下。

　　（1）案例教学与理论教学紧密结合，为提升专业技能打下坚实的基础；（2）本书的编写以"计算机应用能力的培养"为导向，在介绍图像编辑基础知识的同时，重点介绍了计算机对图像媒体信息的处理过程；（3）采用案例教学的模式，边讲边练，能够激发读者学习的兴趣，培养动手能力；（4）针对相关专业学生的知识结构和专业需求，在理论上结合实例讲述图像编辑的基本知识、计算机处理多媒体信息的基本过程，在应用上详细介绍目前流行的图像编辑软件 Photoshop 的功能及用法，并配有典型实例，具有很强的实用性和操作性。

　　本书第 3、4、9、10、11 章和 16.3 节由石喜富编写，第 1、2、5、6、12 章和 16.1 节由郭建璞编写，第 7、8、13、14、15 章和 16.2 节由董晓晓编写。参与本书编写的还有王学军、律颖、杨俊生、李花、石增天、王涵、王松辉、李奥和高玉娟。全书由石喜富统稿。在编写过程中作者参考了许多多媒体技术、图像处理和应用方面的相关图书、文献和电子资料，在此向这些图书、文献和电子资料的作者表示感谢。

　　由于编著者水平有限，书中错误和不足在所难免，敬请读者批评指正。

编著者

于北京·中国传媒大学

2017 年 3 月

# 目录

# 1 Chapter

# 第 1 章
# 图像编辑基础

多媒体应用愈来愈广泛，对图像处理技术的发展起到了很大的推动作用，图像处理的各种应用也已经扩展到教育、培训和娱乐等多个领域。本章将从图像处理基础理论知识入手，重点介绍色彩空间表示以及图像的数字化过程。

✿学习要点：

● 色彩空间表示；
● 图像的数字化过程；
● 图像文件大小的计算方法；
● 常用图片文件格式。

✿建议学时：上课 2 学时，上机 1 学时。

# 1.1 图像处理基础

图像又称点阵图像或位图图像，简称位图（Bit-mapped Image）。图像作为人类感知世界的基础，是人类获取信息、表达信息和传递信息的重要手段，也是人类最容易接受的信息。在进行图像设计与处理时，首先应认识色彩，通过图像的色彩区别和明暗关系来感知图像的内容。因此，要理解图像处理软件中所出现的各种有关色彩的术语，首先要具备基本的色彩理论知识。

## 1.1.1 色彩理论

物体由于内部物质的不同，受光线照射后，产生光的分解现象。一部分光线被吸收，其余的被反射或折射出来，呈现为我们所见的物体的色彩。色彩是人类视觉对可见光的感知结果，在可见光谱内不同波长的光会引起不同的颜色感觉，光的波长与颜色如图 1.1.1 所示（单位：纳米）。

| 颜色 | 红色 | 橙色 | 黄色 | 绿色 | 青色 | 蓝色 | 紫色 |
|------|------|------|------|------|------|------|------|
| 波长 | 700 | 620 | 580 | 546 | 480 | 436 | 380 |

图 1.1.1 光的波长与颜色

人对光与色彩的感觉会有冷色和暖色的区别。冷色图与暖色图如图 1.1.2 所示。可见，光是色彩之源，色彩是光的实际反映。

图 1.1.2 冷色图与暖色图

## 1. 色彩的基本术语

在对图像进行色彩调整时，对色彩的描述有几个基本的术语：色调、饱和度和亮度。

（1）色调

当人眼看到一种或多种波长的光时所产生的色彩感觉，称为色调或色相。与绘画中的色相系列不同，计算机在图像处理上采用数字化，可以非常精确地表现色彩的变化，色调是连续变化的。用一个圆环来表现色谱的变化，就构成了一个色彩连续变化的色环。

（2）饱和度

饱和度指的是颜色的纯度，调整饱和度就是调整颜色的纯度。淡色的饱和度比浓色要低一些；饱和度还与亮度有关，同一色调越亮或越暗饱和度越低。

（3）亮度

亮度或明度是光作用于人眼时所引起的明亮程度的感觉，是指色彩明暗深浅的程度，也称为色阶。亮度有两种特性：一是同一物体因受光不同会产生明度上的变化，明度不同的三幅图像如图 1.1.3 所示；二是强度相同的不同色光，亮度感会不同。

图 1.1.3　明度不同的三幅图像

### 2. 三基色原理

色光的基色或原色为红（R）、绿（G）、蓝（B）三色，也称为光的三基色。三基色以不同的比例相混合，可成为各种色光，但原色却不能由其他色光混合而成。因为色光的混合是光量的增加，所以足量三基色相混合可形成白光。若两种色光相混合后形成了白光，则这两种色光互为补色。如图 1.1.4 所示。

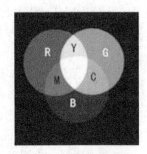

图 1.1.4　RGB 三基色

色光采用相加原理混合。图中 R、G、B 为三基色；R 与 C（Cyan，青色）、G 与 M（Magenta，洋/品红色）、B 与 Y（Yellow，黄色）互为补色。互补色是彼此之间最不一样的颜色，这就是人眼能看到除了基色之外其他色的原因。

在一个典型的多媒体计算机图像处理系统中，常常涉及用几种不同的色彩空间表示图形和图像的颜色，以对应于不同的场合和应用。因此，数字图像的生成、存储、处理及显示时对应不同的色彩空间，需要做不同的处理和转换。

### 3. 色彩空间

色彩学中，人们使用若干术语对色彩进行描述。同时，人们还建立了多种色彩模型，以一维、二维、三维甚至四维空间坐标来表示某一色彩，这种坐标系统所能定义的色彩范围就叫色彩空间。我们常用的色彩空间有：RGB 色彩空间、HSB 色彩空间、CMYK 色彩空间、Lab 色彩空间、YUV 色彩空间等。

（1）RGB 色彩空间

计算机显示器就采用了 R、G、B 相加混色的原理。任何色光都是由不同比例的三基色混合相加而形成的，这种色彩的表示方法称为 RGB 色彩空间表示法。如图 1.1.5 所示，采用物理三基色表示，三个坐标轴分别表示三基色，沿正方向强度不断加深。把三种基色交互重叠，就产生了次混合色：青、品红和黄。在数字视频中，对三基色各进行 8 位编码，就构成了大约 1670 万种颜色，这就是我们常说的真彩色。

根据三基色原理，任何一种色光都可由 R、G、B 三基色按不同的比例相加混合而成。用基色光单位来表示光的量，则在 RGB 色彩空间，任意色光 F 都可以用 R、G、B 三色不同分量的相加混合而成，即：

$$F=r[R]+g[G]+b[B]$$

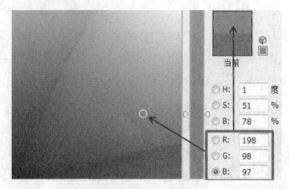

图 1.1.5　RGB 色彩空间表示

　　RGB 色彩空间还可以用一个三维的立方体来描述，当三基色分量都为 0（最弱）时混合为黑色光；当三基色分量都为最强时混合为白色光。任一色彩 F 是这个立方体坐标中的一点，调整三色系数 $r$、$g$、$b$ 中的任一系数都会改变 F 的坐标值，也即改变了 F 的色值。

　　（2）HSI（HSB）色彩空间

　　HSI 色彩空间是从人的视觉系统出发，用色调（Hue）、饱和度（Saturation 或 Chroma）和亮度（Intensity 或 Brightness）来描述色彩。

　　通常把色调和饱和度通称为色度，用来表示颜色的类别与深浅程度。由于人的视觉对亮度的敏感程度远强于对颜色浓淡的敏感程度，为了便于色彩处理和识别，人的视觉系统经常采用 HSI 色彩空间，它比 RGB 色彩空间更符合人的视觉特性。

　　（3）YUV 色彩空间

　　在现代彩色电视系统中，通常采用三管彩色摄像机或彩色 CCD（点耦合器件）摄像机，它把摄得的彩色图像信号，经分色、分别放大校正得到 RGB，再经过矩阵变换电路得到亮度信号 Y 和两个色差信号 R-Y、B-Y，最后发送端将亮度和色差三个信号分别进行编码，用同一信道发送出去。这就是我们常用的 YUV 色彩空间。

　　采用 YUV 色彩空间的一个重要原因是，它的亮度信号 Y 和色度信号 U、V 是分离的。如果只有 Y 信号分量而没有 U、V 分量，那么这样表示的图就是黑白灰度图。彩色电视采用 YUV 空间正是为了用亮度信号 Y 解决彩色电视机与黑白电视机的兼容问题，使黑白电视机也能接收彩色信号。

　　YUV 表示法的另一个优点是，可以利用人眼的特性来降低数字彩色图像所需的存储容量。人眼对彩色细节的分辨能力远比对亮度细节的分辨能力低。因此，可以把彩色分量分辨率降低但不会明显影响图像的质量，所以可以把几个相邻像素不同的色彩值作为相同色彩值来处理，从而减少所需的存储容量。

　　例如，要存储一幅 RGB 1024×768 大小的彩色图像，三种基色分别用 8 位二进制表示，那么所需的存储空间为 1024×768×3=2359296Bytes，约 2.4MB。如果用 YUV 来表示同一幅彩色图像，Y 分量仍然为 1024×768，并且仍用 8 位二进制表示；对每 4 个相邻像素（2×2）的 U 和 V 值分别用相同的一个值来表示，那么所需的空间就减少为：1024×768＋（1024×768 / 4）×2=1179648 Bytes，约 1.2MB。

　　（4）CMYK 色彩空间

　　彩色印刷或彩色打印的纸张是不能发射光线的，因而印刷机或彩色打印机就只能使用一些能够吸收特定的光波而反射其他光波的油墨或颜料。油墨或颜料的三基色是青（Cyan）、品红（Magenta）和黄（Yellow），青色对应蓝绿色，品红对应紫红色。理论上说，任何一种由颜料表现的色彩都可以用这三种基色按不同的比例混合而成。但在实际使用时，青色、品红和黄色很难叠加出真正的黑色，因此引入了 K 代表黑色，用于强化暗调，加深暗部色彩。这种色彩表示方法称为 CMYK 色彩空间表示法。彩色打印机和彩色印刷系统都采用 CMYK 色彩空间。

（5）Lab 色彩空间

与 YUV 色彩空间类似的还有 Lab 色彩空间，它也用亮度和色差来描述色彩分量，其中 L 为亮度，a 和 b 分别为各色差分量。

Lab 色彩空间弥补了 RGB 和 CMYK 两种色彩空间的不足。Lab 色彩空间所定义的色彩最多，处理速度和 RGB 色彩空间一样快，可以在图像编辑时使用。

**4. 色彩空间的变换**

RGB、HIS、YUV、CMYK、Lab 等不同的色彩空间只是同一物理量的不同表示法，因而它们之间存在着相互转换的关系，这种转换可以通过数学公式表示。例如，CMYK 为相减混色，它与相加混色的 RGB 空间正好互补。

实际应用中，一幅图像在计算机中用 RGB 空间显示；用 RGB 或 HSB 空间编辑处理；打印输出时要转换成 CMYK 空间；如果要印刷，则要转换成 CMYK 4 幅印刷分色图，用于套印彩色印刷品。在进行颜色设置时，可以根据自己的实际需要选择不同的色彩空间模式进行设置。如图 1.1.6 所示，Photoshop 的拾色器中提供了多种色彩空间模式。

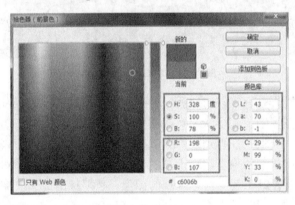

图 1.1.6　拾色器

## 1.1.2　图像与图形

眼睛所看到的自然景观原本都是一种连续变化的模拟信号，但计算机只能处理数字信号，为了使计算机能够记录和处理图像、图形，必须首先使图像、图形数字化，形成数字图像、图形。数字图片文件分为位图图像和矢量图形两大类。

**1. 位图**

图像又称点阵图像或位图图像，简称位图（Bit-mapped Image）。一幅图像由多个像素点组成，像素是能独立地赋予色度和亮度的最小单位。不同色度与亮度的值表示该像素点的灰度或色度的等级。位图中的每个像素点的色度值可以用二进制数来记录，根据量化的色度值不同，位图又分为黑白图像、灰度图像和彩色图像。

① 黑白图像。图像中只有黑白两种颜色，计算机中常用一位二进制数表示，1 和 0 两

种状态分别表示白和黑。

② 灰度图像。图像中把灰度分成若干等级，每个像素用若干二进制位表示。常用 8 位二进制数来表示 256 种灰度等级。

③ 彩色图像。彩色图像有多种描述方法。例如，在计算机中使用较多的 RGB 色彩空间，每个像素点的颜色值由 R（红）、G（绿）、B（蓝）三种颜色合成。

图 1.1.7 所示的分别是黑白、灰度、彩色图片。

图 1.1.7　黑白、灰度、彩色图片

位图与分辨率有关，当在屏幕上以较大的倍数放大显示时，位图会出现锯齿边缘问题，且会遗漏细节。图 1.1.8 是原图与放大 8 倍后的效果。

图 1.1.8　原图与放大 8 倍的效果

由于位图的绘制过程是逐点映射过程，与图像的复杂程度无关，因此它所表达的图像逼真，适合表现大量的图像细节和层次，可以很好地反映明暗的变化、复杂的场景和颜色。

一般而言，位图可由图像处理软件生成，或通过扫描仪和数码相机等图像采集设备得到。由于点阵图是由一连串排列的像素组合而成的，它并不是独立的图形对象，所以不能单独编辑图像中的对象。如果要编辑其中部分区域的图像，必须精确地选取需要编辑的像素，然后再进行编辑。能够处理位图的软件有 Photoshop、PhotoImpact、Painter 等。

**2．矢量图**

矢量图形（Vector-based Graphic）简称矢量图，由数学中的矢量数据所定义的点、线、面、体组成，根据图形的几何特性以数学公式的方式来描述对象，其中所存储的是作用点、大小和方向等数学信息，与分辨率无关。显示一幅矢量图形，需要用专门的软件读取矢量图形文件中的描述信息，通过 Draw（绘画）程序，将其转换成屏幕上所能显示的颜色与形状。矢量图形可以在屏幕上任意缩小、放大、改变比例，甚至扭曲变形，在维持原有清晰度和弯曲度的同时，可以多次移动和改变它的属性，而不会影响图形的质量。一个矢量图形可以由若干部分组成，也可以根据需要拆分为若干部分。可以将它缩放到任意大小，也可按任意分辨率在输出设备上打印出来，都不会遗漏细节或改变清晰度。

计算机上常用的矢量图形文件的类型有 MAX（用 3ds Max 生成三维造型）、DXF（用于CAD）、WMF（用于桌面出版）、CDR（CorelDRAW 矢量文件）等。图形技术的关键是图形的描述、制作和再现，图形只保存算法和特征点，相对于图像的大数据量来说，它占用的存储空间较小，但每次在屏幕上显示时，都需要重新计算。另外，在打印输出和放大时，图形的质量较高。

### 3. 矢量图形与位图图像的比较

矢量图是用一系列计算机指令来描述和记录一幅图，这幅图可分解为一系列子图，如点、线、面等的组合。位图是用像素点来描述或映射的图，即位映射图。位图在内存中是一组计算机内存地址，这些地址指向的单元定义了图像中每个像素点的颜色和亮度。由于矢量图和位图的表达方式和产生方式不同，因而具有不同的特点。

① 矢量图效果不如位图好。如果绘制的图形比较简单，矢量图的数据量远远小于位图，但不如位图表现得自然、逼真。

② 矢量图数据量小。在矢量图中，颜色作为绘制图元的参数在命令中给出，所以整个图形拥有的颜色数目与文件的大小无关；而在位图中，每个像素所占用的二进制位数与整个图像所能表达的颜色数目有关。颜色数目越多，占用的二进制位数越多，位图图像的数据量也会随之迅速增大。比如，一幅 256 种颜色的位图，每个像素占 1Byte；而一幅真彩色位图，每个像素占 3Byte，它所占用的存储空间远远大于 256 色位图图像。

③ 矢量图变换不失真。矢量图在放大、缩小、旋转等变换后不会产生失真。而位图会出现失真现象，特别是放大若干倍后，图像会出现严重的颗粒状，缩小后会丢掉部分像素点的内容。

矢量图和位图是表现客观事物的两种不同形式。在制作一些标志性的，内容简单或真实感要求不强的图形时，可以选择矢量图形。矢量图形通常用于线条图、美术字、工程设计图、复杂的几何图形和动画中，这些图形（如徽标）在缩放到不同大小时必须保持清晰的线条，制作动画也是以矢量图形为基础的。需要反映自然世界的真实场景时，应该选用位图图像。

## 1.2　图像的数字化

图像数字化是将连续色调的模拟图像经采样、量化后转换成数字影像的过程。表征图像数字化质量的主要特征有：分辨率和颜色深度等。

### 1.2.1　分辨率

分辨率主要分为图像分辨率、显示分辨率、扫描与打印分辨率。

#### 1. 图像分辨率

图像分辨率是指每英寸图像内的像素数目，单位为 PPI（Pixels Per Inch）。对同样大小的一幅原图，数字化时图像分辨率越高，则组成该图的像素点数目越多，看起来就越逼真。图像分辨率在图像输入/输出时起作用；它决定图像的点阵数。而且，不同的分辨率会呈现不同的图像清晰度。

#### 2. 显示分辨率

显示分辨率是显示器在显示图像时的分辨率，分辨率是用点来衡量的，显示器上这个"点"就是指像素。显示分辨率的数值由水平方向的像素总数和垂直方向的像素总数构成，一般采用 1024×768、800×600、1440×900 等系列标准模式。在同样大小的显示器屏幕上，显示分辨率越高，像素的密度越大，显示的图像就越精细。显示分辨率与显示器的硬件条件和显卡的缓冲存储器的容量有关，容量越大，显示分辨率越高。显示分辨率有最大显示分辨率和当前显示分辨率之分。最大显示分辨率是由物理参数，即显示器和显示卡（显示缓存）决定的。当前显示分辨率则是由当前设置的参数决定的。

如果图像的点数大于显示分辨率的点数，则该图像在显示器上只能显示出图像的一部分。只有当图像大小与显示分辨率相同时，一幅图像才能充满整屏。

**3. 扫描分辨率和打印分辨率**

打印分辨率是指图像打印时每英寸可识别的点数，扫描分辨率则是指扫描仪扫描图像时每英寸所包含的点数，两者均用 DPI（Dots Per Inch）为衡量单位。打印分辨率反映了打印的图像与原始图像之间的差异程度，越接近原图像的分辨率，打印质量就越高。扫描分辨率反映了扫描后的图像与原始图像之间的差异程度，分辨率越高，差异越小。两种分辨率的最高值主要受其硬件限制。

### 1.2.2 颜色深度

颜色或图像深度是指位图中记录每个像素点所占的位数，它决定了彩色图像中可出现的最多颜色数，或者灰度图像中的最大灰度等级数。图像的色彩需用三维空间来表示，如 RGB 色彩空间，而色彩空间表示法则不是唯一的，所以每个像素点的颜色深度的分配还与图像所用的色彩空间有关。以最常用的 RGB 色彩空间为例，颜色深度与色彩的映射关系主要有真彩色、伪彩色和调配色。

真彩色是指图像中的每个像素值都分成 R、G、B 三个基色分量，每个基色分量用 8 位二进制数来记录其色彩强度，三个基色分量共可记录 $2^{24}$ 种色彩。这样得到的色彩可以反映原图的真实色彩，故称真彩色。

伪彩色图像的每个像素值实际上是一个索引值或代码，该代码值作为色彩查找表中某一项的入口地址，根据该地址可查找出包含实际 R、G、B 的强度值。这种用查找映射的方法产生的色彩称为伪彩色。

调配色是通过每个像素点的 R、G、B 分量分别作为单独的索引值进行变换，经相应的色彩变换表找出各自的基色强度，用变换后的 R、G、B 强度值产生色彩。调配色的效果一般比伪彩色好，但显然达不到真彩色的效果。

### 1.2.3 图像文件大小

在扫描生成一幅图像时，实际上是按一定的图像分辨率和一定的图像深度对模拟图片或照片进行采样和量化，从而生成一幅数字化的图像。图像的分辨率越高、图像深度越深，则数字化后的图像效果越逼真，图像数据量也越大。如果按照像素点及其深度进行映射，图像数据量可用下面的公式来估算

$$图像数据量=图像的总像素×颜色深度/8（B）$$

一幅 640×480 真彩色图像，其文件大小约为

$$640×480×24/8=0.88MB$$

通过以上分析可知，如果要确定一幅图像的参数，要考虑两个因素：一是图像的分辨率，二是图像输出的效果。在多媒体应用中，更应考虑图像容量与效果的关系。由于图像数据量很大，因此数据压缩就成为图像处理的重要内容之一。

## 1.3　图像的压缩编码

数字图像的数据量很大，为了节省存储空间，适应网络带宽，一般对数字图像要进行压缩，然后再存储和传输。JPEG（Joint Photographic Experts Group）是国际标准化组织（ISO）和国际电报电话咨询委员会（CCITT，现为 ITU-T）联合成立的"联合图像专家组"所制定的，适用于连续色调、多级灰度、彩色或单色静止图像数据压缩的国际标准。

### 1. 静态图像压缩标准 JPEG

1991 年 3 月提出的 JPEG 标准——多灰度静止图像的数字压缩编码，包含两部分：第一部分是无损压缩，即基于空间线性预测技术的无失真压缩算法，它的压缩比很低；第二部分是有损压缩，一种采用离散余弦变换（Discrete Cosine Transform，DCT）和霍夫曼编码的有损压缩算法，它是目前主要应用的一种算法。采用后一种算法进行图像压缩时，虽有损失，但压缩比可以很大。例如，压缩比在 25∶1 时，压缩后还原得到的图像与原图像相比，基本上看不出失真，因此得到广泛应用。JPEG 的图像压缩标准的目标是：

① 编码器应该可由用户设置参数，以便用户在压缩比和图像质量之间权衡折中。

② 标准适用于任意连续色调的数字静止图像，不限制图像的影像内容。

③ 计算复杂度适中，对 CPU 的性能没有太高要求，易于实现。

④ 定义了两种基本压缩编码算法和 4 种编码模式。

JPEG 算法主要存储颜色变化，尤其是亮度变化，因为人眼对亮度变化要比对颜色变化更为敏感。只要压缩后重建的图像与原图像在亮度和颜色上相似，在人眼看来就是相同的图像。因此，JPEG 的压缩原理是不重建原始画面，丢掉那些未被注意的颜色，生成与原始画面类似的图像。

随着多媒体应用领域的扩大，传统的 JPEG 压缩技术越来越显现出许多不足，已经无法满足人们对多媒体图像质量的更高要求。离散余弦变换算法靠丢弃频率信息实现压缩，因此，图像的压缩率越高，高频信息被丢弃得越多，细节保留得越少。在极端情况下，JPEG 图像只保留了反映图像外貌的基本信息，精细的图像细节都消失了。

### 2. 静态图像压缩标准 JPEG 2000

为了在保证图像质量的前提下进一步提高压缩比，1997 年 3 月，JPEG 又开始制定新的方案，该方案采用以小波变换（Wavelet Transform）算法为主的多解析率编码技术，该技术的时域和频域局部化技术在信号分析中优势明显，并且它对高频信号采用由粗到细的渐进采样间隔，从而可以放大图像的任意细节。该方案于 1999 年 11 月公布为国际标准，并被命名为 JPEG 2000。与传统的 JPEG 相比，JPEG 2000 的特点如下。

① 高压缩率。JPEG 2000 的图像压缩比与传统的 JPEG 的压缩比相比提高了 10%～30%，而且压缩后的图像更加细腻平滑。

② 无损压缩。JPEG 2000 同时支持有损和无损压缩。预测法作为对图像进行无损压缩的成熟算法被集成到 JPEG 2000 中，因此 JPEG 2000 能实现无损压缩。传统 JPEG 标准虽然也包含了无失真压缩，但实际中较少提供这方面的支持。

③ 渐进传输。现在网络上按传统的 JPEG 标准下载图像时是按块传输的，只能一行一行地显示，而 JPEG 2000 格式的图像支持渐进传输。所谓渐进传输，就是先传输图像的轮廓

数据，然后再传输其他数据，可不断提高图像质量（不断地向图像中填充像素，使图像的分辨率越来越高），这样有助于快速浏览和选择大量图片。

④ 可以指定感兴趣区域 ROI（Region Of Interest）。在这些区域，可以在压缩时指定特定的压缩质量，或在恢复时指定特定的解压缩要求，这给用户带来了极大的方便。在有些情况下，图像中只有一小块区域对用户是有用的，对这些区域采用低压缩比，而其他区域则采用高压缩比，在保证不丢失重要信息的同时，又能有效地压缩数据量，这就是基于感兴趣区域的编码方案所采取的压缩策略。该方法的优点在于，它结合了接收方对压缩的主观需求，实现了交互式压缩。而接收方随着观察的深入，常常会有新的要求，可能对新的区域感兴趣，也可能希望某一区域更清晰些。

JPEG2000 考虑了人的视觉特性，增加了视觉权重和掩膜，在不损害视觉效果的情况下大大提高了压缩效率；人们可以为一个 JPEG 文件加上加密的版权信息，这种经过加密的版权信息在图像编辑过程（放大、复制）中将没有损失，比目前的"水印"技术更为先进；JPEG2000 对 CMYK、RGB 等多种色彩空间都有很好的兼容性，这为用户按照自己的需求在不同显示器、打印机等外设进行色彩管理带来了便利。

## 1.4 图像文件格式

图像格式是指图像信息在计算机中表示和存储的格式。在计算机中图像文件有多种存储格式，常用的有 BMP、JPEG、JPEG 2000、TIFF、PSD、PSB、GIF、PNG 等。

### 1. BMP 格式

BMP 是 Windows 操作系统的标准图像文件格式，能够得到多种 Windows 应用程序的支持。其特点是，包含的图像信息丰富，不进行压缩，但文件占用较大的存储空间。BMP 格式支持 RGB、索引颜色、灰度和位图颜色模式，但不支持 Alpha 通道。基本上绝大多数图像处理软件都支持此格式，如 Windows 的画图工具、Photoshop、ACDSee 等。

### 2. JPEG 格式

JPEG 既是一种文件格式，又是一种压缩技术。它作为一种灵活的格式，具有调节图像质量的功能，允许用不同的压缩比对文件进行压缩。作为较先进的压缩技术，它用有损压缩方式去除图像的冗余数据，在获取极高的压缩率的同时能展现丰富生动的图像。JPEG 应用广泛，大多数图像处理软件均支持此格式。目前各类浏览器也都支持 JPEG 格式，其文件尺寸较小，下载速度快，使 Web 网页可以在较短的时间下载大量精美的图像。

### 3. JPEG 2000 格式

JPEG 2000 与 JPEG 相比，能达到更高的压缩比和图像质量，并支持渐进传输和感兴趣区域。JPEG 2000 存在版权和专利的风险。这也许是目前 JPEG 2000 技术没有得到广泛应用的原因之一。采用 JPEG 2000 的图像文件格式扩展名一般为 jpf、jpx、jp2 等。

### 4. TIFF 格式

TIFF（Tag Image File Format）是由 Aldus 公司为 Macintosh 机开发的一种图像文件格式。最早流行于 Macintosh 机，现在 Windows 上主流的图像应用程序都支持该格式。它是使用最广泛的位图格式，其特点是图像格式复杂，存储细微层次的信息较多，有利于原稿的复制，但占用的存储空间也非常大。TIFF 格式文件可用来存储一些色彩绚丽、构思奇妙的贴图文件，它将 3ds Max、Macintosh、Photoshop 有机地结合在了一起。

### 5. PSD 格式

它是图像处理软件 Photoshop 的专用格式。PSD（PhotoShop Document）格式文件其实是 Photoshop 进行平面设计的一张"源图"，里面包含有各种图层、通道等多种设计的样稿，以便于下次打开文件时可以修改上一次的设计。但目前除 Photoshop 以外，只有很少的几种图像处理软件能够读取此格式。

### 6. PSB 格式

大型文档格式（PSB）支持宽度或高度最大为 300000 像素的超大图像文档。PSB 格式支持所有 Photoshop 功能（如图层、效果和滤镜）。目前以 PSB 格式存储的文档，只能在 Photoshop 中打开。

### 7. GIF 格式

GIF（Graphics Interchange Format）是 CompuServe 公司开发的图像文件格式，它采用了压缩存储技术。GIF 格式同时支持线图、灰度和索引图像，但最多支持 256 种色彩的图像。其特点是，压缩比高，磁盘空间占用较小，下载速度快，可以存储简单的动画。由于 GIF 图像格式采用了渐显方式，即在图像传输过程中，用户先看到图像的大致轮廓，然后随着传输过程的继续而逐步看清图像中的细节，所以因特网上的大量彩色动画多采用此格式。

### 8. PNG 格式

PNG（Portable Network Graphics）是 Macromedia 公司的 Fireworks 软件的默认格式。它是目前保证最不失真的格式，它汲取了 GIF 和 JPEG 二者的优点，存储形式丰富，兼有 GIF 和 JPEG 的色彩模式，其图像质量远胜过 GIF。PNG 用来存储彩色图像时，其颜色深度可达 48 位，存储灰度图像时可达 16 位。并且具有很高的显示速度，所以也是一种新兴的网络图像格式。与 GIF 不同的是，PNG 图像格式不支持动画。

图像文件格式之间可以互相转换，转换的方法主要有两种：一是利用图像编辑软件的"另存为"功能；二是利用专用的图像格式转换软件。

常用文件格式如表 1.4.1 所示。

表 1.4.1 常用文件格式

| 类型 | 说明 |
|---|---|
| BMP | 一种位映射存储形式，不压缩，Windows 推荐格式 |
| JPEG | JPEG 压缩的文件格式，可调整压缩比，失真率较小 |
| GIF | 可存放多幅图像，在 Web 浏览器中播放 GIF 动画 |
| PNG | 用于网络传输而设计的图像格式，可取代 GIF 和 TIF |
| EPS | 矢量绘图软件和排版软件所使用的格式 |
| PSD | Photoshop 文件格式，支持所有颜色模式以及图层、参考线和 Alpha 通道等信息 |

## 1.5 图像素材采集

把自然的影像转换成数字化图像的过程叫作"图像数字化"，该过程的实质是进行模数（A/D）转换，即通过相应的设备和软件，把模拟量的自然影像转换成数字量的图像。

　　图像获取的一个重要途径是：依赖专用计算机扩展设备，如扫描仪、数码照相机等获取图像。除硬件设备外，设备驱动程序、图像处理工具等软件也是必不可少的。数字化图像的获取途径主要有以下几种。

　　① 利用设备进行模数转换。在进行模数转换之前，首先收集图像素材，如印刷品、照片以及实物等，然后使用彩色扫描仪对照片和印刷品进行扫描，经过少许的加工后，即可得到数字图像。也可使用数码照相机、手机等直接拍摄景物，再传送到计算机中处理。

　　② 从数字图像库或网络上获取图像。数字图像库通常采用光盘作为数据载体，多采用PCD 和 JPG 文件格式。其中，PCD 文件格式是 Kodak 公司开发的 Photo-CD 光盘格式；JPG文件格式是压缩数据文件格式。国际互联网络的某些网站也提供合法的图片素材，有些需要支付少量的费用。

　　③ 通过图像处理软件绘制图像。可以用 Photoshop 等图像处理软件绘制自己想要的图像。

　　④ 捕捉屏幕图像。可以将计算机屏幕显示的内容以图像文件的形式保存起来。在Windows 中可以利用 Print Screen 键捕获全屏幕图像，按 Alt+ Print Screen 组合键捕获当前活动窗口图像。也可以使用抓图软件来捕捉屏幕的图像，常用的有 SuperCapture、UltraSnap、Snagit、HyperSnap-DX 等，这些抓图软件不仅可以捕捉屏幕和窗口，还可以捕捉鼠标指针、菜单等。

## 1.6 习题

### 一、简答题

1．三基色原理是什么？
2．图像文件大小的计算方法是什么？
3．简述图像的数字化过程。
4．简述你所知道的色彩空间类型，并说明其应用范围。

### 二、上机实际操作题

验证性实验：计算图像文件大小。

（1）在 Photoshop 中打开任意一个图片文件。

（2）选择"图像"菜单中的"图像大小"命令，如图 1.6.1 所示。

图 1.6.1　图像大小

　　（3）计算该真彩图像的文件大小。

$$1280 \times 960 \times 24 \div 8 \div 1024 \div 1024 = 3.52 \text{MB}$$

# 2 Chapter

# 第 2 章
# 图像编辑软件
# Photoshop CC 简介

Photoshop 是 Adobe 公司推出的著名的图像处理软件。Photoshop 简称为 PS，被广泛地应用于图像编辑、图像合成、校色与调色以及制作平面特效等场合。2016 年 11 月 2 日，Adobe 推出了新一代的 Photoshop CC 2017，本书所有内容都将基于这一最新版本进行介绍。

学习要点：

- 了解 Photoshop CC 的主要功能；
- 熟悉 Photoshop CC 的工作界面；
- 掌握图像文件的基本操作。

建议学时：上课 1 学时，上机 1 学时。

# 2.1 图像编辑软件 Photoshop CC 概述

从 1990 年 Photoshop 1.0 发布至今，Photoshop 已经成为最流行的、最好的通用平面美术设计软件之一。Photoshop 的专长在于图像处理，它功能完善，性能稳定，使用方便，所以 Photoshop 几乎成为所有的广告、出版及软件公司的平面美术设计工具的首选。

## 2.1.1 Photoshop 主要功能

Photoshop 具有十分强大的图像处理功能。

① 可以处理各种格式的图像文件，如 PSD、JPEG、BMP、PCX、GIF、TIFF 等多种流行的图像格式。同时它可以将某种格式的文件转换成用户所需要的其他格式的图像文件。

② Photoshop 具有强大的图像修饰功能，可以快速进行图片修复与美化。

③ 可以对输入的图像进行放大、缩小、反转、镜像等几何处理，并可调整画布和图像的尺寸和分辨率。也可以对输入的图像中的部分元素按照各种需要进行选取、剪裁、复制、粘贴、合成等处理。

④ Photoshop 具有方便的调色与校色功能。软件提供了"调整图层"功能，可以完成无损的色彩调整；同时也可以利用"图像 | 调整"中的大量的调色与校色命令。

⑤ 具有强大的多图层功能，可以用各种形式合成图像，产生内容丰富、色彩绚丽、具有艺术感染力的作品图像。这些功能应用于广告制作、美术创作、影视产品制作中都可产生惊人的效果。

⑥ 具有完善的通道和蒙版功能。利用通道可以十分仔细地调整图像的颜色，达到需要的任意色彩。而使用蒙版，则可以精确地选择区域，并进行选区的存储和载入等操作。

⑦ 具有多种滤镜功能。它们能对图像进行各种特效处理，如波浪、扭曲、素描、纹理、模糊、视频等，创造出各种精美绝伦的图像。它提供近 100 种内置滤镜，还可使用多种外挂滤镜，大大增强了图像处理的能力。

⑧ 图像处理的自动化功能。图像需要进行相同的处理可由 Photoshop 自动完成，比如统一的图像格式转换。

⑨ 视频处理。在 Photoshop 中可以创建和编辑 3D 文件，也可以对视频帧进行处理。

## 2.1.2 Photoshop CC 2017 新增功能

2016 年 11 月 2 日，Adobe 发布了 Photoshop CC 2017。Photoshop CC 2017 是 Photoshop CC（Adobe Creative Cloud Photoshop）的新版本，它开启了全新的云时代 PS 服务。Photoshop CC 2017 启动界面如图 2.1.1 所示。本节介绍 Photoshop CC 2017 的新增主要功能。

**1. 全新的"新建文档"对话框**

"新建文档"更加可视化，可以直接看到近期使用过的文档，使用系统预设的模板新建或打开文档。新建文档界面，如图 2.1.2 所示，包括模板展示，分类预设、参数设置、搜索模板。

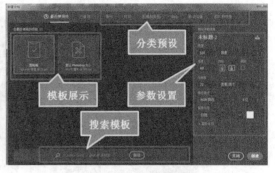

图 2.1.1　Photoshop CC 2017 启动界面　　　　　　　　图 2.1.2　新建文档界面

#### 2. 程序内搜索功能

单击搜索图标或按 Ctrl+F 组合键，可以直接查找菜单、面板、工具、资源、模板、教程甚至是图库照片等内容。同时，还可以直接访问预设（获取免费模板），直接应用 Adobe Stock 市场模板和素材，并将其分享到公共云上。搜索功能如图 2.1.3 所示。

#### 3. 抠图和液化功能更加强大

可以更高效快捷地抠出复杂的图片，对付各种毛发边缘也很轻松。液化的时候可以智能识别并自动处理人的眼睛、鼻子、嘴等部位。"液化"对话框如图 2.1.4 所示。液化效果对比如图 2.1.5 所示，同时放大了双眼、改变了眼睛的倾斜度、调整为微笑的嘴角效果。

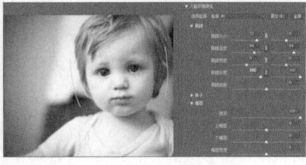

图 2.1.3　搜索功能　　　　　　　　　　　图 2.1.4　"液化"对话框

图 2.1.5　液化效果对比

#### 4. 支持 emoji 表情包在内的 svg 字体

Photoshop CC 2017 自带了 EmojiOne 字体，在处理文字的时候，可以像打字一样插入 emoji 表情包。打开"字形"面板，选择该字体就可以看到了，选中喜欢的表情包双击即可完成输入。字形面板如图 2.1.6 所示。PS 内置的 Trajan Color Concept 这款 svg 字体也很好用，它在字形中直接提供了多种渐变和颜色。内置字体如图 2.1.7 所示。

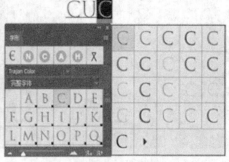

图 2.1.6　字形面板　　　　　　　　　　　　图 2.1.7　内置字体

### 5. 增强的属性面板

Photoshop CC 2017 的"属性"面板的内容是动态的。如果
当前选中的是文字，属性面板就是文字属性，可以做基本的文
字调整；属性面板如图 2.1.8 所示。如果选中的是图像，就显示
像素属性；如果选中的是形状，就显示形状属性；如果什么都
没选择的话，则属性面板显示当前文档的属性。

### 6. 其他新功能

可以随时访问 Adobe 网站了解更多的新功能。

图 2.1.8　属性面板

## 2.2 Photoshop CC 2017 工作界面

Photoshop 在不断升级的过程中，其功能得到了大量扩充。但为了兼容老用户的使用习
惯，其界面基本保持了一贯的风格。Photoshop CC 2017 的操作界面如图 2.2.1 所示，主要包
括系统菜单栏、工具选项栏、工具箱、文档窗口、功能面板区和状态栏等。

图 2.2.1　Photoshop CC 2017 的操作界面

### 1. 菜单栏

Photoshop CC 2017 的菜单栏中包含着 Photoshop 中所有的操作命令。按照完成的功能，
PhotoshopCC 2017 将系统菜单分为 11 项。系统菜单如图 2.2.2 所示。每个主菜单项中均包含
同类操作的许多功能，这些功能包含在下拉菜单中。与 Windows 其他应用程序相同，下拉

菜单中的命令若显示黑色，则表示此命令当前可用；若显示灰色，则表示该命令在当前情况下不可用。

| Ps | 文件(F) | 编辑(E) | 图像(I) | 图层(L) | 文字(Y) | 选择(S) | 滤镜(T) | 3D(D) | 视图(V) | 窗口(W) | 帮助(H) |

图 2.2.2　系统菜单

### 2. 工具箱

Photoshop 将常用的操作组织在工具箱中，放置在工作界面的左侧。用户只要用鼠标单击这些工具按钮，并搭配系统菜单下方的"工具选项栏"中的相应内容，就可以轻松地完成相应操作。工具箱中功能相同的工具被合成一组，工具按钮右下方若有一黑色小三角则表示该工具为复合工具组。工具箱的顶部有一个双三角符号，单击它时工具箱形状转换成单条或双条。工具箱中的内容如图 2.2.3 所示。

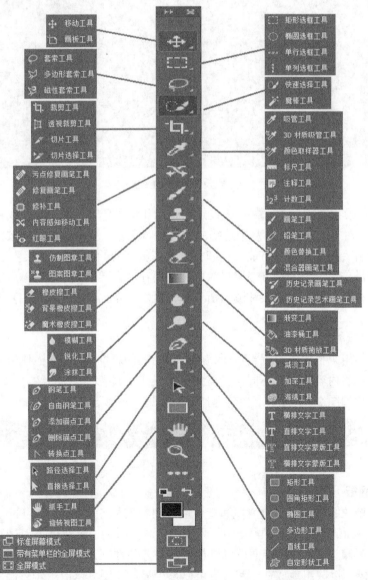

图 2.2.3　工具箱中的内容

除了编辑图像的工具组外，工具箱下方还包括"编辑工具栏""设置前景色/背景色""快速蒙版"等常用工具。

"编辑工具栏"可自定义工具栏，可以在工具栏列表视图中拖放工具或将其分组至附加工具列表中。启用后，附加工具将显示在工具栏底部。自定义工具栏如图 2.2.4 所示。

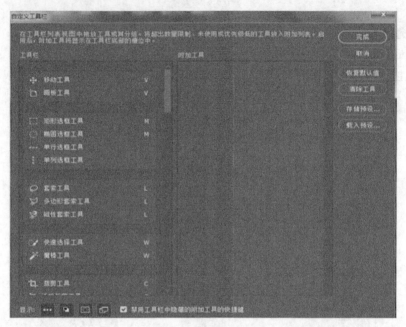

图 2.2.4  自定义工具栏

"前景色/背景色控制"工具用来设定前景色和背景色。单击前景色或背景色控制块将出现"拾色器"对话框，用户可从中选择前景色和背景色；并可单击切换按钮将前景色和背景色互换；单击"初始化"可将前景色和背景色恢复到初始的黑白状态。

"快速蒙版模式"工具可使用户的图像编辑在"标准模式"和"蒙版模式"中快速切换。用户可以方便地创建、观察和编辑所选择的区域。单击该按钮或按 Q 键可在两种模式间快速切换。

### 3. 工具选项栏

工具选项栏用来描述或设置当前所使用工具的一些属性和参数，当使用不同的操作工具时，工具选项栏的内容也随之不同，当前使用的操作工具图标会显示在工具选项栏的左端。选区工具选项栏如图 2.2.5 所示，当前选择的工具是"矩形选区工具"。

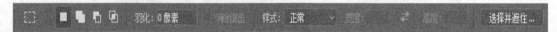

图 2.2.5  选区工具选项栏

### 4. 功能面板

为了在图像的编辑处理中更方便和直观地控制和调节各种参数，在 Photoshop 中设置了30 多种调节面板，如颜色面板、导航器面板、通道面板、历史记录面板等。它们都是 Photoshop 中常用的工具和操作。这些调节面板可以根据需要方便地打开和关闭，因此也可称为浮动面板。调节面板既可以成组地放在一起，也可以单个显示，还可以由用户自己定义，用鼠标拖动面板脱离或并入某个调节面板组。

　　根据任务的需要，可以在菜单栏"窗口"的下拉菜单中选择打开或者关闭相应的面板。用户可以单击调节面板组上方的双三角图标 >> 和 << 以展开和折叠各个调节面板组，十分方便和快捷，又节约屏幕空间。组织好的调节面板组，如需重复使用，可作为自定义的工作区存储起来。执行"窗口｜工作区｜存储工作区"命令，在弹出的"存储工作区"对话框中设置"名称"，然后按"存储"按钮，即可在工作区菜单中得到存储的工作区。

### 5. 文档窗口

　　文档窗口是显示、编辑、处理图像的区域。当在 Photoshop 中打开一幅图像时，就会创建一个文档窗口，所有的图像处理工作都在文档窗口中完成。

　　在文档窗口的标题栏上单击并拖出选项卡，该窗口就成为了一个独立的浮动窗口，可像 Windows 下的其他窗口一样移动位置，调整大小。将浮动窗口的标题栏拖动到选项卡中，当出现蓝色横线时放开鼠标，就可以将窗口重新放置在选项卡中。

　　如果打开的图像数量较多，选项卡无法显示所有文档的标题栏，可在选项卡右侧的"扩展文档"按钮 >> 的下拉菜单中选择所需的图像文件。

### 6. 状态栏

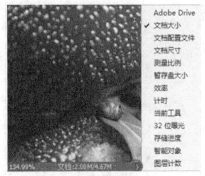

图 2.2.6　状态栏

　　状态栏位于 Photoshop 文档窗口底部。它用于显示当前处理图像的各种信息，如图像的缩放比例、文档大小以及当前使用的工具等。单击状态栏的文件信息区域可以显示文档的宽度、高度、通道和分辨率。按住 Ctrl 键时单击可以显示宽度和高度。

　　单击状态栏中的 ▶ 按钮，可在打开的菜单中选择状态栏的显示内容。如图 2.2.6 所示。

　　① 文档大小。有关图像中的数据量的信息。左边的数字表示图像的打印大小，它近似于以 Adobe Photoshop 格式拼合并存储的文件大小。右边的数字指明文件的近似大小，其中包括图层和通道。

　　② 文档配置文件。图像所使用颜色配置文件的名称。

　　③ 文档尺寸。图像的尺寸。

　　④ 测量比例。文档的比例。

　　⑤ 暂存盘大小。用于处理图像的 RAM 量和暂存盘的有关信息。左边的数字表示当前正由程序用来显示所有打开的图像的内存量。右边的数字表示可用于处理图像的总 RAM 量。

　　⑥ 效率。执行操作实际所花时间的百分比，而非读写暂存盘所花时间的百分比。如果此值低于 100%，则 Photoshop 正在使用暂存盘，因此操作速度会较慢。

　　⑦ 计时。完成上一次操作所花的时间。

　　⑧ 当前工具。现用工具的名称。

　　⑨ 32 位曝光。用于调整预览图像，以便在计算机显示器上查看 32 位/通道高动态范围（HDR）图像的选项。只有当文档窗口显示 HDR 图像时，该滑块才可用。

　　⑩ 存储进度。如果 Photoshop 的运行速度似乎间歇性地变慢，那么可以检查后台存储是否影响了性能。在图像窗口左下方的状态弹出菜单中，选择"存储进度"。

　　⑪ 图层计数。统计文件中的图层个数。

### 7．工作区

在 Photoshop 中可以使用各种元素（如面板、栏及窗口等）来创建和处理文档和文件。这些元素的任何排列方式称为工作区。根据用户的不同需求，Photoshop 提供了不同的预设工作区，从而更好地方便用户对软件的使用。

工具选项栏右侧显示为"基本功能"按钮即为工作区切换菜单，单击即可打开下拉菜单。工作区切换菜单如图 2.2.7 所示，从菜单中即可选择需要的预设工作区。例如，"基本功能"为默认的工作区，还可以选择"3D""图形和 Web""动感""绘画"以及"摄影"等预设工作区。用户也可以通过"新建工作区"将自己习惯的工作方式保存为工作区，通过"删除工作区"命令删掉不想保留的工作区。

图 2.2.7　工作区切换菜单

## 2.3　图像文件的操作

Photoshop CC 2017 对图像文件的操作做了更多的更新。Photoshop 支持多种图像文件格式，并可实现不同图像文件格式之间的相互转换。文件的基本操作包括图像文件的创建、打开、存储等。

### 2.3.1　图像文件的基本操作

启动 Photoshop CC 2017，进入到"起点"界面。Photoshop CC 2017"起点"界面如图 2.3.1 所示，可以看到"新建"按钮、"打开"按钮以及最近打开的文件列表。

图 2.3.1　Photoshop CC 2017"起点"界面

### 1．新建文档

单击"起点"界面的"新建"按钮，或者执行"文件｜新建"菜单命令或者按 Ctrl+N 组合键，即可弹出"新建文档"对话框。如图 2.3.2 所示。

可以在"新建文档"窗口中执行以下操作。

① 使用从 Adobe Stock 中选择的预设和模板创建多种类别的文档，如照片、打印、图稿和插图、Web、移动以及胶片和视频等。例如，在移动设备中可以根据不同移动设备选择不同的模板类型。预设和模板如图 2.3.3 所示。

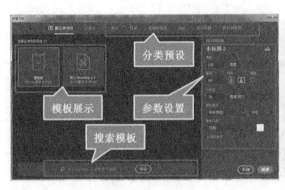

图 2.3.2　新建文档

图 2.3.3　预设和模板

② 查找更多模板，并使用这些模板创建文档。在图中的"搜索模板"的位置输入搜索字符串。或者，只需单击"前往"按钮，即可浏览所有可用的模板。例如，输入"school"后，即可打开在 Adobe Stock 网站上探索并授权的模板。搜索模板如图 2.3.4 所示。

图 2.3.4　搜索模板

③ 存储用户的自定义预设，以便重复使用或者后期快速访问。如图 2.2.3 所示，单击"保存用户自定义预设"按钮。

④ 使用空白文档预设，针对多个类别和设备外形规格创建文档。打开预设之前，用户可以修改其设置。预设内容如图 2.3.5 所示。

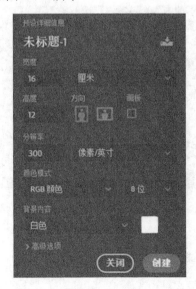

图 2.3.5　预设内容

- 可以为新文档指定文件名称。
- 宽度和高度：指定文档的大小，并从下拉菜单中选择单位。
- 方向：指定文档的页面方向为横向或纵向。
- 画板：如果希望文档中包含画板，请选择此选项。Photoshop 会在创建文档时添加一个画板。
- 分辨率：指定位图图像中细节的精细度，以像素/英寸或像素/厘米为单位。
- 颜色模式：指定文档的颜色模式。通过更改颜色模式，可以将选定的新文档配置文件的默认内容转换为一种新颜色。颜色模式包括：位图、灰度、RGB 颜色、CMYK 颜色、Lab 颜色等。
- 背景内容：指定文档的背景颜色。

打开高级选项，如图 2.3.6 所示，在高级选项中还可以设置以下选项。

图 2.3.6　高级选项

- 颜色配置文件：从各种选项中为文档指定颜色配置文件。
- 像素长宽比：指定一帧中单个像素的长度与宽度的比例。

### 2. 早期版本的"新建文档"对话框

若习惯于使用 Photoshop（CC 2015.5 版及早期版本）默认提供的"新建文件"对话框，可以选择"编辑｜首选项｜常规"，选择使用旧版"新建文件"界面，然后单击"确定"按钮。如图 2.3.7 所示。

这样再次新建文件时，系统会打开图 2.3.8 所示的"新建文档"对话框。

图 2.3.7　首选项

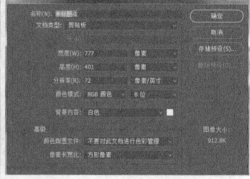

图 2.3.8　"新建文档"对话框

### 3. 打开图像文件

Photoshop 有 4 个打开图像文件的命令，它们都处于文件菜单中。可以一次打开一个文件，也可同时打开多个图像文件。

① "文件｜打开"：打开文件列表中的图像文件。

② "文件 | 打开为"：以指定的某种格式打开图像文件。

③ "文件 | 打开为智能对象"：打开图像文件并将其转换为智能对象。

④ "文件 | 最近打开的文件"：打开最近编辑过的图像文件。

Photoshop 还有一个功能强大的媒体管理器 Bridge，它可以帮助用户快速预览和搜索图像文件，并可标注和排序图片。在 Photoshop CC 2017 中，在文档窗口底部新增了一个 Mini Bridge 面板，保持 Mini Bridge 媒体管理器为开启状态，就能通过它轻松直观地浏览和使用计算机中保存的图片与视频。这是对常用文件打开功能的一个很好补充，可以有效地减少文件打开操作。

**4．存储图像文件**

在使用应用软件时应该养成随时存盘的习惯。在处理图像过程中也要注意随时将图像存储到磁盘上。Photoshop CC 2017 存储文件的操作包括"存储""存储为"。从 Photoshop CC 2015 版开始，"文件 | 存储为 Web 所用格式"选项已被移到"文件 | 导出 | 存储为 Web 所用格式（旧版）"，并且与最新的导出选项放在了一起。

（1）"文件 | 存储"

若为已有图像，保存对其所做的修改；若为新文件，则弹出"另存为"对话框，如图 2.3.9 所示，可以在此设置文件的存储路径、文件格式、文件名等。

图 2.3.9 "另储为"对话框

在对话框的"存储选项"中勾选作为副本、注释、Alpha 通道、专色、图层等，可以将相应的对象保存起来。

① 作为副本。存储文件备份，同时使当前文件在桌面上保持打开。

② Alpha 通道。将 Alpha 通道信息与图像一起存储。禁用该选项可将 Alpha 通道从存储的图像中删除。

③ 图层。保留图像中的所有图层。如果此选项被停用或者不可用，则会拼合或合并所有可见图层（具体取决于所选格式）。

④ 注释。将注释与图像一起存储。

⑤ 专色。将专色通道信息与图像一起存储。如果禁用该选项，则会从存储的图像中移去专色。

⑥ 使用校样设置、ICC 配置文件（Windows）或嵌入颜色配置文件（Mac OS）。

⑦ 创建色彩受管理的文档。

⑧ 在保存类型中包括了大量的主流图片文件格式，文件类型如图 2.3.10 所示

图 2.3.10　文件类型

（2）"文件 | 存储为"

可以重新设置文件存储路径、文件名和文件格式，不会破环原始文件。

（3）"文件 | 导出 | 存储为 Web 所用格式（旧版）"

适用于网络传输的图像文件，既要保证图像的质量，又要考虑文件的大小对传输的影响。执行此命令，通过选项设置，可优化 Web 用图像，达到图像质量与文件大小的优化平衡。

"存储为 Web 所用格式"对话框如图 2.3.11 所示。在其预览窗口可以用"原稿、优化、双联、四联"4 种方式显示图像的不同优化效果。单击鼠标右键可选择某个格式，单击对话框左下角的缩放按钮 ⊟ ⊕ 50% ⊡ 或输入百分数可调整图像为合适的显示尺寸。

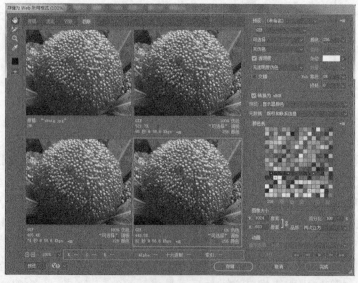

图 2.3.11　"存储为 Web 所用格式"对话框

在文件信息显示栏显示当前文件的格式、大小及在 Web 中的下载速度。

在右侧"预设"栏中可以对当前图像的文件格式、颜色、杂边、透明度等参数进行设置。"转化为 sRGB"复选框用于将图像转化为 sRGB 颜色模式时的"预览"和"元数据"选项设置。

"颜色表"用于显示所设置的文件格式中包含的所有图像颜色。选中某种颜色，单击下方的 ⊠ ⊕ ⊜ 3 个按钮，可以将选中的颜色分别映射为透明、转化为调板或禁止其放入。

"图像大小"用于对当前图像的分辨率、百分比及图像品质进行设置。若当前图像为动态图像，可通过"动画"按钮用播放控件预览动画。

单击"预览"按钮可以在 Web 浏览器中预览优化后的输出图像。

所有参数都设置和选择好后，单击"存储"按钮，即完成"存储"功能。

### 5. 恢复文件

在图像文件编辑过程中，如果对修改的结果不满意，可以执行"文件 | 恢复"菜单命令，将文件恢复到最近一次保存时的状态。

### 6. 置入文件

在 Photoshop CC 中，可以创建链接的智能对象。当源图像文件发生更改时，链接的智能对象的内容也会随之更新。选择"文件 | 置入链接对象"，选择相应文件并单击"置入"后，链接的智能对象会在"图层"面板中创建并显示，并且带有链接图标 🔗。

在 Photoshop CC 中，也可以创建嵌入的智能对象。选择"文件 | 置入嵌入对象"，然后选择相应文件并单击"置入"。

### 7. 打包文件

在 Photoshop CC 中，可以将链接的智能对象打包到 Photoshop 文档中，以便将它们的源文件保存在计算机上的文件夹中。Photoshop 文档的副本会随源文件一起保存在文件夹中。选择"文件 | 打包"，选择要将源文件和 Photoshop 文档副本放置到的位置。文档中的所有音频或视频链接的智能对象也都会被打包。

⚙ **注意：**

必须先保存文件，然后才能打包文件中包含的链接的智能对象。

### 8. 导入和导出文件

"文件 | 导入"命令可以将视频帧、注释、WIA 支持等内容导入到当前文件。如"文件 | 导入 | 视频帧到图层"可以将视频中的图像帧导入文件的各个图层。

"文件 | 导出"命令，可将当前编辑好的文件导出为适合其他软件应用的文件格式。如选择"文件 | 导出 | 将图层导出到文件"命令，可以将图层作为单个文件导出和存储，可用的格式包括 PSD、BMP、JPEG、PDF、Targa 和 TIFF 等。

执行"文件 | 导出 | 导出为"命令，弹出的导出对话框如图 2.3.12 所示。

其中：

① 格式：选择"PNG""JPG""GIF"或"SVG"等。

② 图像大小：指定图像资源的宽度和高度。默认情况下，宽度和高度被一起锁定。更改宽度时会自动按相应比例更改高度。

③ 画布大小：指定画布大小。可以将图像置于画布内的中心位置。如果图像大于画布大小，则会按照为画布设置的宽度和高度值对它进行剪切。

④ 元数据：指定是否要将元数据（版权和联系信息）嵌入到导出的资源中。

⑤ 色彩空间：可以指定是否要将导出的资源转换为 sRGB 色彩空间（此选项默认为已选中），或者是否要将颜色配置文件嵌入导出的资源。

图 2.3.12　导出对话框

### 9．添加版权信息

版权是对著作权的保护。选择"文件｜文件简介"命令，在打开的对话框的"基本"选项卡中输入文档标题及作者等信息。如果要为图像添加版权信息，可在版权状态下拉列表中选择"受版权保护"，在下面的版权状态中输入个人版权信息，在版权信息 URL 中输入电子邮件地址或者 URL。添加了版权信息的图像在文档窗口的标题前面会出现一个©标记。"文件简介"对话框如图 2.3.13 所示。

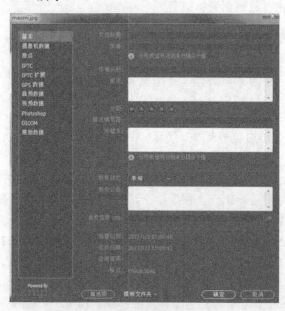

图 2.3.13　"文件简介"对话框

### 2.3.2 图像尺寸以及分辨率的改变

在对图像文件处理时，有时需要改变文件的显示大小，有时需要改变文件的存储数据量的大小。应针对不同的目的，进行不同的操作。

**1. 图像的缩放**

为处理图像的细节，有时需将图像中某个局部放大显示，而有时为了看图像的整体效果又需要将图像缩小显示。这种图像的缩放处理只改变图像显示的效果，并没有改变图像实际的尺寸。

（1）使用"缩放"工具缩放图像

缩放图像最方便的方法是使用工具箱中的"缩放"工具。"缩放"工具选项栏如图 2.3.14 所示。选择"缩放"工具，在工具选项栏中选择放大按钮，单击文档窗口可以放大图像的显示比例，按住鼠标左键拖动可以快速放大。Photoshop 中的图像的最大放大倍数为 32 倍。

选择工具选项栏中的按钮或者按住 ALT 键，单击文档窗口可以缩小图像的显示比例，按住鼠标左键拖动可以快速缩小。

图 2.3.14 "缩放"工具选项栏

（2）使用状态栏的的显示比例按钮 100% 缩放图像

在状态栏显示比例按钮处输入想要缩放的比例，比如"200%"，按 Enter 键确认，即可完成图像的缩放。

（3）使用"导航器"面板缩放图像

"导航器"面板中包含图像的缩略图和各种缩放工具，如图 2.3.15 所示。当图像尺寸较大时，文档窗口中不能显示完整图像，通过导航器来定位图像的查看区域更加方便。按住鼠标左键拖动红色矩形框即可进行定位。

图 2.3.15 "导航器"调节面板

此外，使用"视图丨放大丨缩小丨按屏幕大小缩放丨打印尺寸"等菜单命令也可改变显示图像的大小。

**2. 改变图像的尺寸及分辨率**

在图像处理中，有时需要在不改变分辨率的情况下修改图像的尺寸。其方法是选择"图像丨图像大小"菜单命令，在"图像大小"对话框中设置相应的尺寸，如在"像素大小"栏中输入宽度和高度值，或直接选择框中的度量单位，就可以改变图像的实际大小。"图像大小"对话框如图 2.3.16 所示。在"图像大小"对话框的"文档大小"栏中可设置图像的打印尺寸和分辨率。若想改变图像的分辨率只需在对话框的"分辨率"栏输入新的分辨率值即可。对话框下方的"约束比例"复选框，用于约束图像宽度和高度之比。选中它时，若改变图像高度，宽度会随之成比例地变化。"重新采样"的下拉列表中包括以下几项。

① 自动。Photoshop 根据文档类型以及是放大还是缩小文档来选取重新取样方法。

② 保留细节（扩大）。可在放大图像时使用"减少杂色"滑块消除杂色。

③ 两次立方（较平滑）（扩大）。一种基于两次立方插值且旨在产生更平滑效果的图像放大方法。

④ 两次立方（较锐利）（缩小）。一种基于两次立方插值且具有增强锐化效果的图像减

小方法。此方法在重新取样后的图像中保留细节。如果使用"两次立方（较锐利）"会使图像中某些区域的锐化程度过高，请尝试使用"两次立方"。

⑤ 两次立方（平滑渐变）。一种将周围像素值分析作为依据的方法，速度较慢，但精度较高。"两次立方"使用更复杂的计算，产生的色调渐变比"邻近"或"两次线性"更为平滑。

⑥ 邻近（硬边缘）。一种速度快但精度低的图像像素模拟方法。该方法会在包含未消除锯齿边缘的插图中保留硬边缘并生成较小的文件。但是，该方法可能产生锯齿状效果，在对图像进行扭曲或缩放时，或在某个选区上执行多次操作时，这种效果会变得非常明显。

⑦ 两次线性。一种通过平均周围像素颜色值来添加像素的方法。该方法可生成中等品质的图像。

图 2.3.16 "图像大小"对话框

### 3. 调整画布的大小

画布是指绘制和编辑图像的工作区域，即图像的显示区域。可以使用图像菜单中的相关命令调整画布的大小及旋转画布。

选择"图像｜画布大小"命令，弹出"画布大小"对话框，如图 2.3.17 所示。输入新的宽度、高度值和度量单位，可以改变画布的尺寸；选择"相对"复选框，可以相对当前的图像大小来调整画布。在下方的"定位"项中可选择画布扩展和收缩的方向，其中间的带圆点的方块表示图像在画布中的位置，而箭头表示画布向四周扩展或缩进的方向。例如，宽度和高度均相对扩展 2cm，画布扩展颜色为黄色，可以为该图像制作一个黄色矩形画框，效果如图 2.3.18（a）所示。

图 2.3.17 "图布大小"对话框

选择"图像 | 图像旋转 | 水平翻转画布/垂直翻转画布"命令，可以在水平或者垂直方向上翻转画布。选择"图像 | 180°/90°（顺时针）/90°（逆时针）/任意角度"可以按角度旋转画布。画布翻转和旋转效果如图 2.3.18（b）、（c）所示。

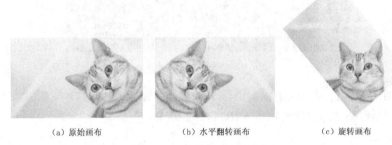

（a）原始画布　　　　　　（b）水平翻转画布　　　　　　（c）旋转画布

图 2.3.18　画布调整、翻转和旋转效果

## 2.4　应用实例——图像数字化

对于空间域连续变化的图像来说，对其数字化就是要先对其进行采样，得到像素点；然后进行量化，保存像素点的信息值；最后进行编码保存图像文件。

### 1. 图像的基本组成单位——像素

打开图像"荷花.jpg"，打开"导航器"窗口，将图像放大至"3200%"，可以看到图像的基本组成单位，一个个的像素点。导航器如图 2.4.1 所示。

### 2. 读取像素点的信息值

单击"窗口 | 信息"打开"信息"面板。选取工具箱上的"颜色取样器"工具 。在图像上单击某个像素点，可以在"信息"面板看到当前取样像素点的信息值。信息面板如图 2.4.2 所示。

图 2.4.1　导航器

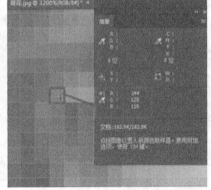

图 2.4.2　信息面板

### 3. 图像文件的大小计算方法

单击"图像 | 图像大小"命令，打开"图像大小"对话框，如图 2.4.3 所示。

图 2.4.3 "图像大小"对话框

以字节作为图像文件大小的单位，图像文件大小=图像像素总数×图像深度/8。图 2.4.3 中所示文件大小为 268×233×8×3÷8÷1024=182.9KB

**4．图像编码**

选择"文件 | 存储为"，可以在多种文件保存类型中做出选择并进行存储。

# 2.5 习题

**上机实际操作题**

1．新建文件

新建文件"练习 1"，其参数为：大小 900 像素×600 像素，分辨率 300 像素/英寸，RGB 颜色模式、8 位/通道，背景白色。新建文件如图 2.5.1 所示。

2．计算图像文件大小

$$900×600×8×3/8/1024/1024=1.54MB$$

3．验证图像文件的大小

单击"选择 | 图像大小"，在"图像大小"对话框中可以检查自己的计算结果是否正确。如图 2.5.2 所示。

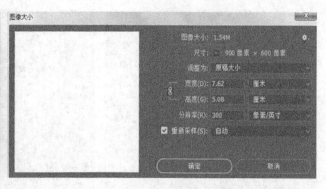

图 2.5.1　新建文件　　　　　　　　图 2.5.2　图像大小

4．比较不同文件类型的压缩比

将该文件分别存储为.jpg、.tiff、.png、.gif、.psd 等不同的文件类型，比较其文件的大小，计算各自的压缩比。

# 3 Chapter

## 第 3 章
## Photoshop CC
## 基本操作

通常拍摄或制作的图像，需要经过再次编辑处理，进行进一步的优化，方可令人满意。例如，有人想把自己拍摄的数码照片制作成电子相册，使用微信发到网上去，由于图像尺寸太大，无法上传，有的图像需要裁剪，有的图像倾斜需要调正等，此时，可以通过调整图像尺寸、分辨率，裁剪图像等操作解决如此问题。本章将介绍 Photoshop CC 的一些基本操作：图像的视图操作、图像的调整和图像的变换操作。

学习要点：

● 熟悉 Photoshop CC 图像的视图操作；
● 掌握 Photoshop CC 图像的调整和变换操作；
● 了解还原与历史记录工具。

建议学时：上课 2 学时，上机 1 学时。

# 3.1 图像的视图操作

在 Photoshop CC 中，可以同时打开多个图像文件，每个图像显示在各自的文档窗口中。在单个窗口中查看图像的显示操作包括图像的放大显示、缩小显示、平移和旋转操作；在多个窗口中查看图像的显示操作包括层叠、平铺、使所有内容在窗口中浮动、全部垂直拼贴、四联等窗口排列方式。不同的图像窗口排列显示如图 3.1.1 所示。

(a) 全部垂直拼贴　　　　　　　　　　　　　　　　(b) 四联

图 3.1.1　图像窗口排列显示

## 3.1.1　缩放视图、平移视图、旋转视图

在编辑图像的过程中，打开的图像显示在文档窗口里，用户要看清楚图像的整体与局部细节，需要对图像进行放大、缩小、按屏幕大小缩放、平移和旋转操作。

### 1. 缩放视图

缩放视图操作：打开图像文件，选择要编辑的图像文件窗口为当前窗口，在系统菜单栏上选择"视图"，系统弹出窗口菜单如图 3.1.2 所示。当前 Photoshop 最新版本 Photoshop CC 2017 提供了放大、缩小、按屏幕大小缩放、按屏幕大小缩放画板、100%、200%和打印尺寸，共计 7 种视图缩放操作，常用的是前 3 种，即放大、缩小和按屏幕大小缩放操作。

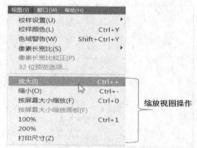

图 3.1.2　缩放视图窗口

当选择"放大"命令或按 Ctrl++组合键时，当前编辑图像将放大显示。

当选择"缩小"命令或按 Ctrl+-组合键时，当前编辑图像将缩小显示。

当选择"按屏幕大小缩放"命令或按 Ctrl+0 组合键时，当前编辑图像以适合屏幕的大小缩放显示，并未充满整个屏幕。

例 3.1：练习图像的放大、缩小和按屏幕大小缩放视图显示效果。

（1）打开"海棠花.jpg"素材文件，按 Ctrl++组合键，放大效果如图 3.1.3 所示。

原图　　　　　　　　　　放大一次　　　　　　　　　　放大两次

图 3.1.3　放大效果

（2）打开"海棠花.jpg"素材文件，按 Ctrl+-组合键，缩小效果如图 3.1.4 所示。

原图　　　　　　　　　　缩小一次　　　　　　　　　　缩小两次

图 3.1.4　缩小效果

（3）打开"海棠花.jpg"素材文件，按 Ctrl+0 组合键，按屏幕大小缩放效果如图 3.1.5 所示。

原图　　　　　　　　　　　按屏幕大小缩放

图 3.1.5　按屏幕大小缩放效果

 **注意：**

除了上面介绍的缩放图像方法外，还有 3 种方法同样可以缩放图像：①使用工具箱中的 🔍 "缩放工具"按钮，利用放大工具属性栏选项，还可以实现适合屏幕和充满屏幕显示。②在图像窗口左下角状态栏的"显示比例"数值框中输入百分比数值后，按 Enter 键。③利用"导航器"面板中的缩放滑块。

### 2. 平移视图

在缩放视图时，由于图像放大超出了当前窗口的显示范围，图像处理窗口下方和右侧将分别出现水平与垂直滚动条，要查看图像，可以拖曳滚动条或使用工具箱中的抓手工具 🖐️ 移动画布，以改变图像窗口的显示位置。

"抓手工具"的使用方法：单击工具箱中的抓手工具按钮 ，在当前图像处理窗口中，鼠标指针呈现抓手形状，按住鼠标左键拖曳即可。如图 3.1.6 所示。

图 3.1.6　平移视图

### 3. 旋转视图

使用"旋转视图工具"可以在不破坏图像的情况下旋转画布，对当前编辑的图像实现任意旋转，而不会使图像变形。旋转画布在很多情况下很有用，能使绘画或绘制更为省事。

在工具箱中，选择"旋转视图工具"，如图 3.1.7 所示，在当前图像处理窗口中，鼠标指针呈现为 形状，按住鼠标左键顺时针方向或逆时针方向拖曳即可，旋转视图如图 3.1.8 所示。

无论当前画布"旋转角度"是多少，图像中的罗盘红色指针都将指向北方。

在属性栏的"旋转角度"字段中输入角度，按 Enter 键，图像将按此值旋转。

单击属性栏中的"复位视图"按钮，可将图像复原。

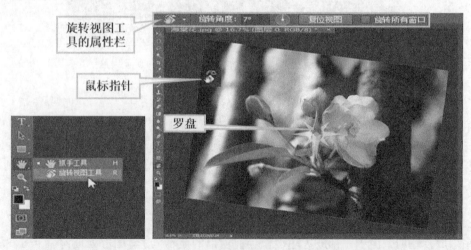

图 3.1.7　旋转视图工具　　　　　　　　　　　　　图 3.1.8　旋转视图

### 3.1.2　图像的排列方式

在 Photoshop CC 中，打开的每个图像显示在各自的图像窗口中。当同时打开多个图像文件时，将打开多个图像窗口。如何在多个图像窗口中更有效地查看和编辑打开的图像？系统提供了图像的排列方式，即窗口排列操作，用于管理打开的众多窗口。

窗口排列操作：打开多个图像文件，在系统菜单栏上选择"窗口｜排列"命令，系统弹出命令菜单如图3.1.9 所示。当前 Photoshop 最新版本（Photoshop CC 2017）提供了全部垂直拼贴、四联、层叠、平铺、匹配缩放和匹配位置等 18 种窗口排列操作，下面介绍部分窗口排列操作，其余类似。

图 3.1.9　窗口排列菜单

当选择"全部垂直拼贴"命令时，即全部垂直拼贴图像窗口，如图 3.1.1（a）所示。

当选择"四联"命令时，即图像窗口以四联的方式显示，如图 3.1.1（b）所示。

当选择"层叠"命令时，图像窗口按照打开时的先后顺序，从屏幕的左上角到右下角以堆叠的方式显示，如图 3.1.10（a）所示。

当选择"平铺"命令时，图像窗口以边靠边的方式显示。当关闭某一图像窗口时，打开的窗口将自动调整大小以填充可用空间，如图 3.1.10（b）所示。

　（a）层叠　　　　　　　　　　　　　　　　　（b）平铺

图 3.1.10　图像窗口排列显示

当选择"平铺"命令后，再选择"匹配缩放"命令时，在工具箱中选择 🔍 缩放工具，按住 Shift 键，可以缩放其中的任意一幅窗口图像。其他窗口图像将按相同的倍率放大或缩小。

当选择"平铺"命令后，再选择"匹配位置"命令时，在工具箱中选择 ✋ 抓手工具，按住 Shift 键，在任意一窗口图像中拖曳抓手工具 ✋，其他窗口图像将同步移动位置。

## 3.2　图像的调整

根据实际需要，用户可以调整图像，达到改变图像文件大小的目的。调整图像包括调整图像大小、调整画布大小、移动图像和裁剪图像。

### 3.2.1 调整图像大小

调整图像大小，可以改变图像文件大小，保留细节，并在放大图像时提供更优锐度的方法，包括设置像素尺寸的度量单位、选取预设以调整图像大小、图像的宽度、高度、分辨率、重新采样和减少杂色。

调整图像大小操作：打开图像文件，在系统菜单栏上选择"图像｜图像大小"命令或按Alt+Ctrl+I 组合键，系统弹出"图像大小"对话框，如图 3.2.1 所示。

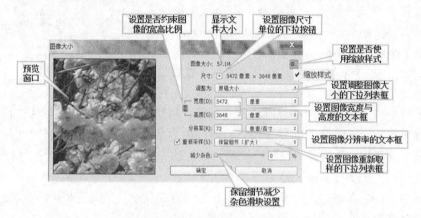

图 3.2.1 "图像大小"对话框

调整图像预览窗口的大小：按住鼠标左键，拖动"图像大小"对话框的一角可以调整其大小；要查看不同区域的图像时，在预览窗口内按住鼠标左键拖动图像即可；要更改预览显示比例，按住 Ctrl 键用鼠标单击预览图像，显示比例将增大一倍，按住 Alt 键用鼠标单击预览图像，显示比例将缩小一倍。

例 3.2：练习，将一个图像文件变小。

打开"梅花.jpg"素材文件，在系统菜单栏上选择"图像｜图像大小"命令，调整图像预览窗口的大小，查看不同区域的图像，设置"调整为"为"1366 像素×768 像素"，设置"重新采样"为"两次立方（较锐利）"，使图像中某些区域的锐化程度较高，在放大图像时提供了更优的锐度，原图像大小为 57.1MB，调整后的图像大小为 3.56MB。如图 3.2.2 所示。

原图　　　　　　　　　　　　两次立方（较锐利）预览窗口

图 3.2.2 调整图像大小

### 3.2.2　调整画布大小

画布是图像的可编辑区域。"画布大小"命令可以增大或减小图像的画布大小。增大图像画布将在现有图像周围添加空间。减小图像画布将裁剪图像的尺寸。若增大带有透明背景的图像画布，则添加的画布将是透明的。若图像没有透明背景，则添加的画布颜色将由几个选项决定。

调整画布大小操作：打开图像文件，在系统菜单栏上选择"图像 | 画布大小"命令或按 Alt+Ctrl+C 组合键，系统弹出"画布大小"对话框，如图 3.2.3 所示。

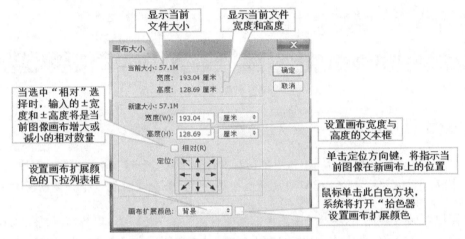

图 3.2.3　"画布大小"对话框

例 3.3：练习给一个图像增加一个 6 厘米的蓝色边框。

打开"梅花.jpg"素材文件，在系统菜单栏上选择"图像 | 画布大小"命令，在"画布大小"对话框中，设置高度与宽度的值均为"+6"，单位为"厘米"；选中"相对"选项，设置画布扩展颜色为"蓝色"，单击"确定"按钮。如图 3.2.4 所示。

图 3.2.4　设置"画布大小"对话窗口与效果

### 3.2.3　移动图像、裁剪图像

在编辑图像的过程中，常常需要移动图像和裁剪图像，可以使用移动工具 ➕ 移动图像，使用裁剪工具 ⊟ 裁剪图像。

## 1.移动图像

在 Photoshop CC 中，移动工具 ⊕ 在工具箱中排列在前面，是常用工具，用于移动图像、图层、选区和参考线。这里主要介绍其移动图像功能，移动图层、选区和参考线功能在其他章节中介绍。

移动工具移动图像操作：打开图像文件，选择要编辑的图像文件窗口为当前窗口，在工具箱里单击移动工具按钮 ⊕ 或按 V 键，在图像上按住鼠标左键拖动即可，可以将图像在本窗口中移动，或将本窗口中的图像拖动到其他图像文件窗口中以复制图像。当移动工具被选中后，其属性栏如图 3.2.5 所示。

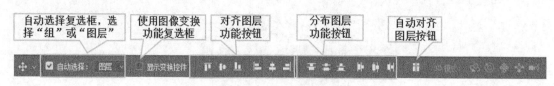

图 3.2.5  移动工具属性栏

 **注意：**

使用移动工具移动图像时，图像中的图层"位置"或"全部"若被锁定，则图像不能在本窗口中移动，但仍可以将本窗口中的图像拖动到其他图像文件窗口中以复制图像。

在图层面板中，用鼠标左键单击图像缩略图右侧的锁图标 🔒 可以解锁，如图 3.2.6 所示。被解锁的图层设置锁定的操作，按 Ctrl+/组合键或选择"图层｜锁定图层"，如图 3.2.7 所示。

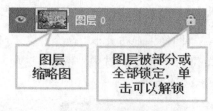

图 3.2.6  图层中的锁位置

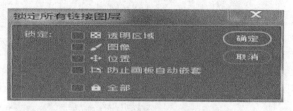

图 3.2.7  锁定图层对话窗口

**例 3.4**：练习使用移动工具移动图像和复制图像的操作。

① 打开"杏花 1.jpg"和"杏花 2.jpg"素材文件，选择"杏花 1.jpg"图像文件窗口为当前窗口，如图 3.2.8 所示。

② 在图层面板中，用鼠标左键单击锁图标 🔒 解锁，按 V 键，在图像上按住鼠标左键拖动，将图像在本窗口中移动到适当位置，释放鼠标，如图 3.2.9 所示。

③ 在系统菜单栏上，选择"窗口｜排列｜平铺"命令，平铺结果如图 3.2.10 所示。

④ 在"杏花 1.jpg"图像文件窗口，在图像上按住鼠标左键拖动，将图像拖动至"杏花 2.jpg"图像文件窗口中，释放鼠标，如图 3.2.11 所示。

⑤ 在系统菜单栏上，选择"窗口｜排列｜将所有内容合并到选项卡中"命令，如图 3.2.12 所示。

⑥ 在图层面板中，选择"图层 1"图层，在移动工具属性栏中选中"显示变换空间"，移动"图层 1"图像位置，用鼠标控制其图像周边控制点做缩放与旋转变换，按 Enter 键确认，取消选中"显示变换空间"。图像变换如图 3.2.13 所示。

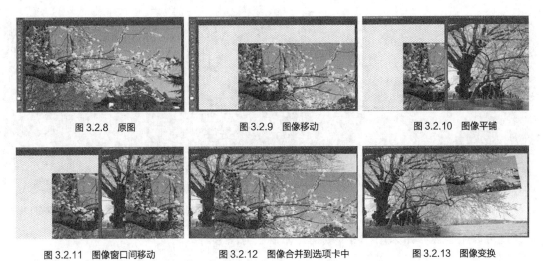

图 3.2.8　原图　　　　　　　图 3.2.9　图像移动　　　　　　图 3.2.10　图像平铺

图 3.2.11　图像窗口间移动　　　图 3.2.12　图像合并到选项卡中　　　图 3.2.13　图像变换

使用抓手工具🖐可以移动被放大了的图像。

### 2. 裁剪图像

为了使图像的某一部分突出或强化构图效果，或调整图像尺寸等，不得不裁剪掉部分图像。可以使用裁剪工具🔲、"裁剪"命令等实现。

裁剪工具裁剪图像操作：打开图像文件，选择要编辑的图像文件窗口为当前窗口，在工具箱里单击裁剪工具按钮🔲（其属性栏如图 3.2.14 所示），当前窗口图像四周出现裁剪控制框，当鼠标在控制框内，呈现鱼尾箭头形状▶时，按住鼠标左键拖曳可移动图像；当鼠标在控制框 4 条边线的中点控制点上，呈现水平双箭头↔或垂直双箭头↕时，按住鼠标左键拖曳可沿着水平或垂直方向缩放裁剪控制框；当鼠标在控制框 4 个角的顶点控制点上，呈现倾斜双箭头形状⤡时，按住鼠标左键拖曳可沿着水平和垂直两个方向缩放裁剪控制框；当鼠标在控制框外，呈现🔄形状时，按住鼠标左键拖曳可旋转图像；将保留的图像选在框内，按 Enter键或在属性栏中按✓提交当前裁剪操作按钮即可。

图 3.2.14　裁剪工具属性栏

例 3.5：练习使用裁剪工具，裁剪图像操作。

① 打开"family1.JPG"素材文件，如图 3.2.15 所示。

② 在工具箱里，用鼠标左键单击裁剪工具🔲，当前窗口图像四周出现裁剪控制框，用鼠标左键拖动控制点，将保留的图像选在框内，如图 3.2.16 所示。

③ 按 Enter 键确认，选择"视图 | 按屏幕大小缩放"命令，如图 3.2.17 所示。

图 3.2.15　原图　　　　　　　　　　图 3.2.16　裁剪图像　　　　　　　　图 3.2.17　裁剪后效果

还可以用"裁剪并修齐"和"裁切"命令裁剪图像。

## 3.3 图像的变换操作

　　在编辑图像时，常常要对图像形状进行处理，例如将图像放大、缩小、旋转、扭曲、透视和翻转等，这些处理技术已经广泛地应用于广告制作、艺术展览和手机微信中照片分享等图像处理之中。

　　将图像变形、旋转和透视的效果，如图 3.3.1 所示。

原图　　　　　　　　　变形图像　　　　　　　　图像旋转 180 度　　　　　　　　图像透视

图 3.3.1　变换图像效果

　　Photoshop CC 提供了进行缩放、旋转、斜切、扭曲、透视、变形、旋转 180 度、顺时针旋转 90 度、逆时针旋转 90 度、水平翻转和垂直翻转共计 11 种变形处理操作，如图 3.3.2 所示。

　　变形处理除了直接应用于图像，对于选区、整个图层、多个图层或图层蒙版亦可应用变换，还可以对路径、矢量形状、矢量蒙版、选区边界或 Alpha 通道应用变换。若在处理像素时进行变换，将影响图像品质。要对栅格图像应用非破坏性变换，需要使用智能对象。

　　本节仅介绍直接应用于图像的变形处理，其他有关内容和概念，将在后续章节中介绍。

　　对于一个图像可以连续执行若干个变换操作。例如，对于一

| 再次(A) | Shift+Ctrl+T |
| --- | --- |
| 缩放(S) | |
| 旋转(R) | |
| 斜切(K) | |
| 扭曲(D) | |
| 透视(P) | |
| 变形(W) | |
| 旋转 180 度(1) | |
| 顺时针旋转 90 度(9) | |
| 逆时针旋转 90 度(0) | |
| 水平翻转(H) | |
| 垂直翻转(V) | |

图 3.3.2　变换命令菜单

个图像进行"缩放"操作，然后再进行"扭曲""透视"和"翻转"等变换操作。

注意：

对于打开的"背景"图像，系统默认设置了"部分图层锁定"。对于部分图层锁定的图像，要执行图形变换操作，必须先要解锁被锁定的部分图层（部分图层解锁操作，即在图层面板中，用鼠标左键单击图像缩略图右侧的锁图标 🔒，如图 3.2.6 所示）。

图像的变换操作：打开图像文件，选择要编辑的图像文件窗口为当前窗口，在系统菜单栏上选择"编辑 | 变换"命令，系统弹出变换命令菜单，如图 3.3.2 所示。

当选择"缩放"命令时，即对图像执行缩放操作，增大或缩小图像，可以在水平和垂直方向或同时沿着这两个方向缩放图像。

当选择其它命令时，如"旋转""斜切""扭曲""透视""变形""旋转 180 度""顺时针旋转 90 度""逆时针旋转 90 度""水平翻转"和"垂直翻转"等，即对图像执行相应的操作。

执行完成图像变换命令后，要按 Enter 键确认。当完成图像变换某一操作后，如需再次执行此操作，可按 Ctrl+Shift+T 组合键。图像变换主要按钮及其作用如表 3.3.1 所示。

表 3.3.1　图像变换主要按钮及其作用

| 序号 | 光标形状 | 名称 | 作用 |
|:---:|:---:|:---:|:---:|
| 1 | ▶ | 黑鱼尾箭头 | 按住鼠标左键拖曳可移动图像或扭曲图像 |
| 2 | ↔ | 水平双向箭头 | 按住鼠标左键拖曳可沿着水平方向缩放控制框 |
| 3 | ↕ | 垂直双向箭头 | 按住鼠标左键拖曳可沿着垂直方向缩放控制框 |
| 4 | ↗ | 倾斜双向箭头 | 按住鼠标左键拖曳可沿着水平和垂直两个方向缩放控制框 |
| 5 | ↻ | 旋转双向箭头 | 按住鼠标左键拖曳可旋转图像 |
| 6 | ▶ | 白鱼尾箭头 | 按住鼠标左键拖曳可斜切图像或扭曲图像或透视图像 |
| 7 | ▶ | 白鱼尾箭头+垂直双向箭头 | 按住鼠标左键拖曳可斜切图像或透视图像 |
| 8 | ▶ | 白鱼尾箭头+水平双向箭头 | 按住鼠标左键拖曳可斜切图像或透视图像 |
| 9 | ▶ | 白头鼠标 | 按住鼠标左键拖曳可扭曲图像 |

### 3.3.1　缩放对象

方法 1：使用"缩放"命令，通过调整控制框，可以对编辑图像进行任意增大或缩小。当按住 Shift 键操作时，将等比缩放图像。当按住 Shift+Alt 组合键操作时，将以中心点为基准等比缩放图像。如图 3.3.3 所示。

图 3.3.3　图像缩放　　　　　　　　　图 3.3.4　图像旋转

　　方法 2：使用自由变换命令，按 Ctrl+T 组合键或在系统菜单栏上，选择"编辑｜自由变换"命令，可以缩放、旋转和移动图像。方法 2 是更为常用的方法，相对于方法 1 而言，不仅操作快捷，而且功能更强。

### 3.3.2　旋转对象

　　使用"旋转"命令，可使图像围绕中心点转动。默认情况下，此中心点位于打开的图像中心，根据需要，中心点可以被移动到另一个位置。当按住 Shift 键操作时，将以 15 度为单位旋转图像。如图 3.3.4 所示。

### 3.3.3　斜切对象

　　使用"斜切"命令，使图像垂直或水平倾斜。在控制框的任意一个角控制点上，按住鼠标左键拖曳时，图像倾斜变换，其他三个角控制点保持固定不动。在控制框的任意一个边控制点上，按住鼠标左键拖曳时，图像倾斜变换，此边的对边保持固定不动。如图 3.3.5 所示。

### 3.3.4　扭曲对象

　　使用"扭曲"命令，使图像向各个方向伸展变形。如图 3.3.6 所示。

图 3.3.5　图像斜切　　　　　　　　　　　　图 3.3.6　图像扭曲

### 3.3.5　透视对象

　　使用"透视"命令，对图像应用单点透视。在控制框的任意一个角控制点上，按住鼠标左键拖曳，进行透视操作。如图 3.3.7 所示。

图 3.3.7　图像透视

### 3.3.6　变形扭曲对象

使用"变形"命令，对图像的形状进行变形扭曲。执行该命令后，在图像上，将出现用于变形操作的网格与锚点。①在控制框的任意一个控制点上，按住鼠标左键拖曳，可以对图像进行变形操作。②在控制框内的任意一点，按住鼠标左键拖曳，可以对图像进行变形操作。③控制框的每个角有两个锚点，在锚点上，按住鼠标左键拖曳，可以对图像进行变形操作。如图 3.3.8 所示。

使用"变形"属性栏中的变形"自定义"选择框，如图 3.3.9 所示，还可以对图像实现扇形、下弧、上弧、拱形、凸起、贝壳、花冠和旗帜等变形扭曲。对图像进行"扇形"变形的操作，如图 3.3.1 中的"变形图像"所示。

图 3.3.8　图像变形扭曲

图 3.3.9　自定义变形

使用"液化"滤镜可对栅格图像变形和扭曲，将在后续章（节）中讲述。

### 3.3.7　翻转对象

使用"翻转"命令，可对图像进行垂直或水平翻转。翻转操作分为"水平翻转"和"垂直翻转"操作，翻转操作较为简单，在图像上没有控制框，不用按 Enter 键确认。水平翻转如图 3.3.10 所示，垂直翻转如图 3.3.11 所示。

图 3.3.10　图像水平翻转

图 3.3.11　图像垂直翻转

## 3.4　应用实例——制作一个双开的大门图像

本应用实例是在一个院墙中，制作一个双开的大门图像，如图 3.4.1 所示。在制作过程中，主要练习选区、移动、缩放、透视、窗口排列、描边和填充等基本操作。

图 3.4.1    双开的大门图像

操作步骤：

① 打开"梅花.jpg"和"砖墙.jpg"素材文件，如图 3.4.2 所示。

图 3.4.2    梅花与砖墙素材图像

② 在系统菜单上，选择"窗口｜排列｜平铺"命令，平铺结果如图 3.4.3 所示。

③ 在工具箱中，选择移动工具 ➕，将"砖墙"图像拖曳至"梅花"图像窗口中。在系统菜单上，选择"窗口｜排列｜将所有内容合并到选项卡中"命令，选择"梅花"图像文件窗口为当前窗口。如图 3.4.4 所示。

图 3.4.3    窗口平铺                    图 3.4.4    移动图像结果

④ 在图层面板中，选择"图层 1"为当前图层，按 Ctrl+T 组合键，使用"自由变换"操作，拖曳调整"砖墙"图像，使其完全覆盖"梅花"图像。如图 3.4.5 所示。

⑤ 在工具箱中，选择矩形选择工具█，在"砖墙"图像下方制作一个矩形选区作为半扇门。如图 3.4.6 所示。

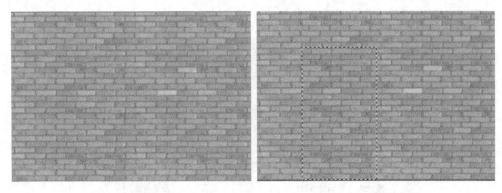

图 3.4.5　砖墙覆盖结果　　　　　　　　　图 3.4.6　制作矩形选区

⑥ 在系统菜单上，选择"编辑｜变换｜透视"命令，做"透视"变换，调整选区。结果如图 3.4.7 所示。

⑦ 在系统菜单上，选择"编辑｜变换｜缩放"命令，做"缩放"变换，调整选区。结果如图 3.4.8 所示。

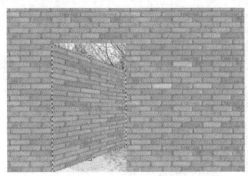 

图 3.4.7　透视变换效果　　　　　　　　　图 3.4.8　缩放变换效果

⑧ 在系统菜单上，选择"编辑｜填充"命令，系统弹出"填充"对话窗口，如图 3.4.9 所示。在"内容"选择框中，选择"颜色"，系统弹出"拾色器"对话窗口，如图 3.4.10 所示。选择一种颜色，单击"确定"，在"填充"对话窗口中，单击"确定"。结果如图 3.4.11 所示。

 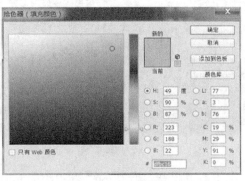

图 3.4.9　"填充"对话窗口　　　　　　　　图 3.4.10　拾色器对话窗口

⑨ 在系统菜单上，选择"编辑｜描边"命令，为选区设置一个颜色的边框，宽度为"26 像素"，按 Ctrl+D 组合键，如图 3.4.12 所示。

图 3.4.11　填充结果　　　　　　　　图 3.4.12　设置选区边框

⑩ 重复上面⑤至⑨步操作，制作出双扇门的另一个半扇门，如图 3.4.1 所示。按 Ctrl+S 组合键，保存图像文件。

## 3.5　习题

### 一、简答题

1．在编辑图像的过程中，打开的图像显示在文档窗口里。用户要看清楚图像的整体与局部细节，需要对图像进行哪些操作？

2．改变画布大小时，图像大小如何变化？

3．在编辑图像时，常常要对图像形状进行处理，Photoshop CC 2017 提供了 11 种变形处理操作，请说出其中的 7 种操作。

4．Photoshop CC 对于打开的"背景"图像，系统默认设置了"部分图层锁定"，对于部分图层锁定的图像，能直接执行图形变换操作吗？若不能，该如何解决？

### 二、上机实际操作题

1．应用图像的变换操作，制作"查尔斯河"与"小船"合成图像效果，如图 3.5.1 所示。

图 3.5.1　合成效果图

（1）打开"查尔斯河.jpg"和"小船.jpg"素材文件。

（2）选择"小船"图像窗口为当前窗口，在工具箱中，选择椭圆选框工具，选择"小船"

图像，如图 3.5.2 所示，按 Ctrl+C 组合键，切换至"查尔斯河"图像处理窗口，按 Ctrl+V 组合键，系统自动生成"图层 1"，按 Ctrl+T 组合键，将"小船"图像缩放至适当大小，拖放至适当位置并旋转，按 Enter 键。如图 3.5.3 所示。

图 3.5.2　椭圆选框工具选择图像

图 3.5.3　初步合成效果

（3）在系统菜单中，选择"编辑｜变换｜水平翻转"命令。翻转效果如图 3.5.4 所示。

（4）在图层面板中，设置"图层混合模式"为"变暗"。合成效果如图 3.5.5 所示。

图 3.5.4　"小船"图像水平翻转效果

图 3.5.5　合成效果

2．应用图像的变换操作，独立制作"童真的记忆"电子相册，合成效果如图 3.5.6 所示。（提示：应用"编辑｜变换｜变形"，在属性栏中，分别选择"变形"列表框中的"拱形""花冠"和"膨胀"选项）

图 3.5.6　"童真的记忆"效果图

# 4 Chapter

## 第 4 章
## 图像选区的创建与
## 基本操作

图像选区的作用是设置图像的编辑范围，图像的编辑效果只应用于选区之内，选定区域之外的图像则不被改动。选区的边界线，是一条封闭的、不断闪烁的、黑白相间的虚线，形如一队蚂蚁在行走，因此选区的边界线也被称为"蚂蚁线"。可以复制、移动和粘贴图像选区，也可以对图像选区以快速蒙版模式编辑，进行滤镜、填充和色调操作等。

学习要点：

- 掌握创建图像选区；
- 熟悉编辑与修改选区；
- 掌握选区的填充与描边；
- 了解选区还有哪些操作。

建议学时：上课 2 学时，上机 2 学时。

# 4.1 创建图像选区

选区用于分离图像的一个或多个部分，设置图像的编辑范围。创建图像选区分为创建规则选区和创建不规则选区，如图 4.1.1 所示。

（a）月亮为规则选区　　　　　　　　　　　　（b）野百合花为不规则选区

图 4.1.1　规则选区与不规则选区

创建图像选区时，需根据实际需要，选择不同的创建选区工具与命令。要选择图像中的像素，最简单的方法是使用快速选择工具；选择特定形状的区域时，应使用选框工具或使用套索工具，通过在图像中跟踪图像元素来建立选区；基于图像中的颜色范围建立选区时，要使用魔棒工具。

与选区有关的其他一些操作，将在后续内容中讲述。

使用钢笔或形状工具可生成名为路径的精确轮廓，而路径可以转换为选区。

可将选区存储在 Alpha 通道中。Alpha 通道将选区存储为被称作蒙版的灰度图像。蒙版类似于反选选区：它将覆盖图像的未选定部分，并阻止对此部分图像应用任何编辑或操作。通过将 Alpha 通道载入图像中，可以将存储的蒙版转换回选区。

路径可以转换为选区，选区也可以转换为路径。

## 4.1.1　创建规则选区

Photoshop CC 提供了 4 个选框工具，用于创建规则选区，包括![ ]矩形选框工具、![ ]椭圆选框工具、![ ]单行选框工具和![ ]单列选框工具，分别用于创建规则的矩形、椭圆形、宽度为 1 个像素的单行和单列选区。如图 4.1.2 所示。

图 4.1.2　选框工具菜单

使用选框工具创建规则选区的操作为：打开图像文件，选择要编辑的图像文件窗口为当前窗口，在工具箱中，选择![ ]选框工具图标，单击鼠标右键，系统弹出选框工具命令菜单，如图 4.1.2 所示。

当选择![ 矩形选框工具 ]命令后，可以根据需要，设置矩形选框工具属性栏，如图 4.1.3

所示。在当前编辑图像文件窗口，按住鼠标左键拖曳即可建立一个矩形选区；在当前编辑图像文件窗口，按住 Shift 键，按住鼠标左键拖曳即建立一个正方形选区；在当前编辑图像文件窗口，按住 Shift+Alt 组合键，按住鼠标左键拖曳即建立一个以拖动起点为中心的正方形选区。

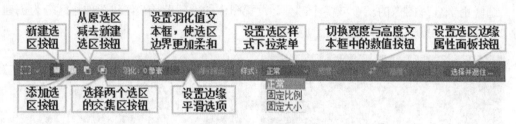

图 4.1.3　矩形选框工具属性栏

选择 椭圆选框工具 命令后，可设置椭圆形选框工具属性栏。在当前编辑图像文件窗口，按住鼠标左键拖曳即建立一个椭圆形选区；在当前编辑图像文件窗口，按住 Shift 键，按住鼠标左键拖曳即建立一个圆形选区；在当前编辑图像文件窗口，按住 Shift+Alt 组合键，按住鼠标左键拖曳即建立一个以拖动起点为中心的圆形选区。

选择 单行选框工具 命令或 单列选框工具 命令后，可在当前编辑图像文件窗口，单击鼠标左键即可创建宽度为 1 个像素的单行或单列选区。

在建立选区后，若要取消选择区，在当前编辑图像文件窗口使用选框工具，单击鼠标左键即可，或按 Ctrl+D 组合键，或在系统菜单中，执行"选择丨取消选择"命令。

例 4.1：使用"矩形选框工具"合成壁画效果。将"楼道"图像和"牡丹"图像合成，合成效果如图 4.1.4（c）所示。

（a）楼道

（b）牡丹

（c）合成效果

图 4.1.4　合成图像

（1）打开"楼道.jpg"和"牡丹.jpg"素材文件。如图 4.1.4（a）、（b）所示。

（2）选择"牡丹.jpg"素材文件所在窗口为当前编辑窗口，在工具箱中，选择 矩形选框工具 ，在当前编辑窗口绘制一个矩形选区，设定要复制的图像范围，如图 4.1.5 所示，按 Ctrl+C 组合键。

（3）选择"楼道.jpg"素材文件所在窗口为当前编辑窗口，按 Ctrl+V 组合键，在图层面板中，自动生成"图层 1"，按 Ctrl+T 组合键，调整"牡丹"图像的位置和大小，并适当旋转。合成效果如图 4.1.4（c）所示。

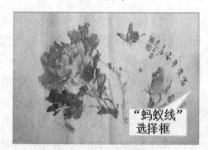

图 4.1.5　矩形选择框

例 4.2：使用"椭圆形选框工具"合成一个美丽的黄昏景色。选择一个椭圆形选区，复制这个椭圆形选区，将"昆明湖黄昏"图像和 2016 年 11 月 14 日出现的"超级大月亮"图像合成，合成效果如图 4.1.6 所示。

（a）昆明湖

（b）超级大月亮

（c）合成效果

图 4.1.6　合成图像

（1）打开"昆明湖.jpg"和"超级大月亮.jpg"素材文件。如图 4.1.6（a）、（b）所示。

（2）选择"超级大月亮.jpg"素材文件所在窗口为当前编辑窗口，在工具箱中选择 椭圆选框工具，在当前编辑窗口，按住 Shift+Alt 组合键，按住鼠标左键拖曳即建立一个与超级大月亮重叠的圆形选区，如图 4.1.7 所示，按 Ctrl+C 组合键。

（3）选择"昆明湖.jpg"素材文件所在窗口为当前编辑窗口，按 Ctrl+V 组合键，在图层面板中，自动生成"图层 1"，按 Ctrl+T 组合键，调整"昆明湖"图像的位置和大小。设置图层 1 的混合模式为"滤色"，效果如图 4.1.8 所示。

图 4.1.7　椭圆形选择框

图 4.1.8　混合模式为"滤色"时的效果

（4）在图层面板中，单击 □ 添加图层蒙版按钮，选中蒙版，按 B 键选择 ✔ 画笔工具，设置"不透明度"的值为 20，设置前景色为黑色，设置画笔"大小"的值为 72，在月亮的适当位置涂抹，使遮挡超级大月亮的树枝显现，并制作出渐隐渐现的最终合成效果。如图 4.1.6 所示。

例 4.3：使用"单行选框工具"和"单列选框工具"绘制水平或垂直的直线。效果如图 4.1.9 所示。

（1）选择"文件｜新建"命令，在"新建"对话框中，设置"背景内容"为蓝色，创建一个剪贴板图像文件。

（2）设置背景色为红色，在工具箱中，选择 ┅┅ 单行选框工具，在图像窗口中单击鼠标左键，按 Ctrl+Delete 组合键，在单行选区中填充红色。

（3）设置背景色为绿色，在工具箱中，选择 单列选框工具 ，在图像窗口中单击鼠标左键，按 Ctrl+Delete 组合键，在单列选区中填充绿色，按 Ctrl+D 组合键取消选择。效果如图4.1.9 所示。

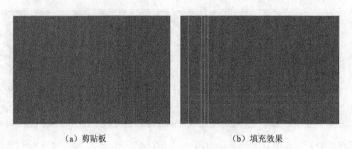

(a) 剪贴板      (b) 填充效果

图 4.1.9 绘制水平与垂直的直线

### 4.1.2 创建不规则选区

Photoshop CC 提供了套索工具组、快速选择工具组、钢笔工具和"色彩范围"命令来创建不规则选区。

#### 1. 套索工具组

使用套索工具组可以创建不规则选区。Photoshop CC 提供了 3 个套索工具，包括套索工具、多边形套索工具和磁性套索工具，如图 4.1.10 所示。

图 4.1.10 套索工具菜单

套索工具应用于不规则形状图像的边界，需要手动拖动鼠标以绘制选区，即徒手绘制不规则选区； 多边形套索工具应用于绘制的选区边界是由直边线段组成的图像； 磁性套索工具应用于快速选择与背景对比强烈且边缘复杂的图像。

使用套索工具创建不规则选区的操作为：打开图像文件，选择要编辑的图像文件窗口为当前窗口，在工具箱中选择 套索工具图标，单击鼠标右键，系统弹出套索工具命令菜单，如图 4.1.10 所示。

当选择 套索工具 命令后，可以根据需要，设置套索工具属性栏，如图 4.1.11 所示。在当前编辑图像文件窗口，按住鼠标左键拖曳，释放鼠标即建立一个选区。

图 4.1.11 套索工具属性栏

选择 多边形套索工具 命令后，可设置多边形选框工具属性栏。在当前编辑图像文件窗口，按住鼠标左键单击创建选区的起始点，沿着要建立的选区边界，移动鼠标至其他位置继续单击鼠标左键，直至回到起始点处，在光标呈现 形状时单击鼠标左键，即建立一个选区。

在创建选区的过程中，若要绘制水平、垂直或 45°方向的直线，要在移动鼠标时按住 Shift 键，然后单击鼠标左键即可；若要绘制手绘线段，要按住 Alt 键并拖曳鼠标，完成后，释放 Alt 键和鼠标；若终点未回到起始点，双击鼠标左键，系统将自动以直线连接起点与终点，形成闭合回路的多边形选区；若要删除最近绘制的直线段，按 Delete 键即可。

当选择 磁性套索工具 命令后，在当前编辑图像文件窗口，单击鼠标左键创建选区的起始点，沿着要建立的选区边界，移动鼠标至其它位置，系统将自动在鼠标移动的轨迹上选择对比度较大的边缘建立选区节点，当鼠标移动到起始点，光标呈现 形状时单击鼠标左键，即建立一个选区。

在建立选区后，若要取消选择区，按 Ctrl+D 组合键，或在系统菜单中，执行"选择｜取消选择"命令即可。

**例** 4.4：使用"套索工具"更换一个人物背景。徒手绘制一个"人物"选区，复制这个"人物"选区，将"人物"图像和背景图像合成，合成效果如图 4.1.12 所示。

　　（a）方楼　　　　　　　（b）Girl　　　　　　　（c）合成效果

图 4.1.12　合成图像

（1）打开"方楼.jpg"和"Girl.jpg"素材文件。如图 4.1.12（a）、（b）所示。

（2）选择"Girl.jpg"素材文件所在窗口为当前编辑窗口，在工具箱中选择 套索工具 ，在当前编辑窗口人物周围，按住鼠标左键拖曳，释放鼠标即建立一个选区，如图 4.1.13 所示，按 Ctrl+C 组合键。

图 4.1.13　人物选区

（3）选择"方楼.jpg"素材文件所在窗口为当前编辑窗口，按 Ctrl+V 组合键，在图层面板中，自动生成"图层 1"，按 Ctrl+T 组合键，调整"Girl"图像的位置和大小。合成效果如

图 4.1.12（c）所示。

 **注意：**

选择 套索工具可以创建任意形状的选区，好像使用画笔在描边一样，在按住鼠标左键拖曳过程中，若在终点与起点尚未重合时释放了鼠标，系统将自动在终点与起点之间建立一条连线，创建一个封闭的选区。

**例 4.5：**使用"多边形套索工具"合成壁画效果。将"楼道"图像和"Highway"图像合成，合成效果如图 4.1.14 所示。

（a）楼道　　　　　　　　　　（b）Highway　　　　　　　　　　（c）合成效果

图 4.1.14　合成图像

（1）打开"楼道.jpg"和"Highway.jpg"素材文件。如图 4.1.14（a）、（b）所示。

（2）选择"Highway.jpg"素材文件所在窗口为当前编辑窗口，在工具箱中选择 多边形套索工具，在当前编辑窗口四边形图像的前 3 个角的顶点位置分别单击鼠标左键，第 4 个角的顶点位置双击鼠标左键即建立一个选区，如图 4.1.15 所示，按 Ctrl+C 组合键。

（3）选择"楼道.jpg"素材文件所在窗口为当前编辑窗口，按 Ctrl+V 组合键，在图层面板中，自动生成"图层 1"，按 Ctrl+T 组合键，调整"Highway"图像的位置和大小。

（4）为壁画添加"投影"效果。在图层面板中，双击图层 1 的"图层缩略图"，在弹出的"图层样式"对话窗口中，选择"投影"选择项，设置"角度、距离、扩展和大小"等参数，如图 4.1.16 所示。单击"确定"按钮，合成效果如图 4.1.14（c）所示。

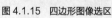

图 4.1.15　四边形图像选区　　　　　　　　　　图 4.1.16　投影设置

**例 4.6：**使用"磁性套索工具"快速选择与背景对比强烈且边缘复杂的图像。

（1）打开"向日葵.jpg"素材文件，如图 4.1.17 所示。

（2）选择"向日葵"素材文件所在窗口为当前编辑窗口，在工具箱中，选择 磁性套索工具，在图像镜框的边缘单击鼠标左键以确定选取的起始点位置，沿着图像镜框的边缘移动鼠标（注意：不要按着鼠标左键），磁性套索工具将根据颜色反差在图像边缘自动生成选区的节点。如图 4.1.18 所示。

（3）在移动鼠标自动生成选区的节点过程中，可以根据需要，单击鼠标左键以增加节点，或按 Delete 键删除最近的节点。

（4）当终点与起点重合，光标呈现 形状（即光标右下角有一个小圆圈）时，单击鼠标左键，可建立一个闭合回路选区，如图 4.1.19 所示；当终点与起点未重合，且光标呈现 形状（即光标右下角没有小圆圈）时，双击鼠标左键也可建立一个闭合回路选区。

图 4.1.17　原图

图 4.1.18　节点线

图 4.1.19　选区效果

### 2. 快速选择工具组

使用快速选择工具组创建不规则选区，使复杂选区的创建变得简单而轻松。Photoshop CC 提供了两个快速选择工具，包括快速选择工具和魔棒工具，如图 4.1.20 所示。

图 4.1.20　快速选择工具菜单

快速选择工具利用可调整的圆形画笔笔尖快速地建立选区。当按住鼠标左键拖动时，选区将自动向外扩展并自动查找和跟随图像中定义的边缘；魔棒工具则通过选择图像中颜色相同或相近的区域快速建立选区，在创建选区之前要首先设置所选图像像素的色彩范围即容差。

使用快速选择工具创建不规则选区的操作为：打开图像文件，选择要编辑的图像文件窗口为当前窗口，在工具箱中选择 快速选择工具图标，单击鼠标右键，系统弹出快速选择工具命令菜单，如图 4.1.20 所示。

选择 快速选择工具 命令后，可以根据需要设置快速选择工具属性栏，如图 4.1.21 所示。在当前编辑图像文件窗口，当鼠标图标呈现 显示时（即圆圈内有一个"+"号），单击鼠标左键选择最初的一小块图像区域，按住鼠标左键拖曳，释放鼠标即建立一个选区。

图 4.1.21　快速选择工具属性栏

若停止拖动鼠标，当鼠标图标呈现 ⊕ 显示（即圆圈内有一个"+"号）或单击属性栏中的 ✎ "相加"按钮，然后在附近区域内单击鼠标左键或按住鼠标左键拖曳，选区将增大以包含新区域；若要从原选区中减去新选区域，可单击属相栏中的 ✎ "相减"按钮，此时鼠标图标呈现 ⊖ 显示（即圆圈内有一个"－"号），然后在附近区域内单击鼠标左键或按住鼠标左键拖曳，原选区将减去新选区域。

若要临时在"添加模式"与"相减模式"之间进行切换，按住 Alt 键即可。

选择 🪄魔棒工具 命令后，可以根据需要设置魔棒工具属性栏，如图 4.1.22 所示。在当前编辑图像文件窗口，当鼠标图标呈现 ✎ 显示时，单击鼠标左键，建立选区的最初的一小块图像区域，即建立一个选区。

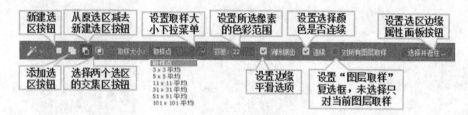

图 4.1.22　魔棒工具属性栏

魔棒工具属性栏中的"容差"用于设置所选图像像素的色彩范围，以像素为单位输入一个值，取值范围介于 0～255 之间。若设置的值较低，将选择与所单击像素非常相似的少数几种颜色；反之，将选择范围更广的颜色。

魔棒工具是基于颜色快速创建选区的工具，当图像中的颜色比较单一时，使用魔棒工具创建选区，只需单击鼠标左键即可，若要再增加其他颜色的选区，要确认在"增加到选区"模式下进行，选择工具属性栏中的 ▣ 增加到选区按钮，然后继续单击鼠标左键即可。

在建立选区后，若要取消选择区，可按 Ctrl+D 组合键，或在系统菜单中执行"选择取消选择"命令。

例 4.7：使用"快速选择工具"抠图，为小女孩添加美丽的头花，如图 4.1.23 所示。

（a）Girl　　　　　　（b）野百合　　　　　　（c）合成效果
图 4.1.23　合成图像

（1）打开"Girl.jpg"和"野百合.jpg"素材文件，如图 4.1.23（a）、（b）所示。

（2）选择"野百合"素材文件所在窗口为当前编辑窗口，在工具箱中选择 ✎快速选择工具，在图像"野百合"的边缘红色区域，单击鼠标左键以创建最初选择的一小块区域，如图 4.1.24 所示。按住鼠标左键，沿着图像"野百合"的红色区域移动鼠标，选区将自动向外扩展并自动查找和跟随图像中定义的边缘，全部选中红色区域边缘，如图 4.1.25 所示。

（3）单击属相栏中的 "相减"按钮，此时鼠标图标呈现⊖显示（即圆圈内有一个"－"号），然后在全部选中红色区域内的绿色区域单击鼠标左键并按住鼠标左键拖曳，原选区将减去新选的绿色区域，如图 4.1.26 所示。然后按 Ctrl+C 组合键。

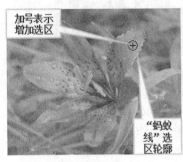

图 4.1.24　初始选区

图 4.1.25　过渡选区

图 4.1.26　最终选区

（4）选择"Girl.jpg"素材文件所在窗口为当前编辑窗口，按 Ctrl+V 组合键，在图层面板中，自动生成"图层 1"；按 Ctrl+T 组合键，调整"Girl"图像的位置和大小，按 Enter 键，选择"编辑｜变换｜水平翻转"命令，合成效果如图 4.1.27 所示。

（5）再增加一个头花。用鼠标右键单击"图层 1"，在弹出菜单中选择复制图层命令，按 Ctrl+T 组合键，调整"Girl"图像的位置和大小后按 Enter 键，选择"编辑｜变换｜水平翻转"命令，合成效果如图 4.1.23（c）所示。

例 4.8：使用"魔棒工具"抠图，制作紫砂壶广告，如图 4.1.28 所示。

图 4.1.27　单个头花

（a）广告素材

（b）紫砂壶

（c）合成效果

图 4.1.28　合成图像

（1）打开"紫砂壶广告背景.jpg"和"紫砂壶.jpg"素材文件。如图 4.1.28（a）、（b）所示。

（2）选择"紫砂壶"素材文件所在窗口为当前编辑窗口，在工具箱中选择 魔棒工具，设置属性栏中的"容差"值为 50；选中"连续"选项，在图像"紫砂壶"的背景区域，单击鼠标左键以创建选区，初始选区如图 4.1.29 所示；在没选中的背景中，继续单击鼠标左键，直至全部选中背景区域，过渡选区如图 4.1.30 所示；按 Ctrl+Shift+I 组合键或选择系统菜单"选择｜反向"命令，最终选区如图 4.1.31 所示。然后，按 Ctrl+C 组合键。

图 4.1.29 初始选区

图 4.1.30 过渡选区

图 4.1.31 最终选区

（3）选择"紫砂壶广告背景.jpg"素材文件所在窗口为当前编辑窗口，按 Ctrl+V 组合键，在图层面板中，自动生成"图层 1"，按 Ctrl+T 组合键，调整"紫砂壶"图像的位置和大小后按 Enter 键。过渡效果如图 4.1.32 所示。

（4）为广告中的"紫砂壶"添加"投影"和"外发光"效果。在图层面板中，双击图层 1 的 ▨ "图层缩略图"，在弹出的"图层样式"对话框中，选择"投影"选项，设置"角度、距离、扩展和大小"等参数，如图 4.1.33 所示。选择"外发光"选项，设置"混合模式"为溶解、"不透明度"值为 35%、"扩展"值为 35%，如图 4.1.34 所示，单击"确定"按钮。合成效果如图 4.1.28（c）所示。

图 4.1.32 过渡效果

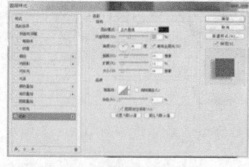
图 4.1.33 投影设置

图 4.1.34 外发光设置

### 3. "色彩范围"命令

"色彩范围"命令，顾名思义，若要基于图像中的某种颜色创建选区，使用"色彩范围"命令最为方便，其功能比魔棒工具更强大，可以在预览选区的同时，对"颜色容差"进行动态设置。

使用"色彩范围"命令创建不规则选区的操作为：打开图像文件，选择要编辑的图像文件窗口为当前窗口，在系统菜单中，选择"选择｜色彩范围"命令，系统弹出"色彩范围"对话框，如图 4.1.35 所示。

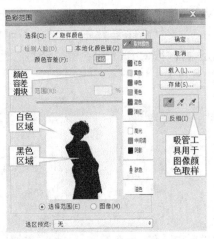

图 4.1.35　"色彩范围"对话框

在"色彩范围"对话框中，可以根据需要，单击"选择"下拉列表框，选择"取样颜色"选项或用吸管工具在图像颜色中取样；按住鼠标左键拖动"颜色容差"滑块，对"颜色容差"值进行动态设置的同时，观看预览选区的颜色变化，白色表示已选择区域，黑色表示未选中的区域。单击"确定"按钮，白色区域为创建的选区。

**注意：**

在"颜色范围"对话框中，按 Ctrl 键，可以在"图像"和"选区"预览之间切换；"颜色范围"命令可以重复执行；按住 Alt 键时，"取消"按钮将变为"复位"按钮。

例 4.9：使用"色彩范围"命令抠图，更换人物背景，如图 4.1.36 所示。

（a）小区一角 1　　　　（b）蓝色背景人物　　　　（c）合成效果

图 4.1.36　合成图像

（1）打开"小区一角 1.jpg"和"蓝色背景人物.PNG"素材文件，如图 4.1.36（a）、（b）所示。

（2）选择"蓝色背景人物"素材文件所在窗口为当前编辑窗口，在系统菜单中选择"选择｜色彩范围"命令，系统弹出"色彩范围"对话框；在"色彩范围"对话框中，用鼠标左键单击 吸管工具；在当前编辑窗口中，鼠标光标呈 吸管形状，用鼠标左键单击"蓝色"

取样；在"色彩范围"对话框中，按住鼠标左键拖动"颜色容差"滑块，设置"颜色容差"值为 146（见图 4.1.37），用鼠标左键单击"确定"按钮。按 Delete 键，按 Ctrl+Shift+I 组合键或选择系统菜单"选择｜反向"命令，过渡选区如图 4.1.38 所示。然后，按 Ctrl+C 组合键。

（3）选择"小区一角 1.jpg"素材文件所在窗口为当前编辑窗口，按 Ctrl+V 组合键，在图层面板中，自动生成"图层 1"；按 Ctrl+T 组合键，调整"蓝色背景人物"图像的位置和大小后按 Enter 键，过渡效果如图 4.1.39 所示。

图 4.1.37 "颜色范围"对话框　　　图 4.1.38 过渡选区　　　　　　图 4.1.39 过渡效果

（4）设置抠出人物图像"水平翻转"效果，选择系统菜单"编辑｜变换｜水平翻转"命令。最终合成效果如图 4.1.36（c）所示。

### 4. 钢笔工具

使用 钢笔工具可以间接地创建选区：首先使用"钢笔工具"绘制路径，然后将路径转换为选区。在第 6 章中，将详细讲解使用钢笔工具绘制路径的方法。

例 4.10：使用"钢笔工具"抠图，合成图像，如图 4.1.40 所示。

（a）楼道　　　　　　　　　（b）人物图像　　　　　　　　　（c）合成效果

图 4.1.40 合成图像

（1）打开"楼道.jpg"和"人物图像.jpg"素材文件，如图 4.1.40（a）、（b）所示。

（2）选择"人物图像"素材文件所在窗口为当前编辑窗口，在工具箱中选择 钢笔工具，在钢笔工具属性栏中，设置选择工具模式为 路径 路径。在当前编辑窗口中，用鼠标左键单击人物镜框的一个角的顶点建立第一个锚点即起始锚点，在人物镜框其余三个角的顶点处，依次单击鼠标左键，在每个角的顶点处建立一个锚点。将钢笔工具定位到第一个锚点上，在钢笔工具指针呈 形状（即钢笔旁出现一个小圆圈）时单击鼠标左键，建立一个闭合路径，如图 4.1.41 所示。用鼠标左键单击工具属性栏中的 选区… 建立选区或按 Ctrl+Enter 组合键，将路径转换为选区，如图 4.1.42 所示。然后按 Ctrl+C 组合键。

图 4.1.41　闭合路径　　　　　　　　　图 4.1.42　路径转换为选区

（3）选择"楼道.jpg"素材文件所在窗口为当前编辑窗口，按 Ctrl+V 组合键，在图层面板中，自动生成"图层 1"；按 Ctrl+T 组合键，调整"人物图像"图像的位置和大小后按 Enter 键，合成效果如图 4.1.40（c）所示。

## 4.2　编辑与修改选区

Photoshop CC 创建图像选区是为了应用图像选区。在应用图像选区时，为了满足用户实际需要，要学会编辑图像选区。编辑图像选区的操作包括移动、编辑、变换、反选、取消、羽化、存储和载入选区。

### 4.2.1　移动选区

当图像选区创建之后，选区可能不在理想的位置上，需要移动已经建立好的选区位置。

移动选区操作：使用任意选择工具创建图像选区后，在该选择工具属性栏中，用鼠标左键单击■新选区按钮，将鼠标光标移至选区中，当鼠标光标呈 白色箭头加一方框形状时，按住鼠标左键移动鼠标即可。如图 4.2.1 所示。

（a）建立选区　　　　　　　　　　　（b）移动选区

图 4.2.1　移动选区

### 4.2.2　编辑选区

当图像选区创建之后，选区的边缘或边界可能还不能满足用户的要求，需要对已经创建好的选区做进一步的编辑，方可达到理想的效果。Photoshop CC 对图像选区的边缘编辑命令包括"选择并遮住"和"修改"。

#### 1. 选择并遮住

"选择并遮住"命令用于提高选区边缘的质量和查看图像选区的范围，从而更精确地定义选区。另外，"选择并遮住"命令还可以用来调整图层蒙版。

选择并遮住操作：使用任意选择工具创建图像选区后，在该选择工具属性栏中，用鼠标左键单击 选择并遮住... 按钮，或在系统菜单中选择"选择 | 选择并遮住"命令，或按 Ctrl+Alt+R 组合键，系统切换到"选择并遮住"属性面板，如图 4.2.2 所示。其中各项参数的说明如下。

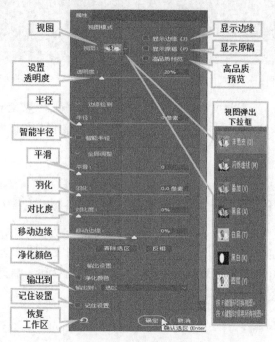

图 4.2.2 "选择并遮住"属性面板

① 视图。选择视图模式，从弹出菜单中，单击鼠标左键选择一个模式以更改选区的显示方式，它包括洋葱皮、闪烁虚线（闪烁虚线为"蚂蚁线"）、叠加（半透明的红色区域为非选择区域）、黑底、白底、黑白（白色为选择区域，黑色为非选择区域）、图层共计 7 种视图模式，如图 4.2.3 所示。将鼠标指针悬停在一种模式上时，就会出现该模式相关的信息提示。

图 4.2.3 7 种视图模式效果

② 设置透明度。设置被蒙版区域的查看透明度。

③ 智能半径。选择该复选框，将自动调整边界区域中硬边缘和柔化边缘的半径。若要控制半径设置并且更精确地调整画笔，则不能选择该复选框。

④ 半径。设置边缘检测的调整半径，即以原选区边界为中心，向内和向外同时扩展的值，得到选区边缘羽化的效果。设置较小的半径将得到锐边，设置较大的半径将得到较柔和的边缘，如图 4.2.4 所示。

（a）原选区 半径=0 像素　　　　（b）边缘检测 半径=14.7 像素　　　　（c）边缘边缘 半径=36.9 像素

**图 4.2.4　不同的半径效果**

⑤ 平滑。使选区边界变得较为平滑，但边界清晰，取值范围介于 0～100 之间，取值越大选区边缘越平滑。

⑥ 羽化。模糊选区边界与周围的图像之间的过渡效果。使用此方法柔化选区边缘较为直接和方便，设置的羽化值越大，边界柔化区域将越大，如图 4.2.5 所示。

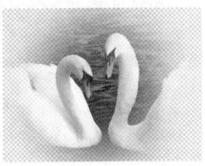

（a）原选区 羽化=0 像素　　　　（b）调整边缘 羽化=14.7 像素　　　　（c）调整边缘 羽化=71.5 像素

**图 4.2.5　不同的羽化效果**

⑦ 对比度。当对比度的值增大时，选区的边界将变得更清晰，而边缘柔和程度将降低。

⑧ 移动边缘。设置负值时，向内收缩柔化边缘的区域；设置正值时，向外扩展柔化边缘的区域。

⑨ 净化颜色。选中该复选框，设置彩色边替换为附近完全选中的图像像素的颜色。

⑩ 数量。更改彩色边替换的程度。

⑪ 输出到。设置调整后的选区，使之变为当前图层上的选区、蒙版、新图层或文档等。

⑫ 记住设置。选中该复选框，将存储本次设置，再次打开“选择并遮住”时恢复该设置。

⑬ 恢复工作区。恢复工作区的默认初始值设置。

⑭ 显示边缘。选中该复选框，显示设置的边缘调整区域。

⑮ 显示原稿。选中该复选框，显示原始选区以进行比较。

⑯ 高品质预览。选中该复选框，显示速度可能会变慢。

### 2. 修改选区

使用修改选区的命令，可以对定义好的选区边界进行再次编辑，包括边界、平滑、扩张、收缩和羽化等操作。

修改选区的操作：使用任意选择工具创建图像选区后，在系统菜单中选择"选择|修改"命令，系统弹出"修改"命令子菜单，如图 4.2.6 所示。选择子菜单中的命令，将执行相应的操作。

① "边界"命令。基于当前选区的边界向内部或外部，按设置的"宽度"值扩展形成一个新的选区。当要选择图像边界周围的区域或像素带而不是该区域时，应用该命令将很有效。执行"边界"命令时，系统将弹出"边界选区"对话框，如图 4.2.7 所示。在"宽度"文本框中输入一个 1～200 之间的像素值，单击"确定"按钮即可。效果如图 4.2.8 所示。

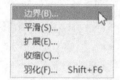
图 4.2.6 "修改"命令子菜单

图 4.2.7 "边界选区"对话框

（a）建立选区

（b）边界选区效果

图 4.2.8 图像原选区与边界选区效果

② "平滑"命令。基于当前选区的边界向内部或外部，按设置的"取样半径"值扩展，减少选区中的斑迹以及选区边缘平滑尖角和锯齿线，使选区边缘变得更平滑。可应用该命令清除基于颜色的选区中的杂散像素。执行"平滑"命令时，系统将弹出"平滑选区"对话框，如图 4.2.9 所示。在"取样半径"文本框中输入一个 1～100 之间的像素值，单击"确定"按钮即可。效果如图 4.2.10 所示。

图 4.2.9 "平滑选区"对话框

　　　　（a）建立选区　　　　　　　　　　　　（b）平滑选区效果

图 4.2.10　图像原选区与平滑选区效果

　　③ "扩展"命令。基于当前选区的边界向外部，按设置的"扩展量"值扩展。执行"扩展"命令时，系统将弹出"扩展选区"对话框，如图 4.2.11 所示。在"扩展量"文本框中输入一个 1~100 之间的像素值，单击"确定"按钮即可。效果如图 4.2.12 所示。

图 4.2.11　"扩展选区"对话框

　　　　（a）建立选区　　　　　　　　　　　　（b）扩展选区效果

图 4.2.12　图像原选区与扩展选区效果

　　④ "收缩"命令。基于当前选区的边界向内部，按设置的"收缩量"值收缩。执行"收缩"命令时，系统将弹出"收缩选区"对话框，如图 4.2.13 所示。在"收缩量"文本框中输入一个 1~100 之间的像素值，单击"确定"按钮即可。效果如图 4.2.14 所示。

图 4.2.13　"收缩选区"对话框

　　　　（a）建立选区　　　　　　　　　　　　（b）收缩选区效果

图 4.2.14　图像原选区与收缩选区效果

⑤ "羽化"命令。基于当前选区的边界向内部收缩，按设置的"羽化半径"值羽化，使选区边缘柔化。执行"羽化"命令时，系统将弹出"羽化选区"对话框，如图 4.2.15 所示。在"羽化半径"文本框中输入像素值，单击"确定"按钮即可。

图 4.2.15 "羽化选区"对话框

对图像选区执行"羽化"命令后，不能直接看到图像选区边缘柔化的效果，可以通过对选区执行其他操作看到结果。

例 4.11：对已建立的图像选区，执行"选择｜修改｜羽化"命令，设置"羽化半径"为 6，按 Ctrl+Shift+I 组合键执行"反选"命令，按 Alt+E 组合键执行"清除"命令，按 Ctrl+D 组合键执行"取消选择"命令。效果如图 4.2.16 所示。

（a）建立选区          （b）羽化选区效果

图 4.2.16 图像原选区与羽化选区效果

**注意：**

若选区小而羽化半径大，则小选区可能变得非常模糊，以致于看不到并因此不可选；若看到"警告：任何像素都不大于 50%选择，选区边将不可见。"的提示信息，需要减小羽化半径或增大选区的大小；若此时单击"确定"按钮，系统将创建无法看到其边缘的选区。

### 4.2.3 变换选区

当图像选区创建之后，选区的形状可能还不能满足用户的要求，例如，选区创建得过大或过小，位置不合适等，需要对已经创建好的选区做进一步的编辑，方可达到理想的效果。Photoshop CC 的变换选区命令，可以对图像选区进行缩放、旋转、移动操作。

变换选区操作：使用任意选择工具创建图像选区后，在系统菜单中选择"选择｜变换选区"命令，在图像的选区周围出现一个具有控制点的选区变换控制框，如图 4.2.17 所示。

鼠标在图像选区变换控制框的不同位置时，鼠标光标将呈现为不同的形状，按住鼠标左键拖曳，将对选区产生不同的操作。执行完成变换选区命令后，要按 Enter 键确认，或按 Esc 键取消操作，使选区保持原状不变。变换选区操作光标形状及其作用如表 4.2.1 所示。

图 4.2.17　选区变换控制框

表 4.2.1　变换选区操作光标形状及其作用

| 操作 | 鼠标位置 | 光标形状 | 作用 |
|---|---|---|---|
| 移动选区 | 在选区内部 | | 按住鼠标左键拖曳可移动选区 |
| 旋转选区 | 在选区外部 | | 按住鼠标左键拖曳可旋转选区 |
| 缩放选区 | 在控制点上 | | 按住鼠标左键拖曳可沿着垂直方向缩放选区 |
| 缩放选区 | 在角控制点上 | | 按住鼠标左键拖曳可沿着水平和垂直两个方向缩放选区 |
| 缩放选区 | 在控制点上 | | 按住鼠标左键拖曳可沿着水平方向缩放选区 |

### 4.2.4　反选、全选与取消选区

创建图像选区的方法还包括反选与全选图像选区。

可以使用任意选择工具创建图像选区（即直接创建选区法）。根据实际情况，对于有的图像而言，在不需要创建图像选区的区域创建选区非常容易，而在需要创建选区的区域创建选区则较为困难，花费时间要长。此时，可以先在不需要创建图像选区的区域创建选区，然后使用"反选"命令来反选图像选区，称之为"反选"创建选区法或间接创建选区法。当图像选区使用完成后，可以取消选区，闪烁的"蚂蚁线"消失。

① 反选选区。选择图像中未创建选区的区域为选区。

反选选区操作方法：使用任意选择工具在不需要创建图像选区的区域创建选区后，在系统菜单中，选择"选择｜反选"命令或按 Ctrl+Shift+I 组合键，或在图像选区中单击鼠标右键，在弹出的快捷菜单中选择"选择反向"命令即可。

② 全选选区。将图像全部选中。在系统菜单中，选择"选择｜全部"命令或按 Ctrl+A 组合键即可。

③ 取消选区。取消图像中已创建的选区。在系统菜单中，选择"选择｜取消选择"命令或按 Ctrl+D 组合键即可。

### 4.2.5　存储与载入选区

当图像选区创建之后，Photoshop CC 可以重复应用该选区以提高工作效率。其工作原理是将已创建的选区，通过"存储选区"操作存储起来，当以后再次使用该选区时，通过"载入选区"操作将其载入到图像中。

① 存储选区：将已建图像选区存储在新建的 Alpha 通道内并保存在该图像文件中。

存储选区操作：当图像选区创建之后，在系统菜单中，选择"选择 | 存储选区"命令或按 Alt+S+V 组合键，或在图像选区中单击鼠标右键，在弹出的快捷菜单中选择"存储选区"命令，弹出"存储选区"对话框，如图 4.2.18 所示。在该对话框中，a.在"文档"下拉列表框中，系统默认保存文档名为原打开的文件名，也可以选择"新建"新建一个文档名用于保存选区与图像文件；b.在"通道"下拉列表框中，设置存储选区的通道，系统默认为"新建"；c.在"名称"文本框中，输入要保存选区的新 Alpha 通道名称，若省略该名称，

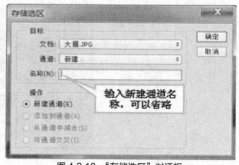

图 4.2.18 "存储选区"对话框

系统将按顺序，在"通道"面板中建立"Alpha1、Alpha2、…"通道名称。在完成各项设置后，用鼠标左键单击"确定"按钮即可。

**注意：**

在保存含有图像选区的图像文件时，系统默认图像文件的扩展名为".PSD"文件。

② 载入选区：重新使用以前存储的选区。

载入选区操作：当图像选区存储之后或打开含有存储图像选区的素材文件后，在系统菜单中，选择"选择 | 载入选区"命令或在图像选区中单击鼠标右键，在弹出的快捷菜单中选择"载入选区"命令或在"通道"面板中，提供三种方法可供选择：a.按住 Ctrl 键，用鼠标左键单击含有要载入选区的通道；b.将含有要载入选区的通道，按住鼠标左键拖动到 ⊙ "将通道作为选区载入"按钮上方释放；c.选择 Alpha 通道，单击面板底部的 ⊙ "将通道作为选区载入"按钮，然后单击面板顶部的复合颜色通道即可。弹出的"载入选区"对话框如图 4.2.19 所示。在该对话框中，设置"文档""通道"和"反相"等选项后，用鼠标左键单击"确定"按钮即可。

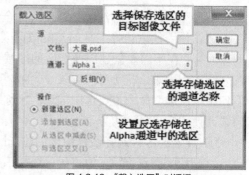

图 4.2.19 "载入选区"对话框

## 4.3 选区的填充与描边

当图像选区创建之后，可以使用"填充"和"描边"命令，选择不同的方案对选区内的图像画面进行填充和描边。在本书后面的章（节）中，还将介绍使用画笔工具组、渐变工具和油漆桶工具等绘制填充图像画面的方法，让 Photoshop 用户创作出理想的图像。

### 4.3.1 填充选区

填充选区：当图像选区创建之后，使用"填充"命令，可以选择对选区"内容"以前景

色、背景色、颜色、内容识别、图案、历史记录、黑色、50%灰色和白色进行填充。

　　填充选区操作：当图像选区创建之后，在系统菜单中，选择"编辑｜填充"命令，弹出"填充"对话框，如图4.3.1所示。在该对话框中：①"内容"下拉列表框。选择设置填充选区内容，包括前景色、背景色、内容识别、图案等选项。②"自定图案"下拉列表框。当在"内容"下拉列表框中，选择设置"图案"选项后，系统将激活该选项，在此选择设置填充选区图案样式。③"模式"下拉列表框和"不透明度"文本框。用于设置填充选区时所使用的颜色混合模式和不透明度。④"保留透明区域"复选框。选中该项后，仅填充图层中包含像素的区域。完成各项设置后，用鼠标左键单击"确定"按钮即可。

图 4.3.1　"填充"对话框

　　例4.12：打开"一束鲜花.jpg"素材文件，使用任意选择工具建立图像选区，如图4.3.2所示。设置背景色，按Ctrl+Delete组合键执行"背景色填充"图像选区命令，如图4.3.3所示。执行"编辑｜填充"命令或按Shift+F5组合键，在"填充"对话框中，设置"内容"为"图案"，选择"自定图案"，用鼠标左键单击"确定"按钮，填充效果如图4.3.4所示。

图 4.3.2　图像选区效果　　　　图 4.3.3　背景色填充选区效果　　　　图 4.3.4　图案填充选区效果

**注意：**

　　当设置好前景色或背景色后，按Alt+Backspace组合键或按Alt+Delete组合键，将使用前景色填充图像选区；按Ctrl+Backspace组合键或按Ctrl+Delete组合键，将使用背景色填充图像选区。当设置"内容"为"内容识别"时，将使用图像选区附近的相似图像内容不留痕迹地填充选区。

### 4.3.2　描边选区

　　描边选区：编辑已创建选区的边缘，主要是设置选区边缘的宽度和颜色，即描边的宽度和颜色。

描边选区操作：当图像选区创建之后，在系统菜单中，选择"编辑｜描边"命令，弹出的"描边"对话框如图 4.3.5 所示。在该对话框中：①"宽度"文本框。可以输入数值用于设置选区描边宽度。②"颜色"选择框。用鼠标左键单击其右侧的颜色块，将弹出"拾色器"对话框，如图 4.3.6 所示，在该对话框中可设置选区描边颜色。③"位置"栏。在"内部""居中"和"居外"三个单选按钮之中，选择一个选项用于设置描边位置。④"模式"下拉列表框和"不透明度"文本框。用于设置描边时所使用的颜色混合模式和不透明度。⑤"保留透明区域"复选框。选中该项后，描边时原来图层中的透明区域将不受影响。完成各项设置后，用鼠标左键单击"确定"按钮即可。

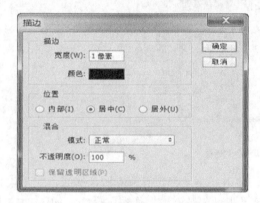

图 4.3.5 "描边"对话框

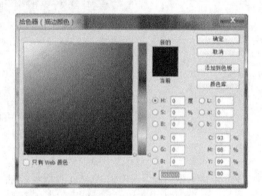

图 4.3.6 "拾色器"对话框

## 4.4 选区的剪切、复制和粘贴

在使用 Photoshop 进行图像合成时，经常使用复制和粘贴命令。复制命令是将图像选区中的图像，复制到剪贴板中；粘贴命令是将剪贴板中的图像复制粘贴到图像的指定位置；剪切命令是将图像选区中的图像，复制到剪贴板中，同时清除图像选区中的图像。

图像选区的复制操作：当图像选区创建之后，在系统菜单中，选择"编辑｜复制"命令或按 Ctrl+C 组合键即可。

图像选区的粘贴操作：在图像选区创建之后，已执行过"复制"命令，在系统菜单中，选择"编辑｜粘贴"命令或按 Ctrl+V 组合键即可。

图像选区的剪切操作：当图像选区创建之后，在系统菜单中，选择"编辑｜剪切"命令或按 Ctrl+X 组合键即可。

练习参看例 4.1、例 4.2 等。

### 注意：

①"贴入"命令与"粘贴"命令的区别在于，执行"贴入"命令之前，要先建立一个选区，执行"贴入"命令后，粘贴的图像仅在选区内呈现，选区之外的图像被隐藏。②"合并复制"命令与"复制"命令的区别是，"合并复制"命令将选区内全部图层的图像均复制到

剪贴板中，而"复制"命令仅复制当前图层选区内的图像。

# 4.5　应用实例——大学校训牌设计

本应用实例是在一片绿地中，制作一个大学校训图像，如图 4.5.1 所示。在制作过程中，主要是练习创建选区、移动选区、编辑选区、变换选区、填充选区，以及选区的复制、粘贴和贴入等基本操作。

图 4.5.1　一个大学的校训图像效果

操作步骤如下。

① 打开"CUC1.jpg""春天.jpg"和"石头.jpg"素材文件，如图 4.5.2 所示。

图 4.5.2　原素材图像

② 选择"石头.jpg"窗口为当前窗口，在工具箱中使用"快速选择工具"创建石头选区。在系统菜单上，选择"选择|修改|平滑"命令，设置"取样半径"值为 9，单击"确定"按钮。如图 4.5.3 所示。

图 4.5.3　创建选区并使选区边缘平滑

③ 按 Ctrl+C 组合键，选择"CUC1.jpg"窗口为当前窗口，按 Ctrl+V 组合键，按 Ctrl+T 组合键，调整"石头"图像的位置和大小，按 Enter 键；在图层面板中，双击"图层 1"缩略图，在弹出的"图层样式"对话框中，设置"石头"图像的"投影"效果，单击"确定"按钮。如图 4.5.4 所示。

图 4.5.4　复制选区

④ 选择"春天.jpg"窗口为当前窗口，按 Ctrl+A 组合键，按 Ctrl+C 组合键，复制图像作为校训汉字图像选区的颜色元素。

⑤ 选择"CUC1.jpg"窗口为当前窗口，选择"图层 1"为当前图层，在工具箱中选择 [T] 横排文字工具，设置字体为隶体、大小为 80 点，输入汉字"立德敬业博学竞先"，在工具箱中，使用"魔棒工具"创建汉字选区。如图 4.5.5 所示。

图 4.5.5　创建汉字选区

⑥ 选择"编辑｜选择性粘贴｜贴入"命令，选择 [移动] 移动工具，移动"春天"图像，使汉字"立德敬业博学竞先"选区显示红色花朵图案。如图 4.5.6 所示。

图 4.5.6　贴入图像效果

⑦ 在图层面板中，双击"图层 2"缩略图，在弹出的"图层样式"对话框中，设置"描边"效果，"大小"值为 1 像素，"位置"为内部，单击"确定"按钮。

## 4.6 习题

### 一、简答题

1．简述图像选区的作用。

2．在 Photoshop CC 工具箱中，有几种创建图像选区的工具，每个工具有何特点？

3．变换选区命令可执行哪些操作？

4．"贴入"命令与"粘贴"命令有何区别？

### 二、上机实际操作题

使用已经学习过创建图像选区的方法，抠图并合成图像，制作美丽的家园图像，如图 4.6.1 所示。

图 4.6.1　合成图像

目前已经学习过的创建图像选区的方法有：

① 使用选框工具创建规则选区。

② 使用套索工具组、快速选择工具组、钢笔工具和"色彩范围"命令创建不规则选区。

抠图、合成图像练习的原理是：将要抠出的图像创建为图像选区，复制和粘贴到其他图像中去。操作步骤如下。

1．打开"小区一角.jpg"和"大雁.jpg"素材文件，如图 4.6.1 所示。

2．选择"大雁"素材文件所在窗口为当前编辑窗口，在工具箱中，选择 快速选择工具，设置属性栏中的画笔"大小"值为 33；选中"自动增强"选项，在"大雁"图像的上，单击鼠标左键以创建选区，在没选中大雁中，继续单击鼠标左键，直至全部选中大雁区域。如图 4.6.2 所示。

3．在该选择工具属性栏中，鼠标左键单击 选择并遮住 … 按钮或按 Ctrl+Alt+R 组合键，系统切换到"选择并遮住"属性面板，设置"平滑"取值为 26，鼠标左键单击"确定"按钮，按 Ctrl+C 组合键。

4．选择"小区一角"素材文件所在窗口为当前编辑窗口，按 Ctrl+V 组合键，在图层面板中，自动生成"图层 1"；按 Ctrl+T 组合键，调整"大雁"图像的位置和大小，按 Enter 键，合成图像如图 4.6.3 所示。

图 4.6.2　创建选区　　　　　　　　　　　　图 4.6.3　合成图像

　　5．为"大雁"图像设置曝光、对比度、高光、自然饱和度、饱和度等效果。选择"滤镜 | Camera Raw 滤镜"命令，弹出的"Camera Raw"对话框如图 4.6.4 所示。单击"自动"按钮，单击"确定"按钮，最终效果如图 4.6.1 所示。

图 4.6.4　"Camera Raw"对话框

# 第 5 章
# 绘图与修图工具组

Photoshop 是图像合成软件,其重点在于图像处理而不是绘制图像。所以本章介绍的绘图与修图工具组重在进行局部修图。

学习要点:

● 掌握颜色的设置;
● 掌握"画笔"工具组、"填充"工具组的使用方法;
● 熟练掌握"修复画笔"工具组与"图章"工具组进行图像修复时的区别;
● 了解"橡皮擦"工具组的使用方法;
● 了解"模糊、锐化和涂抹"工具组以及"减淡、加深和海绵"工具组的使用方法;
● 掌握"历史纪录"工具组的使用方法。

建议学时:上课 4 学时,上机 2 学时。

# 5.1 颜色设置

使用 Photoshop 进行绘图与修图时，经常要用到颜色信息。Photoshop 提供了多种颜色设置的方法。颜色的选取可通过设置拾色器、前景色/背景色、"颜色"调节面板和"色板"调节面板来完成。

## 5.1.1 拾色器

拾色器可以设置前景色和背景色。单击工具箱中的前景色或背景色图标即可打开拾色器。"拾色器"对话框如图 5.1.1 所示。

其左侧的彩色区域称为色域图，可用鼠标在色域图上选取颜色。色域图右侧的竖长条为色调调整杆，用来调整颜色的色调，也可以拖动调整杆上的滑块来选择颜色。在对话框的右下方设置了 HSB、RGB、Lab 和 CMYK 几种色彩模式的参数选择框，可以直接在其中输入数值来选取颜色。

色调调整杆的右上方有两个矩形颜色块。上面的颜色块显示刚选取的"新的"颜色，下面的颜色块表示正在使用的"当前"颜色。用户可以调整颜色，直到对上面颜色块中选取的颜色满意为止。若选取的颜色无法打印，会出现"溢色警告标志" ⚠，该标志下方的小方块 ▣ 显示最接近的打印颜色，单击该标志可将选取颜色换成此打印颜色。当选取的颜色超出网页颜色使用范围时，会出现"Web 颜色范围警告标志" ⬡，同样该标志下方的小方块 ▣ 显示最接近的 Web 颜色。如果选中对话框左下方的"只有 Web 颜色"复选框，则可选取的颜色被控制在 Web 网页可用的安全颜色范围内。如图 5.1.2 所示。

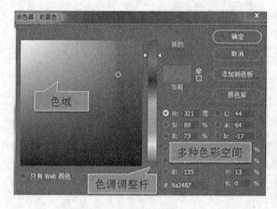

图 5.1.1 "拾色器"对话框

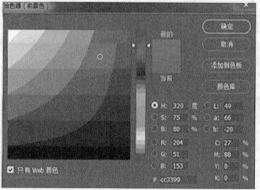

图 5.1.2 选择"只有 Web 颜色"复选框

## 5.1.2 前景色与背景色

前景色是指各种绘图工具（如画笔）当前使用的颜色，而背景色是图像空白处的底色。使用前景色可用来绘图、填充和选区描边。使用背景色可以生成渐变填充和在背景图像中擦除部分图像。通过单击工具箱上的前景色和背景色按钮，可在"拾色器"上选取前景色与背景色。

切换前景色与背景色的方法是，单击前景色与背景色切换按钮 ⤶，可以将前景色与背景色互换。恢复默认颜色设置的方法是：单击默认颜色设置按钮，即可恢复默认的颜色设置，即前景色为黑色，背景色为白色。

### 5.1.3　"颜色"调节面板

除使用"拾色器"外，还可用"颜色"调节面板来设置前景色和背景色。选择"窗口｜颜色"菜单命令，弹出的"颜色"调节面板如图 5.1.3 所示。单击该面板右侧的扩展菜单按钮，弹出"颜色"调节面板的命令菜单。选择"灰度滑块、RGB 滑块、HSB 滑块、CMYK 滑块、Lab 滑块或 Web 颜色滑块"等菜单命令时，调节面板上会显示相应颜色模式的滑块，拖动相应滑块或直接输入数字可选择颜色。当选择"RGB 色谱、CMYK 色谱、灰度色谱、当前颜色"菜单命令时，调节面板上则显示相应颜色模式的颜色带，用鼠标左键单击颜色带可选择颜色。若选择"建立 Web 安全曲线"菜单命令，则各颜色的选择均为网络安全色。

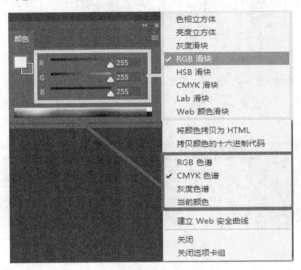

图 5.1.3　"颜色"调节面板

"颜色"调节面板左上角有两个重叠的方形颜色块分别代表前景色和背景色，单击它们可以切换，拖动相应滑块或直接输入数字可选择各自的颜色。当选择的颜色超出打印颜色域时，面板上会出现颜色溢出警告图标。

### 5.1.4　"色板"调节面板

在"色板"调节面板中也可选择需要的颜色。"色板"调节面板有许多颜色块，如图 5.1.4 所示，单击某一颜色块即可将其选中。

单击"色板"调节面板下的"创建新色块"按钮，可将当前前景色加入到"色板"调节面板中。拖动"色板"中某颜色块到"删除色块"按钮，可将该颜色块从"色板"中删除。

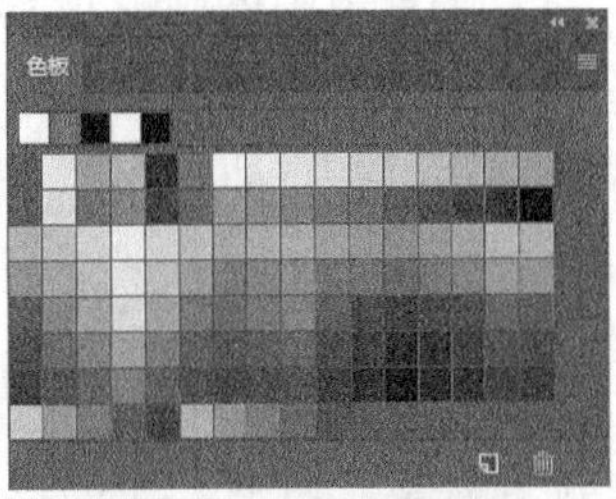

图 5.1.4　"色板"调节面板

### 5.1.5　吸管工具

工具箱中的"颜色吸管"工具用于直接在图像中选取颜色。选取该工具后，在图像选中的颜色上单击会显示一个取样环，并将前景色设置为单击点的颜色。按住鼠标左键移动，取样环中会出现两种颜色，上面的是前一次拾取的颜色，下面的则是当前拾取的颜色，吸管工具的取样环如图 5.1.5 所示。按住 Alt 键单击，可将单击点的颜色设置为背景色。

图 5.1.5　吸管工具的取样环

吸管工具还可以拾取单击点周围像素点的平均颜色。例如，在吸管工具的选项栏（见图 5.1.6），在"取样大小"下拉菜单中选择"3×3 平均"，即为拾取单击点所在位置 3 个像素区域内的平均颜色。

图 5.1.6　吸管工具的选项栏

吸管工具还会在 Photoshop 的很多对话框中出现，还会细分为更多的类别（如黑场吸管、白场吸管、灰场吸管等），在后续章节中还会继续介绍。

## 5.2　画笔工具组

工具箱中的画笔工具组包括画笔工具、铅笔工具、颜色替换工具和混合器画笔工具，它们是 Photoshop 中重要的图像绘制和修饰工具。如图 5.2.1 所示。

图 5.2.1　画笔工具组

### 5.2.1　画笔工具

画笔工具可以应用颜色进行描边。选中画笔工具后，在图像窗口中拖动即可画出线条。选取画笔工具后，在屏幕顶端会出现画笔工具选项栏，如图 5.2.2 所示。

图 5.2.2　画笔工具选项栏

画笔工具和铅笔工具的基本使用方法一致：先选取一种前景色，然后选择画笔工具 ✒ 或铅笔工具 ✐。从"画笔预设"面板中选取画笔并在选项栏中设置模式、不透明度等工具选项，然后执行下列一个或多个操作。

① 在图像中单击并拖动以绘画。

② 要绘制直线，请在图像中单击起点。然后按住 Shift 键并单击终点。

③ 在将画笔工具用作喷枪时，按住鼠标左键（不拖动）可增大颜色量。

### 1. 设置画笔

如果要绘制不同粗细和类型的线条，首先需要选择合适的画笔。Photoshop 自带了许多样式的画笔，可以根据需要选择。在画笔工具选项栏中单击 小三角按钮或者在文档窗口的图像区域单击鼠标右键，将弹出"预设画笔管理器"，可在其中选择画笔的类型，或直接指定画笔的主直径大小和硬度，也可通过文本框输入数值或拖动滑块设定。

如果默认的一组预设画笔不能满足需要，可以单击面板右上方的 按钮打开面板菜单。预设画笔管理器如图 5.2.3 所示，菜单下方有其他成组的预设画笔，每组对应一个预设画笔文件。如选择"特殊效果画笔"，可以以"替换"或"追加"的方式载入对应的画笔到面板下方的列表区域。也可以通过"窗口｜画笔预设"打开画笔预设面板，单击面板右上角的 按钮，在打开的菜单命令中选择载入相应画笔预设。

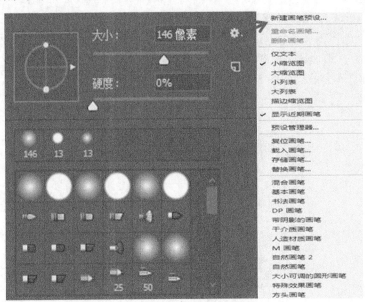

图 5.2.3　预设画笔管理器

### 2. "画笔"和"画笔预设"调节面板

单击"画笔"工具选项栏切换画笔面板 图标，或选择"窗口｜画笔"菜单命令，会显示"画笔"调节面板。"画笔"及"画笔预设"调节面板如图 5.2.4 所示。

"画笔"调节面板可以设置画笔的各种参数。单击左侧的"画笔笔尖形状"项后，可在面板右侧所示的笔尖中选择一个笔尖形状。Photoshop 提供了三种类型的笔尖，圆形笔尖、毛刷笔尖和图像样本笔尖。如果右侧列表区域的笔尖不满足需求，可以单击画笔面板上方的"画笔预设"按钮，打开画笔预设面板，来载入其他的预设画笔。

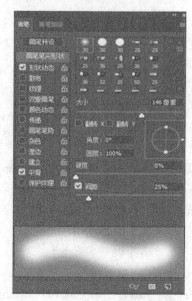 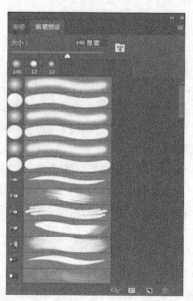

图 5.2.4 "画笔"及"画笔预设"调节面板

选定笔尖形状后，可调整"笔尖"的其他参数。可在"直径"框中输入数值或拖动滑块设置画笔大小；在"角度"框设置画笔倾斜的角度；在"圆度"框设置画笔的圆度，或直接拖动右侧的预览图标来调整笔尖的角度和圆度；在"硬度"框输入数值或拖动滑块设置画笔的硬度，也就是画笔的饱和度；"间距"框或滑块可调节画笔笔尖图形的"连续度"，或称"重叠度"。各种画笔笔尖效果如图 5.2.5 所示。

图 5.2.5 各种画笔笔尖效果

"画笔"调节面板左侧的复选框有如下几种。

① 形状动态。用画笔绘图时，设置画笔笔尖的大小、角度和圆度的动态变化。

② 散布。设置画笔绘制时的排列散布效果。

③ 纹理。在画笔中加入纹理效果。除可选择系统自带的纹理效果外，还可以用"编辑 | 定义图案"菜单命令将图像矩形选区定义为图案。

④ 双重画笔。形成两重画笔的效果。

⑤ 颜色动态。设置画笔颜色的动态效果，包括色相、饱和度、亮度、纯度等。

⑥ 传递。设置油彩在描边路线中的改变方式，包括透明度和流量变化等。

⑦ 画笔笔势。调整毛刷画笔笔尖、侵蚀画笔笔尖的角度。

单击上述参数,右侧面板都会显示相应的设置选项,图 5.2.6 所示为"形状动态"对话框。适当地设置各个参数值,可以得到不同的笔尖效果。

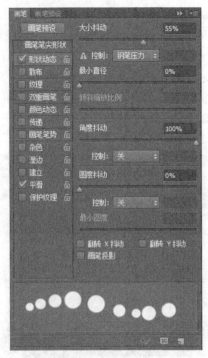

图 5.2.6 "形状动态"对话框

画笔的其他特殊效果有以下几种。

① 杂色。给画笔加入随机性杂色效果。

② 湿边。给画笔边缘加入水润效果。

③ 建立。给画笔添加喷枪喷射的效果,与画笔工具选项栏中的喷枪按钮 相对应。

④ 平滑。使画笔边缘平滑。

⑤ 保护纹理。给画笔加入保护纹理效果。

### 3. "画笔"工具栏的其他选项

① 模式。决定要添加的线条颜色与图像底图颜色之间是如何作用的,可以是正常、溶解、清除、变暗、正片叠底、颜色加深、变亮、线性加深等不同模式。设定不同模式后在图像底图上绘图,便会得到绘图色与底图色不同的混合模式。当前景色值为(R213G115B72)使用不同混合模式得到不同的图片效果。原图、变暗、变亮、叠加与差值效果如图 5.2.7 所示。

图 5.2.7 原图、变暗、变亮、叠加与差值效果

② 不透明度。设置画笔所绘制线条的不透明度。

③ 流量。决定画笔和喷枪颜色作用的力度。可以设置不同的流量值，对画笔和喷枪效果有不同的影响。

④ "画笔"工具栏后端的图标 表示喷枪效果，单击此图标启用喷枪效果。绘制过程中，若不慎发生停顿，喷枪的颜色会不停喷溅出来，从而印染出一片色点。

**4. 自定义画笔**

Photoshop 允许用户自定义画笔的笔尖内容。选取要定义为画笔的内容，选择"编辑 | 定义画笔预设"菜单命令，将笔尖样本定义为新画笔，保存到"画笔"调节面板的预设画笔列表中。自定义画笔如图 5.2.8 所示。

图 5.2.8　自定义画笔

此时，该画笔形状就将出现在"画笔"面板中。也可以继续设置其各项参数。自定义画笔绘制的效果如图 5.2.9 所示。

图 5.2.9　自定义画笔绘制的效果

### 5.2.2　铅笔工具

铅笔和画笔的功能和使用方法相似，只是铅笔不能设置硬度值，所以铅笔工具绘制出的线条边缘很硬；而画笔可以改变硬度值，画出的线条边缘比较柔和。"铅笔"工具栏如图 5.2.10 所示。其中的基本选项与"画笔"工具选项栏相同。"自动抹除"复选框 是铅笔工具特有的。当选中它时，铅笔工具会根据绘画的初始点像素决定是绘图还是抹除。若初始点像素是背景色，则用前景色绘图，否则用背景色抹除。

图 5.2.10　"铅笔"工具栏

### 5.2.3　颜色替换工具

颜色替换工具用来快速替换图像中的局部颜色。颜色替换工具不能用于"位图""索引"或"多通道"颜色模式。"颜色替换"工具栏如图 5.2.11 所示。

图 5.2.11　"颜色替换"工具栏

其参数设置如下。

① 画笔。设置画笔的样式。

② 模式。设置使用模式，通常将混合模式设置为"颜色"。

③ 取样。设定取样的方式，有三个按钮，顺序为连续、一次、背景色板。

"连续"在拖动时连续对颜色取样。"一次"只替换包含您第一次单击的颜色区域中的目标颜色。"背景色板"只替换包含当前背景色的区域。

④ 限制。设置颜色替换方式，包括连续、不连续和查找边缘三种方式。"连续"只将与替换区相连的颜色替换，"不连续"将图层上所有取样颜色替换，"查找边缘"则可提供主体边缘较佳的处理效果。

⑤ 容差。设置替换颜色的范围。容差值越大，替换的颜色范围也越大。

图 5.2.12 是按照图 5.2.11 所示"颜色替换"工具栏的参数，选用取样工具 在蓝天上取样，然后在全图上用红色前景色（R236，G60，B0）涂抹，将冷色替换为暖色而得到的图像。

图 5.2.12　"颜色替换"工具的效果

### 5.2.4　混合器画笔工具

混合器画笔可以模拟真实的绘画技术，如混合画布上的颜色、组合画笔上的颜色以及在描边过程中使用不同的绘画湿度。就如同我们在绘制水彩或油画的时候，随意地调节颜料颜色、浓度、颜色混合等，可以绘制出更为细腻的效果图。

混合器画笔有两个绘画色管（一个储槽和一个拾取器）。储槽存储最终应用于画布的颜色，并且具有较多的油彩容量。拾取色管接收来自画布的油彩，其内容与画布颜色是连续混合的。"混合画笔工具"选项栏如图 5.2.13 所示。

图 5.2.13　"混合画笔工具"选项栏

① 当前画笔载入色板。从弹出式面板中，单击"载入画笔"使用储槽颜色填充画笔，或单击"清理画笔"移去画笔中的油彩。要在每次描边后执行这些任务，请选择"自动载入" 🖌️ 或"清理" ✖️ 选项。"预设"弹出式菜单：应用流行的"潮湿""载入"和"混合"设置组合。

② 潮湿。控制画笔从画布拾取的油彩量。较高的设置会产生较长的绘画条痕。

③ 载入。指定储槽中载入的油彩量。载入速率较低时，绘画描边干燥的速度会更快。

④ 混合。控制画布油彩量同储槽油彩量的比例。比例为100%时，所有油彩将从画布中拾取；比例为0%时，所有油彩都来自储槽（不过，"潮湿"设置仍然会决定油彩在画布上的混合方式）。"混合器画笔"工具的绘画效果如图5.2.14所示。

⑤ 对所有图层取样。拾取所有可见图层中的画布颜色。

图5.2.14 "混合器画笔"工具的绘画效果

## 5.3 图章工具组

图章工具可以把被选的源图像复制到其它地方，该功能在图像修改中经常使用。

图5.3.1 图章工具组

图章工具包括仿制图章工具和图案图章工具，如图5.3.1所示。

### 5.3.1 仿制图章工具

仿制图章工具可以指定区域或像素为样本，将其复制到任何地方。其工具栏如图 5.3.2 所示。

图5.3.2 "仿制图章"工具栏

其参数含义如下。

① 画笔。决定仿制图章画笔的大小和样式，最好选择较大的画笔尺寸。

② 模式。选择颜色的混合模式，默认为"正常"。

③ 不透明度。设置复制图像的不透明度。

④ 流量。确定画笔绘图的流量，数值越大，颜色越深。

⑤ "喷枪"按钮。加入喷枪效果。

⑥ 对齐。如果选择此复选框，表示始终是同一个印章，否则每次停顿后，就会重新开

始另一次复制。

⑦ 样本。若选"用于所有图层",则图像取样时对所有显示层都起作用,否则只对当前图层起作用。

使用"仿制图章"工具的步骤如下。

① 打开含取样图案的图像,选择"仿制图章"工具。

② 按 Alt 键并单击取样点。

③ 松开 Alt 键,在目标位置拖动鼠标。

"仿制图章"效果如图 5.3.3 所示。打开"大海.jpg"和"花海.jpg",选择"仿制图章"工具,在大海图片上按 Alt 键并单击取样点,松开 Alt 键,在花海图片下方位置拖动鼠标。

(a) 取样的图像　　　　　　　　(b) 目标图像　　　　　　　(c)"仿制图章"工具效果

图 5.3.3　"仿制图章"效果

### 5.3.2　"仿制源"调节面板

选择"窗口丨仿制源"菜单命令或单击仿制图章工具选项栏左端的  按钮,即可打开"仿制源"调节面板。使用"仿制源"调节面板,可以灵活地对仿制的图案进行缩放、位移、旋转等编辑操作,还可以同时设置最多 5 个取样点。仿制源如图 5.3.4 所示。

"仿制源"调节面板中各项的含义如下。

图 5.3.4　仿制源

① 仿制取样点。设置取样复制的采样点,允许一次设置 5 个采样点。

② 位移。X,Y 框设置复制源在图像中的坐标值。

③ 缩放。W,H 框设置被仿制图像的缩放比例。

④ 旋转。框设置被仿制图像的旋转角度。

⑤ 显示叠加。勾选该复选框,在仿制时显示预览效果。

⑥ 不透明度。设置仿制时叠加的不透明度。

⑦ 模式。显示仿制采样图像的混合模式,如设置为"正常"。

⑧ 自动隐藏。勾选该复选框,仿制时将叠加层隐藏。

⑨ 反相。勾选该复选框,将叠加层的效果以负片显示。

打开"鱼.png",选中"仿制图章工具",并打开"仿制源"调节面板。单击"仿制源"面板的第一个仿制源图标,然后在"鱼.png"的第一条鱼的位置采样。以同样的方法为 5 条鱼指定 5 个采样点。打开"大海.jpg",随意选取"仿制源"面板上的任意一个仿制源图标,在"大海.jpg"上进行拖动。使用"仿制源"面板的"仿制图章"效果如图 5.3.5 所示。

（a）"仿制源"调节面板

（b）目标图像

（c）"仿制图章"效果

图 5.3.5 使用"仿制源"面板的"仿制图章"效果

### 5.3.3 图案图章工具

图案图章工具与仿制图章工具相似，只是复制源是图案。"图案图章"工具栏如图 5.3.6 所示，其参数大多与"仿制图章"工具栏相同，只是多了一个"图案"选项按钮和一个"印象派效果"复选框。

图 5.3.6 "图案图章"工具栏

① "图案"按钮。设置复制要使用的图案，可以选中下拉菜单中预设的图案，或使用自定义的图案。

② 印象派效果。勾选此复选框时，绘制的图案将具有印象派画作的效果。

在前面介绍过图案的定义，当时定义了小熊的图案。在"图案图章"工具栏的"图案"按钮下拉列表中选中小熊图案，利用"仿制图章"工具可以轻松制作出图 5.3.7 所示的"图案图章"效果。

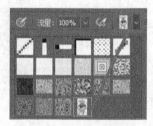
（a）含有取样图案的图像

（b）"图案图章"工具的效果

图 5.3.7 "图案图章"效果

## 5.4 修复画笔工具组

在照片中经常会出现污点、皱纹和红眼等，使用本组修复工具可以方便地解决这些问题。"修复画笔"工具组包括污点修复画笔工具、修复画笔工具、修补工具、内容感知移动工具及红眼工具。"修复画笔"工具组如图 5.4.1 所示。

图 5.4.1 "修复画笔"工具组

### 5.4.1　污点修复画笔工具

污点修复画笔使用近似图像的颜色来修复图像中的污点,从而使修复处与图像原有的颜色、纹理、明度相匹配。"污点修复画笔"工具栏如图 5.4.2 所示。

图 5.4.2　"污点修复画笔"工具栏

"污点修复画笔"工具栏上参数的含义如下。

① 模式。设置绘制模式,包括替换、正片叠底、滤色、变暗、变亮等模式。

② 类型。设置取样类型。选择"内容识别"选钮,可使用选区周围的像素进行修复;

选中"创建纹理"单选钮,使用选区中的像素来创建一个修复该区域的纹理;选中"近似匹配"单选钮,选取污点四周的像素来修复。

在污点上单击鼠标左键,即可快速修复污点,设置的画笔要比污点略大。使用污点修复画笔修复的人物皮肤如图 5.4.3 所示。

图 5.4.3　"污点修复画笔"修复效果示例

### 5.4.2　修复画笔工具

修复画笔工具可以利用图像或图案中的样本像素来填充修补,并可以将像素的纹理、光照和阴影不留痕迹地融入图像的其他部分,达到十分自然和谐的效果。"修复画笔"工具栏如图 5.4.4 所示。它的"画笔""模式""对齐"等参数的用法与仿制图章相似。

图 5.4.4　"修复画笔"工具栏

源:有两个选项,"取样"和"图案"。若选择"取样",其功能与使用方法与仿制图章相似,按住 Alt 键,单击要复制的起始位置即可完成取样。放开 Alt 键,在图像要修补的位置上,拖动鼠标,则可将取样处的像素修补到有瑕疵斑点的地方,其修复效果如图 5.4.5 所示。若选择"图案",则与图章工具相似,在调节面板上选择图案来修补填充。

（a）原图　　　　　　（b）"修复画笔"的修复效果

图 5.4.5　"修复画笔"工具的效果

### 5.4.3　修补工具

修补工具可用图像的一个区域或图案来修补另一个区域，可以把大面积的图像指定为选区，然后自然地粘贴到源图像中。"修补"工具栏如图 5.4.6 所示。

图 5.4.6　"修补"工具栏

使用修补工具需要先确定选区，并且可以设置"羽化"值。工具栏中"修补"有两个单选项——"源"和"目标"，以及一个复选框"透明"。选中"源"则设定的选区即为要修补的区域，用修补工具将选区拖到与之匹配的位置，释放鼠标即可达到修补的目的。其修补效果如图 5.4.7 所示。

（a）原图　　　　　　　　（b）"源"的修补效果　　　　　　　（c）"目标"的修补效果

图 5.4.7　修补工具的效果

若想用图案修补选区，当选区建立后，选中"使用图案"选项即可，在"图案"面板上选择图案后单击"使用图案"，选区即被选择的图案填充。图 5.4.8 所示为将图中鸟的区域用图案填充后的效果。

图 5.4.8　图案修补

### 5.4.4　内容感知移动工具

内容感知移动工具可以将选择的对象移动或扩展到图像的其它区域，可以重组和混合对象，产生很好的视觉效果。

内容感知移动工具的选项栏如图 5.4.9 所示。

图 5.4.9　内容感知移动工具的选项栏

模式：选择图像的移动方式。选择"移动"可以移动图片中主体，并随意放置到合适的位置，移动后的空隙位置，Photoshop 会智能修复。选择"扩展"，可以选取要复制的部分，移到其他需要的位置就可以实现复制，复制后的边缘会自动柔化处理，跟周围环境融合。如图 5.4.10 所示。

适应：设置图像修复精度。包括"非常严格""严格""中""松散""非常松散"5 个选项。

操作方法：选择"内容感知移动工具"，鼠标变为 ✕，按住鼠标左键并拖动就可以画出选区，跟套索工具操作方法一样。然后在选区中再按住鼠标左键拖动，移到想要放置的位置后松开鼠标，系统就会智能修复。

(a) 原图

(b) "移动" 模式的效果

(c) "扩展" 模式的效果

图 5.4.10　内容感知移动工具的效果

　　工具箱中的工具应搭配使用，比如可以用多样化的选区工具制作精确的选区，然后再使用内容感知移动工具进行图像处理，效果更佳。

### 5.4.5　红眼工具

　　数码相机在照相过程中因闪光产生的红眼睛，可以使用 "红眼" 工具轻松去除，并能与周围像素很好地融合。选中该工具并在红眼上单击鼠标即可将红眼去除。图 5.4.11 所示的是 "红眼工具" 工具栏及修复效果。

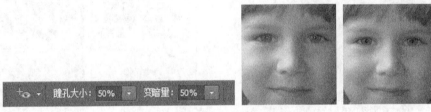

图 5.4.11　"红眼工具" 工具栏及修复效果

　　① 瞳孔大小。设置眼睛的瞳孔，即中心黑色部分的比例大小，数值越大黑色范围越大。
　　② 变暗量。设置瞳孔的变暗量，数值越大，瞳孔越暗。

## 5.5　填充工具组

　　填充工具可对封闭选择区域填充颜色或图案，包括渐变工具、油漆桶工具和 3D 材质拖放工具。填充工具组如图 5.5.1 所示。

图 5.5.1　填充工具组

### 5.5.1　油漆桶工具

　　油漆桶工具能快速地把前景色填入选区，或把容差范围内的色彩或图案填入选区，其工具栏如图 5.5.2 所示。

图 5.5.2　"油漆桶" 工具栏

　　填充时，若选择 "前景"，则用前景色填充选区。若选择 "图案"，则可在 "图案" 下拉列表中选择某一图案进行填充，也可单击 ⬙ 按钮打开面板菜单（见图 5.5.3），添加 "自然图案"。其填充效果如图 5.5.4 所示。

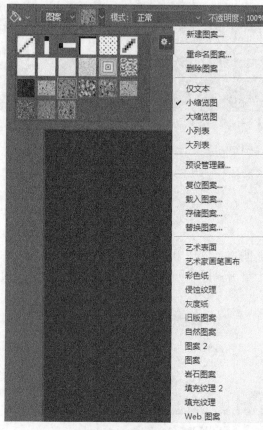

图 5.5.3　选择图案

图 5.5.4　原图与添加图案后的效果

　　模式：决定要填充的颜色或图案与图像底图颜色之间是如何作用的。

　　如同可以定义自己的画笔一样，用户可以根据图像处理的需要定义自己的图案。具体操作如下。

　　① 打开含有取样图案的图像。

　　② 用"矩形选框"工具选取图像中的图案部分。注意，只有矩形选区才能定义为图案，图 5.5.5 中的小熊即可定义为图案。

图 5.5.5　自定义图案

　　③ 选择"编辑丨定义图案"菜单命令，将选区定义为图案，在"图案名称"对话框中输入图案名称，单击"确定"按钮，新定义好的图案即出现在"预置图案管理器"和"油漆桶"图案选项中。

### 5.5.2　渐变工具

渐变工具是一种奇妙的绘制工具，它可以实现从一种颜色向其他颜色的渐变过渡。"渐变"工具栏如图 5.5.6 所示。

**图 5.5.6　"渐变"工具栏**

在"渐变"工具栏中，提供了 5 种渐变类型。它们依次是：线性渐变、径向渐变、角度渐变、对称渐变、菱形渐变。在渐变样本中选中一种渐变色样本（见图 5.5.7（a））和渐变类型，用户可以从某一点开始，拖一条直线以得到渐变效果，如图 5.5.7（b）所示。

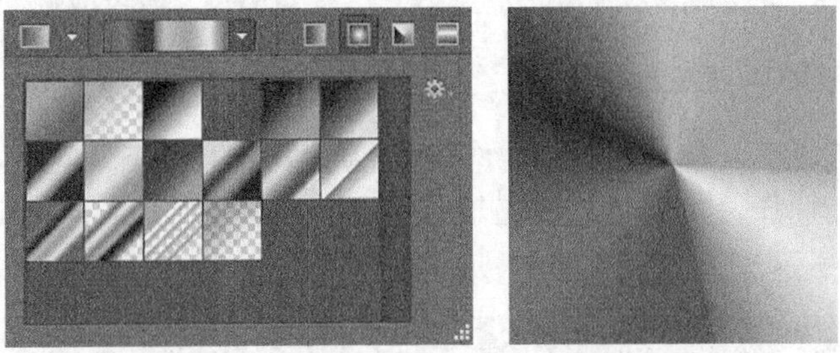

（a）渐变色样本　　　　　　　（b）"角度渐变"效果

**图 5.5.7　渐变工具的"菱形渐变"效果**

使用渐变填充时要注意以下几点。

① 首先确定需填充的区域。若填充图像的一部分，先要确定浮动的选区，否则会填充整个图像。

② 选择"渐变"工具，出现"渐变"工具栏。在工具栏中选择一种渐变色样本，单击渐变样本右侧的三角形以挑选预设的渐变填充，或者单击渐变样本，弹出"渐变编辑器"对话框，在其中选择预设的渐变或创建新的渐变填充，然后单击"确定"按钮。

③ 在工具栏的 5 种渐变填充类型中，选择其中一种。

④ 设置其它渐变参数，如混合模式、不透明度等。

⑤ 按住鼠标左键在图像选区中拖出一条直线，直线的长度和方向决定了渐变填充的区域和方向（按住 Shift 键可得 45°整数倍角度的直线）。放开鼠标就可在选区内看到渐变的效果。

为创建个性化的渐变效果，可创建个性化的渐变样本。在工具选项栏的渐变样本上单击，弹出的"渐变编辑器"对话框如图 5.5.8 所示。选择一个样本作为创建新渐变的基础，然后对它进行修改并保存为新的渐变样本。

"渐变编辑器"对话框可以编辑颜色的过渡变化和透明度的变化。在对话框下方有一展开的渐变条，其下部一排滑块为渐变颜色色标，用来控制渐变的颜色，而其上部的一排滑块为不透明色标，可以控制透明度的渐变。调整某一种颜色时，颜色滑块中间会出现一小菱形，用来控制颜色过渡的节奏。

"渐变编辑器"还允许"杂色"渐变。"杂色"渐变的颜色在指定颜色范围内随机分布。在现有的"预置"部分选择一种渐变，然后将"渐变类型"选择为杂色，如图 5.5.9 所示，设置"粗糙度"控制颜色的层次。

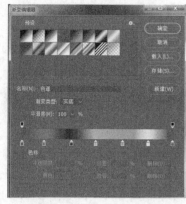 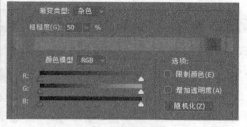

图 5.5.8 "渐变编辑器"对话框　　　　　　　　图 5.5.9　设置杂色渐变

### 5.5.3　3D 材质拖放工具

3D 材质拖放工具可以直接在 3D 对象上对材质进行取样并应用这些材质。

① 选择素材，选择 3D 材质拖放工具。在"材质"拾色器下拉列表中可以选择不同的材质。如图 5.5.10 所示。

 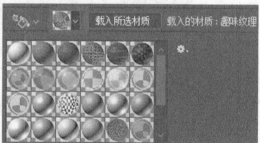

图 5.5.10　原始素材与不同材质的选择

② 将指针移动到文档窗口中的 3D 对象上。然后单击。图 5.5.11 所示为使用"趣味纹理 3"材质的效果。

③ 按住键盘上的 Alt 键，3D 材质拖放工具将转换成"吸管工具"，在 Photoshop 图像材质上单击鼠标，可以直接在属性栏中跳转到该材质和查看到该材质纹理信息。如图 5.5.12 所示。

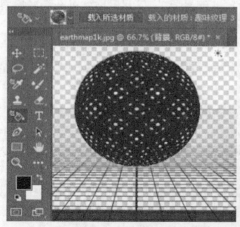 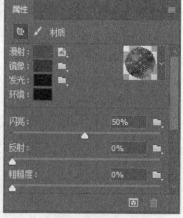

图 5.5.11　趣味纹理 3　　　　　　　　　　图 5.5.12　材质纹理信息

④ 按住键盘上的 Ctrl 键，3D 材质拖放工具将转换成"移动工具"，可以移动 Photoshop 图像中的 3D 模型。

# 5.6 历史记录工具

在 Photoshop 中有很多方法可以使操作恢复到之前做过的某个状态。

在 Photoshop 系统菜单中选择"编辑｜后退一步"菜单命令可以恢复前一次的操作，而"文件｜恢复"菜单命令可恢复保存文件前的状态。下面介绍使用"历史记录"调节面板，搭配"历史记录"复原工具的使用，可以非常方便地将状态恢复到任一指定的位置，使用起来更加灵活，并且经常能制作出很多特殊的效果。

## 5.6.1 "历史记录"调节面板

选择"窗口｜历史记录"菜单命令，弹出"历史记录"调节面板。在"历史记录"面板中会自动记录图像处理的操作步骤，并可以灵活地查找、指定和恢复到图像处理的某一步操作上。通过"编辑｜首选项｜性能"命令可以设置历史记录面板保存的历史记录状态的数目，最多可记录 1000 步。如图 5.6.1 所示。

"历史记录"调节面板使用的是内存的空间，所以当关闭图像后，该面板的内容也将被清空。也正是由于"历史记录"调节面板占用的是内存的空间，所以我们一般指定面板保存的历史记录状态的数目为 50 次。若超过 50 步操作，则前面的操作记录会被自动删除。使用"历史记录"可以回到所记录的任意历史状态，并重新从此状态继续工作。

图像处理每进行一次操作，就会在"历史记录"调节面板上增加一条记录。"历史记录"调节面板如图 5.6.2 所示。

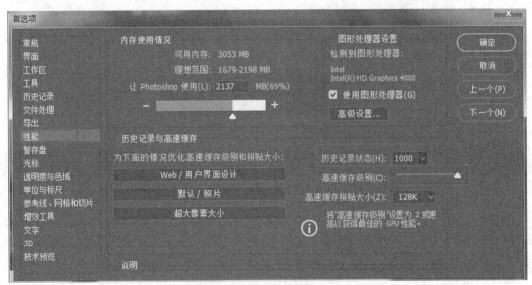

图 5.6.1 "首选项"设置对话框

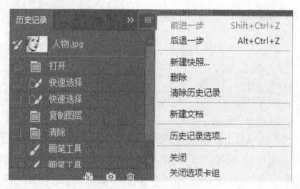

图 5.6.2 "历史记录"调节面板

"历史记录"调节面板分上、下两部分,上部为快照区,下部为历史记录区。图像处理的每一步操作都顺序记录和显示在历史记录区。每条"历史记录"前方小方框可显示"设置历史记录画笔的源"图标,单击即显示此图标 。它表示在此设置了"历史记录"画笔。

"历史记录"控制面板底部有三个按钮 。从左到右分别是:从当前状态创建新文档、创建新快照和删除当前状态。

单击"历史记录"调节面板的右上方的扩展按钮 可弹出"历史记录"调节面板的命令菜单,如图 5.6.2 所示。

① 从当前状态创建新文档。将从当前的历史记录状态创建一个全新的图像文档。

② 新建快照。将要保留的状态存储为快照状态并保存在内存中,以备恢复和对照使用。"新建快照"弹出菜单可以选择将"全文档""当前图层"或"合并的图层"作为快照。

③ 删除。删除"历史记录"调节面板上的快照和历史操作记录。

④ 消除历史记录。只清除"历史记录"调节面板上所有的历史操作记录,保留快照。

### 5.6.2 历史记录画笔工具组

历史记录画笔工具组包含两项:历史记录画笔工具和历史记录艺术画笔工具,如图 5.6.3 所示。而"历史记录画笔"工具栏如图 5.6.4 所示。

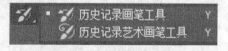

图 5.6.3 历史记录画笔工具组

图 5.6.4 "历史记录画笔"工具栏

历史记录画笔工具可以将"历史记录"调节面板中记录的任一状态或快照显示到当前窗口中。历史记录画笔工具经常用来做局部图像恢复,必须与"历史记录"调节面板一起使用,设置合适的恢复源。例如,

① 打开素材文件。

② 对该图像执行"模糊|径向模糊"滤镜。

③ 选取"窗口|历史记录"菜单命令,显示"历史记录"面板,单击"打开"前边小方框,则"历史记录画笔"图标 显示,将恢复源设置为打开状态。

④ 选择工具箱的"历史记录画笔工具"，对车身部位进行涂抹绘制，使其恢复到模糊变形之前，得到的效果如图 5.6.5 所示。

　（a）原图　　　　　　　　　　（b）"模糊｜径向模糊"滤镜　　　　　　（c）历史记录画笔效果

图 5.6.5　"历史记录画笔"的效果

历史记录面板的内容如图 5.6.6 所示。

图 5.6.6　历史记录

### 5.6.3　历史记录艺术画笔工具

"历史记录艺术画笔"的使用与"历史记录画笔"相同。历史记录艺术画笔工具也将指定的历史记录状态或快照用作源数据。但是，历史记录画笔工具通过重新创建指定的"源"数据来绘画，而历史记录艺术画笔工具在使用这些数据的同时，还为用户添加了不同的颜色和艺术风格等选项。

"历史记录艺术画笔"也必须与"历史记录"调节面板一起使用。绘画前需要在"历史记录"调节面板上指定一个历史记录状态 作为艺术画笔的绘画"源"。用"历史记录艺术画笔"可以设置不同的艺术风格。图 5.6.7 所示的是"历史记录艺术画笔"工具栏。设置不同的样式可以产生不同的艺术效果，如图 5.6.8 所示。

图 5.6.7　"历史记录艺术画笔"工具栏

　　（a）绷紧卷曲长　　　　　　　　　　　　（b）绷紧短

图 5.6.8　不同样式产生的不同艺术效果

## 5.7 橡皮擦工具组

橡皮擦工具组主要用来擦除需要修改的图像部分。使用该工具组时要注意，最好通过选区和蒙版来达到抹除像素的目的，而尽量不要直接使用有破坏作用的橡皮擦工具。

图 5.7.1　橡皮擦工具组

橡皮擦工具组共有三种工具：橡皮擦工具、背景橡皮擦工具和魔术橡皮擦工具。如图 5.7.1 所示。

### 5.7.1　橡皮擦工具

橡皮擦工具在图像的背景图层或锁定透明像素的图层工作时，被擦除部分变为背景色，即用背景色绘图；否则为擦除像素。功能同 Delete 键。

工具栏如图 5.7.2 所示。"模式"设置橡皮擦的笔触特性，可选画笔、铅笔和块。若选中"抹到历史记录"复选框，则被擦拭的区域会自动还原到"历史记录"面板上指定的步骤。

图 5.7.2　"橡皮擦"工具栏

### 5.7.2　背景橡皮擦工具

背景橡皮擦工具主要用来擦除图像的背景，对于图像背景图层或在锁定透明像素的图层，擦除的区域变为透明状态（此时背景图层将变为"图层 0"）；其他图层，则采集画笔中心的色样，并擦除满足一定容差值且在画笔范围内的内容。其工具栏如图 5.7.3 所示。

其中，选取抹除的限制模式时，"不连续"指抹除出现在画笔下面任何位置的样本颜色；"邻近"指抹除包含样本颜色并且相互连接的区域；"查找边缘"指抹除包含样本颜色的连接区域，同时更好地保留形状边缘的锐化程度。选中"保护前景色"复选框，可使与前景色相同的区域不被擦除。其他参数的含义与前面"颜色替换"工具栏相似。

图 5.7.3　"背景橡皮擦"工具栏

### 5.7.3　魔术橡皮擦工具

魔术橡皮擦也用来去除图像背景，它可以一次性删除与单击部分颜色满足一定容差值的图像部分。选中魔术橡皮擦工具，然后在图像上要擦除的颜色范围内单击，就会自动擦除颜色相近的区域。"魔术橡皮擦"工具栏如图 5.7.4 所示。

| 🪄 ▾ | 容差: 32 | ☑ 消除锯齿 | ☑ 连续 | ☐ 对所有图层取样 | 不透明度: 100% ▾ |

图 5.7.4　"魔术橡皮擦"工具栏

魔术橡皮擦的功能更像是"魔棒+橡皮擦"。图 5.7.5 所示为使用魔术橡皮擦去掉图片背景颜色的效果。

图 5.7.5　使用魔术橡皮擦去掉图片背景颜色的效果

# 5.8　模糊、锐化和涂抹工具组

这一工具组包含三个工具，即模糊工具、锐化工具和涂抹工具。如图 5.8.1 所示。

图 5.8.1　模糊、锐化和涂抹工具组

模糊与锐化工具用来降低或增加相邻像素点的对比度，使得图像的边缘更加模糊或清晰，常用于细节的修饰。

① 模糊工具能把突出颜色分解，使图像的局部模糊，柔化图像中的硬边缘和区域，以减少细节。

② 锐化工具通过增加颜色的强度，提高图像中柔和边界或区域的清晰度和聚焦强度，使图像更清晰。模糊和锐化工具选项栏类似，如图 5.8.2 所示。

图 5.8.2　模糊工具选项栏

模糊工具和锐化工具的效果如图 5.8.3 中圆圈中的区域所示。

（a）原图　　　　　　　　　　（b）"模糊"的效果　　　　　　　　　（c）"锐化"的效果

图 5.8.3　"模糊"和"锐化"的效果

③ 涂抹工具可以模拟手指涂抹油墨的效果，并沿拖移的方向润开此颜色。它可以柔和相近的像素，创造柔和及模糊的效果。涂抹工具不能用于位图和索引颜色模式的图像。"涂抹"工具栏如图 5.8.4 所示。

图 5.8.4　"涂抹"工具栏

若选取"手指绘画"复选框，则使用前景色开始涂抹，否则涂抹工具会拾取开始位置的颜色进行涂抹。"涂抹"效果如图 5.8.5 所示。

图 5.8.5 "涂抹"的效果

## 5.9 减淡、加深和海绵工具组

减淡、加深和海绵工具组包括减淡工具、加深工具和海绵工具，如图 5.9.1 所示。减淡和加深工具都是色调调整工具，它们采用调节图像特定区域的曝光度的传统摄影技术，来调节图像局部的亮度。

图 5.9.1 减淡、加深和海绵工具组

① 减淡工具可加亮图像的局部，对图像进行加光处理以达到减淡图像局部颜色的效果。

② 加深工具与减淡工具相反，它把图像的局部加暗、加深。加深与减淡工具栏相同，如图 5.9.2 所示。

图 5.9.2 减淡工具栏

工具栏中各项参数的含义如下。

● 范围：选择要处理的特殊色调区域，有暗调、中间调和亮光三个不同的区域。

● 曝光度：设定曝光的程度，值越大，亮度越大，颜色越浅。设定好参数后，把光标放置在要处理的部分单击并拖动鼠标即可达到效果。

图 5.9.3 所示的是在原图的基础上分别使用了加深和减淡后的效果。

（a）原图　　　　　　　　　　（b）"加深和减淡"的效果

图 5.9.3 加深和减淡工具的效果

③ 海绵工具可对图像去色和加色，从而调整图像的饱和度。"海绵"工具栏如图 5.9.4

所示。

图 5.9.4　"海绵"工具栏

海绵工具栏中的参数含义如下。

● 模式：设置饱和度，有两个选项。"去色"可降低图像颜色的饱和度，"加色"可提高图像颜色的饱和度。

● 自然饱和度：选中该项，以便在颜色接近最大饱和度时最大限度地减少失真。同时，自然饱和度还可防止肤色过度饱和。

设定好参数后，将光标放在要改变饱和度的部位单击并拖动鼠标即可。如图 5.9.5 所示。

(a) 原图　　　　　　　　　(b) "去色"的效果　　　　　　　(c) "加色"的效果

图 5.9.5　"海绵"工具的效果

## 5.10　裁剪工具组

裁剪工具组用于对图像进行裁剪和制作图片切片，包括裁剪工具、透视裁剪工具、切片工具和切片选择工具。如图 5.10.1 所示。

图 5.10.1　裁剪工具组

### 5.10.1　裁剪工具

图像裁剪是把一幅图像需要的部分保留下来，而将其余部分裁剪掉。裁剪工具是非破坏性的，可以选择保留裁剪的像素以便之后优化裁剪边界。裁剪工具还可以实现裁剪时拉直照片的效果。"裁剪"工具栏如图 5.10.2 所示。

图 5.10.2　"裁剪"工具栏

#### 1. 裁切图片

选择裁剪工具后，在图像周围就会出现裁剪边框，可以绘制新的裁剪区域，或拖动角和边缘手柄，以指定照片中的裁剪边界。按住鼠标左键拖动出所需比例的框，然后移动或旋转的时候只有背景图片在动，选框会一直保持在中心位置不变，这样更加方便我们在正常视觉下查看旋转或移动后的效果，裁剪的精度更高。

### 2. 拉直图像

裁剪工具还有一项拉直的功能。在"工具栏"中单击"拉直"按钮，然后沿着主体方向拉一条直线，系统就会沿直线的方位，自动校正图片。如图 5.10.3 所示，单击"拉直"按钮，然后沿着地平线方向拉一条直线，按照地平线拉直的图像其余部分用当前的背景色（当前背景色设置为红色）进行了填充。

　　(a) 原图　　　　　　　　　　　(b) 拉直　　　　　　　　　　(c) 内容识别

图 5.10.3　图像裁剪示例

### 3. 内容识别

选中工具栏中的"内容识别"，当使用裁剪工具拉直或旋转图像时，若将画布的范围扩展到图像原始大小之外，Photoshop CC 现在能够利用内容识别技术智能地填充空隙。

图 5.10.3（c）所示的是既做了拉直也进行了内容识别之后的效果。

删除裁剪的像素：默认状态下是不选的。可以实现对画面的裁剪的无损操作。当我们完成一次裁剪操作后，被裁剪掉的画面部分并没有被删除，还可继续进行编辑。

### 5.10.2　透视裁剪工具

透视裁剪工具，可以用来纠正不正确的透视变形。用户只需要分别单击画面中的 4 个点，即可定义一个任意形状的四边形的透视平面。进行裁剪时，软件不仅会对选中的画面区域进行裁剪，还会把选定区域"变形"为正四边形。

"透视裁剪"工具选项栏如图 5.10.4 所示。图像裁剪效果示例如图 5.10.5 所示。

| | | | | | | | |
|---|---|---|---|---|---|---|---|
| ⌂ ▾ | W: | ⇄ | H: | 分辨率: | 像素/英寸 ▾ | 前面的图像 | 清除 ☑ 显示网格 |

图 5.10.4　"透视裁剪"工具选项栏

图 5.10.5　"透视裁剪"效果

### 5.10.3　创建图像切片

可以使用切片工具裁切图像需要的部分，或者将整个图像裁切成若干小图片，自动标示 HTML 标记，进行分别优化和存储。切片常用于向网络上传递图片时，防止因图像容量太大而影响网络传输的速度。可使用"切片"和"切片选择"工具选项栏创建和编辑图像切片。

如图 5.10.6 和图 5.10.7 所示。

图 5.10.6　"切片"工具选项栏

图 5.10.7　"切片选择"工具选项栏

创建切片非常简单，选择切片工具 ，在图像上单击鼠标左键并拖动出矩形即可，如图 5.10.8 所示，创建了多个切片。使用切片选择工具 ，可以对切片进行编辑，拖动切片的外缘，可以调整切片的大小，单击 可以调整多个切片的排列。双击所选切片，弹出"切片选项"对话框，如图 5.10.9 所示。填写好有关信息后单击"确定"按钮。

图 5.10.8　选择切片

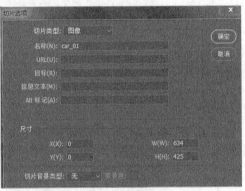

图 5.10.9　"切片选项"对话框

创建好的切片使用"文件 | 导出 | 存储为 Web 所用格式"菜单命令，选择"存储"，打开"将优化结果存储为"对话框，在"格式"中选择"HTML 和图像"可将经过优化后的所选切片或用户的所有切片存储起来。如图 5.10.10 所示。

图 5.10.10　存储切片内容

## 5.11　应用实例——制作自然美景

利用工具箱中工具，制作自然美景图片效果。

### 1. 打开、保存图片

使用"文件 | 打开"菜单命令，打开一幅图像，原图如图 5.11.1 所示。将其保存为"第五章案例.psd"。

### 2. 制作水中倒影

复制背景图层，形成"背景拷贝"图层。利用"编辑 | 变换 | 垂直翻转"命令翻转图片，删除该图层上方的草地部分，并用"模糊"工具对下方的图像进行模糊处理。如图 5.11.2 所示。

图 5.11.1 原图 　　　　　　　　图 5.11.2 水中倒影

### 3. 编辑倒影

使用渐变工具为倒影添加渐变的碧绿色。打开"渐变编辑器"面板，如图 5.11.3 所示，编辑渐变色带，色带的两端是透明的。

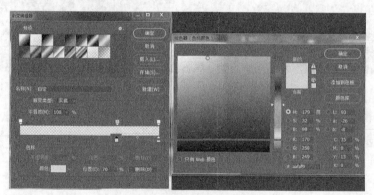

图 5.11.3 "渐变编辑器"对话框

在"背景拷贝"图层上，从上至下做"线性"渐变，效果如图 5.11.4 所示。

图 5.11.4 径向渐变效果

#### 4. 定义画笔内容

打开图片"bird.jpg"，用魔棒工具单击天空部分，利用"选择 | 反选"，选中鸟。"编辑 | 定义画笔预设"，将鸟定义为画笔。如图 5.11.5 所示。关闭该文件。

图 5.11.5　自定义"鸟"画笔

#### 5. 绘制飞鸟

新建图层"图层 1"，使用 bird 画笔，设置其"大小""形状动态"以及"散布"值，最终效果如图 5.11.6 所示。保存文件。

图 5.11.6　绘制飞鸟

## 5.12　习题

### 一、简答题

1. 经常用于颜色设置的方法有哪些？
2. 定义画笔与定义图案，对选区的要求有何不同？
3. 修复画笔工具组与图案图章工具组的主要应用场合是什么？

### 二、上机实际操作题

1. 制作林荫小道

打开"小路.jpg"素材文件。"图像 | 画布大小"向右端扩充画布，效果如图 5.12.1 所示。保存文件为"练习 5.psd"。

选择左侧内容复制、粘贴，产生新图层"图层 1"，将其内容移动至画布右侧，并做水平翻转，形成林荫道。效果如图 5.12.2 所示。

图 5.12.1　调整画布

图 5.12.2　复制内容

2．制作小熊与维尼部分

打开"小熊与维尼.jpg"，将其复制到林荫道文件中，形成"图层 2"。用"魔术橡皮擦"工具将图片的白色背景去掉。适当改变图像的大小、透视以及位置。效果如图 5.12.3 所示。

3．制作相框效果

首先将林荫道的左右两个部分所在的图层合并为一个图层。选中图层 1，利用菜单"图层｜向下合并"命令，合并图层 1 和背景层。

在合并后的图层上制作带有羽化效果的矩形选区，然后"选择｜反选"，为选区填充白色。效果如图 5.12.3 所示。保存文件。

图 5.12.3　最终效果

**6** Chapter

# 第 6 章
# 路径和形状

路径和形状是基于矢量图形的处理工具，矢量图形（Vector-based Graphic）简称矢量图。与由像素点所组成的位图不同，矢量图形由一组可以重建图片的指令构成。矢量图和位图是表现客观事物的两种不同形式。在制作一些标志性的，内容简单或真实感要求不强的图形时，可以选择矢量图形的表现手法。矢量图形通常用于线条图、美术字、工程设计图、复杂的几何图形和动画，但若需要反映自然世界的真实场景时，应该选用位图图像。Photoshop 虽然是图像合成软件，但同时它也提供了处理矢量图形的方法。

学习要点：

● 理解路径的概念；
● 掌握路径的创建、修改与编辑方法；
● 熟练掌握形状绘制工具的使用。

建议学时：上课 2 学时，上机 2 学时。

# 6.1 路径概述

路径由贝塞尔曲线组成。一段曲线由两个端点（锚点）和两个内插点（控制端点处正切矢量的大小和方向即方向点）组成。Photoshop 中，路径是由矢量图形工具绘制的一系列点、线的集合。以矢量图形工具绘制的路径可以创建精确的选区，描述图片的轮廓，在调整图像的大小或旋转、自由变换等操作时具有显著的优点。

## 6.1.1 路径与形状

在 Photoshop CC 中，路径工具是以钢笔工具为主的矢量图形工具，可以创建任意形状的路径，利用路径绘图或者形成精确的选区进行选取图像。路径可以是闭合的，也可以是断开的。在路径控制面板中可对勾画的路径进行填充路径、沿路径描边、建立删除路径等操作，还可方便地将路径变换为选区。

Photoshop 中的路径和形状都是用"钢笔"等矢量图形工具绘制的，具有贝塞尔曲线轮廓的矢量图形。路径表示的图形只能用轮廓显示，不能打印输出；而形状表示的矢量图形会在"图层"面板中自动生成一个"形状"图层。形状表示的矢量图形可以打印输出和添加图层样式。图 6.1.1（a）所示为路径，而图 6.1.1（b）所示为形状。

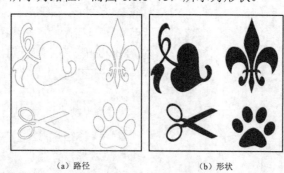

（a）路径 （b）形状

图 6.1.1 路径和形状示例

## 6.1.2 路径组成

Photoshop 中的曲线主要由三阶贝塞尔曲线段组成。表示一段贝塞尔曲线需要 4 个点，两个点是曲线段经过的端点，如 $P_1$ 和 $P_4$；在两个端点之间的另两个内插点 $P_2$ 和 $P_3$ 并不位于贝赛尔曲线上，它们只控制两个端点处正切矢量的大小和方向。$P_1$ 和 $P_2$ 两点的连线决定 $P_1$ 点曲线的切线，而 $P_3$ 和 $P_4$ 点的连线决定点 $P_4$ 点处曲线的切线。移动 $P_2$ 和 $P_3$ 点可以构成千差万别的贝塞尔曲线和它们的特征多边形，如图 6.1.2 所示。

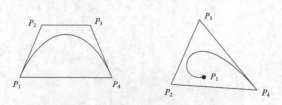

图 6.1.2 两条不同的三阶贝塞尔曲线

在 Photoshop 中曲线的两个端点 $P_1$，$P_4$ 称为锚点，而两个内插点 $P_2$，$P_3$ 称为方向点。锚点与方向点连线形成的切线称为方向线或控制手柄，如图 6.1.2 中的线段 $P_1P_2$ 和 $P_4P_3$ 所示。我们绘制的复杂曲线（路径）可由一段段的贝塞尔曲线组成，因此这种复合贝塞尔曲线的路径有许多锚点。

复合贝塞尔曲线中的锚点分为平滑锚点和角点两种。

① 平滑锚点。曲线线段平滑地通过平滑锚点。平滑锚点的两端有两段曲线的方向线，移动平滑锚点，两侧曲线的形状都会发生变化。

② 角点。锚点处的路径形状急剧变化，一般多为曲线与直线，或直线与直线，或曲线与曲线的非平滑连接点。

路径是由一段或多段曲线和线段构成，每个小方格都是路径的锚点，实心点表示被选中的点，空心点表示未被选中的点。如图 6.1.3 所示。

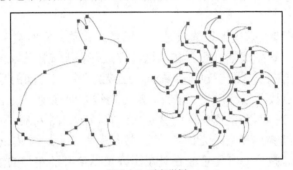

图 6.1.3　路径举例

路径可以是开放路径，起点和终点不重合；也可以是闭合路径，没有明显的起点和终点。以矢量图形工具绘制的路径可以创建精确选区，描述图片的轮廓，绘制复杂的图形，尤其是具有各种方向和弧度的曲线图形。路径的优点是不受分辨率的影响，结合各种路径工具可以对路径随意编辑。

Photoshop 提供了与形状和路径有关的 3 个工具组，分别是钢笔工具组、路径选择工具组和形状工具组。创建路径主要使用钢笔工具组。下面分别进行介绍。

## 6.2　钢笔工具组

钢笔工具组包括钢笔工具、自由钢笔工具、添加/删除锚点工具和转换点工具。其中，钢笔工具和自由钢笔工具用于绘制路径；添加/删除锚点工具和转换点工具用于编辑、修改路径。如图 6.2.1 所示。

图 6.2.1　钢笔工具组

### 6.2.1　钢笔工具

钢笔工具通过勾勒锚点来绘制路径。使用钢笔可以精确地绘制出直线和光滑的曲线。"钢笔"工具栏如图 6.2.2 所示。

图 6.2.2　"钢笔"工具栏

① 工具模式。下拉菜单中包含形状、路径，分别表示钢笔工具不同的绘图状态，每个选项对应的工具选项栏也不同。绘制路径要选择"路径"模式。

② 建立。可以使路径与选区、蒙版和形状间的转换更加方便、快捷。单击对应的按钮会弹出相应的选项。

③ 路径操作。用来选取新创建路径与原存在路径的运算方式，用法与选区类似。包括合并形状、减去顶层形状、与形状区域相交、排除重叠形状等。

④ 路径对齐方式。设置路径的对齐方式。

⑤ 路径排列方式。设置路径的排列方式。

⑥ "自动添加/删除"。如果勾选，钢笔工具就具有了自动添加或删除锚点的功能。当钢笔光标移动到没有锚点的路径上时，光标右下角会出现小加号，单击鼠标会添加一个锚点。而当钢笔工具的光标移动到路径上已有的锚点时，光标右下角会出现小减号，单击鼠标会删除这个锚点。

⑦ 橡皮带。当勾选"橡皮带"选项时，在图像上移动光标时会有一条假想的橡皮带，只有单击鼠标左键时，这条线才真实存在，这种方法有利于选择锚点的位置。

使用钢笔时，每单击一次即创建一个锚点。连接两个锚点之间的是直线路径。如果要创建曲线路径，在第一点按下鼠标后先不松开，沿方向线方向拖动一段距离后再松开鼠标，在下一点单击再拖动，连接两个锚点之间的就是曲线路径，如图 6.2.3 所示。在绘制路径过程中，若起始锚点和终结锚点相交，光标指针变成形状 ，此时单击鼠标左键，系统会将该路径创建成闭合路径。按住 Ctrl 键在空白处单击，可结束开放路径的绘制。

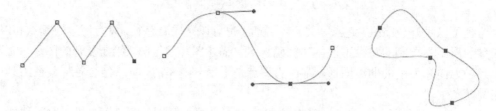

图 6.2.3 "钢笔"工具绘制的路径

## 6.2.2 自由钢笔工具

使用自由钢笔工具可以沿鼠标移动的轨迹自动生成路径，或沿图像的边缘自动产生路径。选中工具属性栏中的"磁性的"复选框，在图像的边缘处单击鼠标，然后沿着图像的边缘移动鼠标，它可以快速地沿图像反差较大的像素边缘自动绘制路径。如图 6.2.4 所示。

"自由钢笔"工具栏增加了一些选项，如图 6.2.5 所示。

图 6.2.4 "磁性钢笔"绘制的路径

图 6.2.5 "自由钢笔"工具栏

"自由钢笔"工具栏参数含义如下。

① 曲线拟合。控制路径的灵敏度，取值范围为 0.5～10，数字越小，形成路径的锚点就越多，路径越精细，越符合物体的边缘。

② 磁性的。勾选该复选框，"自由钢笔"工具将变为"磁性钢笔"工具，它会自动跟踪图像中物体的边缘。它有三个参数：①宽度。定义"磁性钢笔"工具检索的范围，即"磁性钢笔"工具与边缘的距离，取值范围为 1～256 个像素。②对比。定义该工具对边缘的敏感程度，数值越小，越可检索与背景对比度较低的边界，灵敏度越高。取值范围为 1%～100%。③频率。控制路径上生成锚点的多少。数值越大，生成锚点越多，取值范围为 0～100。

### 6.2.3　添加/删除锚点工具和转换点工具

添加锚点工具、删除锚点工具以及转换点工具都是用来修改路径的。

**1. 添加锚点**

可以使用钢笔工具和添加锚点工具添加新锚点。

① 使用钢笔工具，当光标移动到路径上变成 时，在需要添加锚点处单击，即添加一个锚点。

② 使用添加锚点工具可以直接在路径上单击，即在单击处添加了一个新锚点。

添加完锚点后，可拖动此锚点使路径发生需要的变形。

**2. 删除锚点**

可以使用钢笔工具和删除锚点工具删除已有锚点。

① 可以使用钢笔工具，当光标移动到路径上需要删除的锚点处，鼠标变成 时，在该锚点处单击，即删除了这个锚点。

② 使用删除锚点工具可以直接在路径上已有锚点处单击，即在单击处删除该锚点。

删除后，原锚点两侧的锚点产生了新的曲线连接，使路径发生了变形。可以拖动此曲线两端的控制杆（方向线）使路径发生需要的变形。

**3. 转换锚点**

使用转换锚点工具 可以实现平滑锚点与角点锚点间的转换。

选用转换锚点工具后，用鼠标单击平滑锚点，则该锚点变为角点锚点；反之，角点锚点转为平滑锚点，可拖放出方向线以选择合适的曲线连接。图 6.2.6 表示出了添加锚点、删除锚点和转换锚点的效果实例。

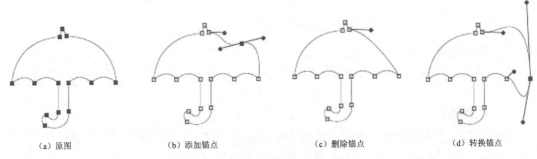

（a）原图　　　（b）添加锚点　　　（c）删除锚点　　　（d）转换锚点

图 6.2.6　添加、删除和转换锚点示例

## 6.3 路径选择工具组

路径选择工具组包括两个工具：路径选择工具和直接选择工具。如图 6.3.1 所示。

图 6.3.1 路径选择工具

### 6.3.1 路径选择工具

使用路径选择工具可以对选中的路径进行移动、组合、对齐、分布和变形。其选项栏如图 6.3.2 所示。

图 6.3.2 "路径选择"工具选项栏

#### 1. 选择和移动路径

使用路径选择工具在路径上单击即可选中路径，按住 Shift 键可同时选中多个路径。选中后按住鼠标左键拖动即可移动路径。

#### 2. 对齐和分布

选中要对齐的路径，单击工具选项栏的路径对齐按钮，在下拉菜单中选择相应的对齐命令。如图 6.3.3 所示。

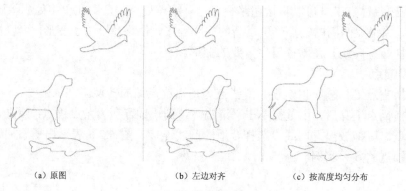

(a) 原图      (b) 左边对齐      (c) 按高度均匀分布

图 6.3.3 路径对齐和分布

#### 3. 复制路径

选中要复制的路径，按住 Alt 键，同时按住鼠标左键拖动即可复制当前路径。如图 6.3.4 所示。

#### 4. 变换路径

选中要进行变换的路径，执行"编辑|变换路径"中的菜单命令可对路径进行缩放、旋转等变换；执行"编辑|自由变换路径"或者按 Ctrl+T 组合键可以对路径进行自由变换。如图 6.3.5 所示。

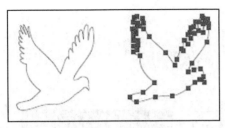
图 6.3.4 复制路径

图 6.3.5 变换路径

### 6.3.2 直接选择工具

　　直接选择工具用来局部编辑路径，可以移动路径中的锚点和线段，以便调整路径的形状。用它单击路径上要调整的锚点，然后拖动锚点或方向线，即可改变路径的形状。例如，用直接选择工具选中动物头部分，然后按 Ctrl+T 组合键，即可旋转并拉伸动物的头部。如图 6.3.6 所示。

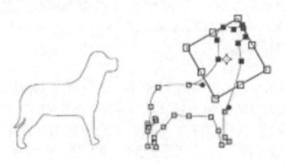
图 6.3.6 调整路径的形状

## 6.4 复合路径

　　使用路径选择工具选项栏的路径操作按钮下拉菜单中的菜单命令，可以创建各种复杂的复合路径。例如，绘制外围狮子头的轮廓的路径，然后选择"排除重叠形状"，绘制内层狮子脸的轮廓，两个路径的组合结果如图 6.4.1 所示。

图 6.4.1 创建复合路径示例

# 6.5 "路径"调节面板

创建好路径后，利用"路径"面板可以进行填充、描边、创建矢量蒙版，以及选区和路径的相互转换等操作。单击"路径"调节面板右上角的扩展菜单按钮，将弹出"路径"命令菜单，用它可以方便地实现新建、存储、复制、填充、描边等路径操作。如图 6.5.1 所示。

在"路径"调节面板的底端有 7 个按钮

图 6.5.1 "路径"面板

，它们依次为：用前景色填充路径、用画笔描边路径、将路径作为选区载入、从选区生成工作路径、添加蒙版、创建新路径、删除当前路径。

## 1. 存储路径

建立的路径叫"工作路径"，它是个临时路径，当绘制新路径时，系统就会自动删除前一个路径，所以应该及时存储需要的路径。在"路径"调节面板中"工作路径"的空白处双击鼠标左键，或在扩展菜单"存储路径"上单击，均会弹出"存储路径"对话框，设置好"名称"后，单击"确定"按钮即可。或者直接拖动"工作路径"到"路径"调节面板底部的"创建新路径"按钮 上，也将存储该路径。

## 2. 填充路径

为当前路径填充颜色或图案。

单击"路径"调节面板底端的"用前景色对路径进行填充"按钮 ，将直接用前景色对当前路径进行填充。"填充路径"对话框如图 6.5.2 所示。按住 Alt 键的同时单击"用前景色对路径进行填充"按钮 ，或在"路径"调节面板的快捷菜单中单击"填充路径"命令，会弹出"填充路径"对话框。可在"内容"项选择颜色、图案或灰度填充路径。"羽化半径"定义填充路径时的羽化效果，半径越大，填充效果越柔和。填充路径示例如图 6.5.3 所示。勾选"消除锯齿"复选框可以消除路径边缘的锯齿。

图 6.5.2 "填充路径"对话框

（a）用颜色填充路径

（b）用图案填充路径

（c）用蝴蝶画笔描边路径

图 6.5.3 填充路径示例

### 3．描边路径

先设置好画笔风格和样式，然后单击"用当前画笔描边路径"按钮 ⭕，Photoshop 会用已选好的画笔对路径描边，用动态颜色的蝴蝶描边皇冠。

按住 Alt 键的同时单击"用画笔描边路径"按钮，或者在"路径"调节面板的快捷菜单中单击"描边路径"命令，弹出"描边路径"对话框，如图 6.5.4（a）所示。可在"工具"下拉列表菜单选择描边工具，如图 6.5.4（b）所示。

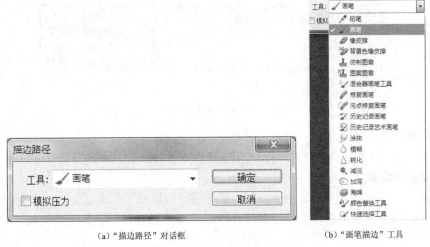

（a）"描边路径"对话框　　　　　　　　　　　　　　　　（b）"画笔描边"工具

图 6.5.4　"描边路径"对话框及效果

### 4．路径与选区的转换

路径与选区之间可以互相转换。

（1）把路径转化为选区

单击"将路径作为选区载入"按钮 ▦，或在按住 Ctrl 键的同时单击"路径"调节面板上当前路径的缩略图，当前路径被作为选区载入。另外，在"路径"调节面板的快捷菜单中单击"建立选区"命令，会弹出"建立选区"对话框，设置选区的"羽化半径"和建立选区的"操作"方式，即可将路径作为选区载入。"建立选区"对话框如图 6.5.5（a）所示，将路径转换选区的效果如图 6.5.5（b）所示。

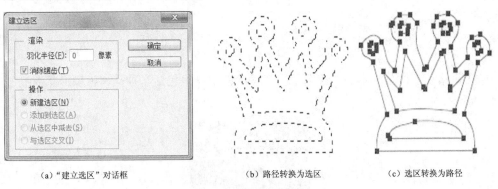

（a）"建立选区"对话框　　　　　　　（b）路径转换为选区　　　　　（c）选区转换为路径

图 6.5.5　路径与选区的转换

（2）把选区转换为路径

单击"路径"面板的"从选区生成工作路径"按钮 ⭕，即可将当前选区创建为工作路径。或者在"路径"调节面板的快捷菜单中单击"建立工作路径"命令，会弹出"建立工作路径"对话框，设置好容差，即可将选区创建为路径。容差越小，创建的路径越平滑，锚点就越多，如图 6.5.5（c）所示。

**5. 新建路径**

单击"路径"调节面板的"创建新路径"按钮，在"路径"面板中即产生一个新的路径。如图 6.5.6 所示。

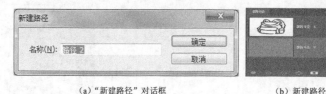

（a）"新建路径"对话框　　　　（b）新建路径

图 6.5.6　新建路径

**6. 删除路径**

直接拖动路径到垃圾桶图标，或选中路径后单击垃圾桶图标均可删除此路径。

**7. 添加矢量蒙版**

单击路径调节面板的"添加图层蒙版"按钮，可以对当前图层添加一个全部显示的矢量蒙版，使用路径工具可进一步编辑蒙版，也可以基于当前路径创建图层的矢量蒙版，如图 6.5.7 所示。

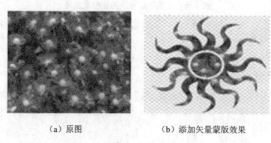

（a）原图　　　　（b）添加矢量蒙版效果

图 6.5.7　添加矢量蒙版

## 6.6　形状绘制工具组

形状和路径一样是基本的矢量图形。形状绘制工具组包括六种基本矢量形状绘制工具，如图 6.6.1 所示。

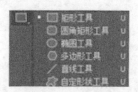

图 6.6.1　形状工具组

形状绘制可以分为规则形状绘制工具和非规则形状绘制工具。

### 6.6.1 规则形状绘制工具

规则形状图形包括矩形、圆角矩形、椭圆、多边形以及直线工具等。选中工具后在绘图区拖曳光标，即可绘制形状图形。它们的工具选项栏内容大同小异。以矩形工具选项栏为例，其工具选项栏如图 6.6.2 所示。

图 6.6.2 "矩形"工具选项栏

当选用不同的矢量形状创建方式时，工具栏会切换到相应的选项。

#### 1. 工具模式

选择"形状"，表示形状创建方式，也就是绘制形状将以何种方式存在。

① 形状。创建一个新的形状图层，同时在图层上显示该基本图形，并以前景色填充。

② 路径。以路径方式创建基本图形。所绘制的路径会出现在路径面板。

③ 像素。并不创建新图层和路径，只是在当前图层上按照绘制形状创建一个填充区域。

图 6.6.3 表示了不同方式下创建的平滑拐角五角星形状。

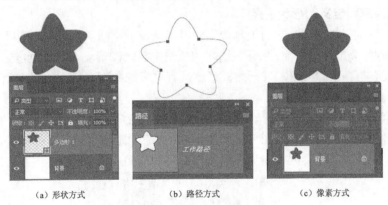

（a）形状方式　　　　　（b）路径方式　　　　　（c）像素方式

图 6.6.3　不同方式下创建的平滑拐角五角星形状

#### 2. 填充与描边

设置形状内部的填充内容，可用纯色、渐变色、图案来填充形状，默认使用前景色；描边设置形状边缘的颜色、粗细和样式。图 6.6.4 所示的是给五角星形状设置填充和描边的效果。宽度和高度设置形状的大小。在形状工具选项栏中，还有一些绘制图形的设置，单击工具选项栏上的 ，在弹出的"形状选项"对话框中可以设置相应的参数。

图 6.6.5 所示的是使用规则形状工具绘制的图形内容。

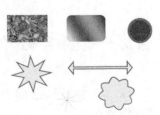

图 6.6.4　形状的填充和描边效果　　　　图 6.6.5　形状工具设置不同的参数

### 6.6.2 自定义形状工具

自定义形状工具用来绘制不规则图形。在自定义形状工具中,用户既可以使用 Photoshop 预设的图形,也可以将自己绘制的矢量图形存储为自定义形状图形。如图 6.6.6 所示。

(a)"自定形状"面板                    (b)面板菜单

图 6.6.6  "自定形状"面板及面板菜单

#### 1. 使用系统预定义的形状工具

选取自定形状工具,打开它的工具选项栏"形状"下拉框,就可以看到"自定形状"面板中的各种图形,如图 6.6.6(a)所示,选取和单击中意的图形就可以绘制出来了。单击"自定形状"面板右上角的 ▣ 按钮,打开面板菜单,有更多的图形选择,如图 6.6.6(b)所示。

#### 2. 用户自定形状

用户编辑路径,然后选择"编辑|定义自定形状"菜单命令,在弹出的"形状名称"对话框中输入自绘图形的名称,如图 6.6.7 所示。单击"确定"按钮,即可将自定义的形状添加到"形状"面板中。设置好自定义形状后还要将它存储成 CSH 文件,以便下次使用。

图 6.6.7  用户自定义形状

## 6.7  应用实例——制作邮票效果

本案例主要利用画笔为路径描边的功能,制作邮票效果。

#### 1. 打开、保存图片

使用"文件|打开"菜单命令,打开一幅图像,将其保存为"第六章案例.psd"。

## 2. 扩大画布、生成路径

使用命令"图像 | 画布大小"，为画布扩充长、宽都是 5cm 的外围。按 Ctrl+A 组合键将画面所有内容选中，单击"路径"调节面板下方的"将选区转换为路径"按钮，将其转换为工作路径。如图 6.7.1 所示。

## 3. 继续扩大画布

再次使用命令"图像 | 画布大小"，为画布扩充长、宽都是 8cm 的外围，将前景色设置为 R:60 G:170 B:80。用前景色填充扩大的部分。如图 6.7.2 所示。

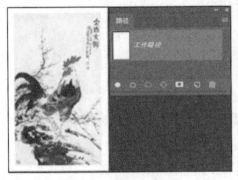

图 6.7.1　创建工作路径　　　　　　　　　　　　图 6.7.2　参数设置及效果

## 4. 设置画笔笔尖形状

选择一个圆画笔，硬度为 100%，适当设置其画笔参数值。注意一定要将画笔的间距拉开。如图 6.7.3 所示。

## 5. 路径描边

打开"路径"调节面板，选中"工作路径"，然后单击"用画笔描边路径"按钮。在"路径"调节面板上取消对"工作路径"的选中。其效果如图 6.7.4 所示。

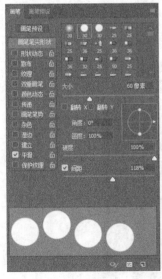 

图 6.7.3　画笔设置　　　　　　　　　　　　图 6.7.4　画笔描边效果

## 6.8 习题

### 一、简答题

1. 矢量图形与图像的区别？
2. 路径选择工具与直接选择工具的应用场景是什么？
3. 若要删除一个开放路径的端点，应如何操作？

### 二、上机实际操作题

制作手机效果。

1. 新建文件参数自己定义，保存为"练习6.psd"。
2. 使用矢量图形工具组中的工具绘制手机壳的部分。绘制结果如图6.8.1所示。

图6.8.1　绘制手机两面

3. 制作手机底壳内容——为手机底壳填充渐变色。

新建一个图层，为手机的底壳添加自定义图形，工作模式为"像素"，并为该图层设置图层样式——斜面和浮雕、描边、内发光和渐变叠加。效果如图6.8.2所示。

图6.8.2　添加图案并设置图层样式

　　4．制作手机显示的内容。打开一个风景图片，将其复制至"练习 6.psd"。以手机的屏幕部分做路径，并为该图层添加"矢量图层蒙版"，效果如图 6.8.3 所示。

　　5．制作蝴蝶纽带部分。新建一个图层，用钢笔工具绘制一条路径，利用"蝴蝶"画笔对该路径进行描边。效果如图 6.8.3 所示。保存文件。

图 6.8.3　最终效果与图层面板内容

# 7 Chapter

# 第 7 章
# 在图像中输入文字

文字是艺术设计必不可少的要素之一，常在图像中起着画龙点睛的作用，是传达信息的重要手段。Photoshop 专门提供了一组文字处理的工具，可以创建各种类型的文字和文字选区。通过文字与路径，形状和滤镜结合，可以创建各种特效艺术文字，给作品带来绚丽的效果，从而避免画面的枯燥。

学习要点：

● 掌握文字的创建和基本编辑；
● 掌握沿路径输入文字的方法；
● 熟悉一些常用文字特效的制作方法。

建议学时：上课 2 学时，上机 2 学时。

# 7.1　创建文字

Photoshop CC 提供了 4 种文字工具：横排文字工具、直排文字工具、横排文字蒙版工具、直排文字蒙版工具，如图 7.1.1 所示。前两种文字工具用于创建各种文字，后两种文字蒙版工具用于创建文字形状的选区。

图 7.1.1　文字工具组

## 7.1.1　文字工具选项栏

横排文字工具和直排文字工具的使用方法相同，只是创建的文字方向有差别。下面以横排文字工具为例，来认识一下文字工具选项栏。

选择横排文字工具 后，在窗口顶端显示的"文字"工具选项栏如图 7.1.2 所示，其中包括文字创建和编辑的各种属性设置。

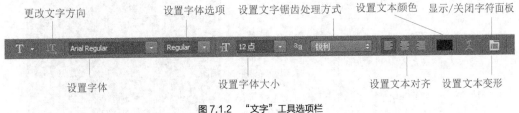

图 7.1.2　"文字"工具选项栏

创建或编辑文字时需设置的参数如下。

① 更改文字方向。可以设置文字方向在水平和垂直方向之间转换。

② 设置字体。指定输入文本的字体，该列表框显示提供给用户的可用字体，包括中文字体。

③ 设置字体样式。该下拉列表的选项与所选字体有关，只对部分英文字体有效，常见的有 Regular（正常）、Italic（斜体）、Bold（粗体）、Bold Italic（粗体斜字）等。

④ 设置字号。设置文字的大小，数值越大，文字越大。

⑤ 文字的锯齿处理方式。通过对文字的边缘像素做一定的羽化处理，使其变得平滑，消除文字边缘的锯齿影响。在下列列表项中，可以设置消除锯齿的不同方法，包括：无、锐利、犀利、浑厚、平滑、Windows LCD 及 Windows。

⑥ 文本对齐方式。设置输入文本的对齐方式，包括左对齐、居中对齐和右对齐三种。

⑦ 文本的颜色。可打开颜色拾取器，选择所需的文本颜色。

⑧ 变形字体。提供一系列文本弯曲变形效果，单击此按钮 ，打开"变形文字"对话框，可以对选取的文本进行变形和弯曲效果设置。

⑨ "字符"（段落）面板按钮 。打开或关闭"字符"（段落）面板。

## 7.1.2　输入文字

### 1. 输入字符文本

在处理标题等较少文字时，可以通过输入字符文本来完成。步骤如下。

① 在工具箱中选择文字工具（直排或横排）。

② 在工具选项栏设置文字的字体、字号、颜色。

③ 在图像中需要输入文字的地方单击鼠标，该位置出现闪动的光标，即可输入文字。

④ 输入完成，按 Ctrl+Enter 组合键确认。

**2. 输入段落文本**

在需要输入较多文字并要约束文字的区域时，可以通过输入段落文本来完成。步骤如下。

① 在工具箱中选择文字工具（直排或横排）。

② 在工具选项栏设置文字的字体、字号、颜色。

③ 按住鼠标左键拖出一个矩形文字框，在文字框中输入文字即可。文字框中的段落文字可实现自动换行。可通过文本框的调整点调整文本框的大小。如图 7.1.3 所示。

④ 输入完成，按 Ctrl+Enter 组合键确认。

文字输入时，不论是字符文本还是段落文本，系统都会为该文字创建新的文字图层，图层的缩略图有一个 T 标识，图层的名字与输入的内容一致。如图 7.1.4 所示。

图 7.1.3　段落文字

图 7.1.4　文字图层

## 7.2　文字的编辑

### 7.2.1　"字符""段落""字形"面板

"字符"和"段落"调节面板提供了文字设置的更多选项。文字输入后，使用"字符"和"段落"调节面板可以方便地编辑、修改输入的文字。

**1. "字符"调节面板**

选中要编辑的文字，使用"窗口|字符"菜单命令，或单击图 7.1.2 所示的"文字"工具栏右侧的打开"字符"（段落）调节面板的按钮 ，即可打开"字符"（段落）调节面板，如图 7.2.1 所示。通过字符面板提供的设置选项，可以方便地设置所选字符的各种属性。设置基线偏移和字符间距的效果如图 7.2.2 所示。

Photoshop CC 中提供了大量的中英文字体。除此之外，也可以到网络上自行下载第三方的字体安装后使用。将下载得到的扩展名为".TTF"或者".TTC"的字体文件，复制到 C:\Windows\Fonts 文件夹即可完成安装，然后在 Photoshop 的字体列表里面就可以看到新安装的字体了。

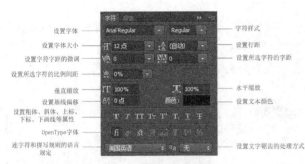

图 7.2.1　"字符"调节面板

图 7.2.2　设置字符属性效果

### 2. "段落"调节面板

使用"段落"调节面板编辑段落文字。选择"窗口｜段落"命令或者单击"字符"调节面板上的"段落"标签可切换到"段落"调节面板，如图 7.2.3 所示。"段落"调节面板用来设置文本的对齐方式和缩进方式等。通过设置段落对齐和段前空格编辑的段落文字效果如图 7.2.4 所示。

图 7.2.3　"段落"调节面板

图 7.2.4　"段落文字"设置效果

"段落"面板可设置的参数包括以下几点。

① 定义段落文本的对齐方式。包括左对齐、居中对齐、右对齐，最后一行左对齐、居中对齐和右对齐以及全部对齐。

② 定义段落的缩进方式。包括左缩进、右缩进和首行缩进。

③ 定义段落添加空格的方式。包括段前添加和段后添加空格。

④ 避头尾法则设置。可选取无、JIS 宽松和 JIS 严格。

⑤ 间距组合设置。选取内部字符间距集。

⑥ 连字。设置自动用连字符连接。

### 3. "字符样式"面板和"段落样式"面板

Photoshop CC 2017 也可以像 Word 一样，把经常要用的文字设置或者段落设置保存到相应的"字符样式"和"段落样式"面板中。保存样式后，只需要在相应样式面板中单击即可应用。

执行"窗口｜字符样式（段落样式）"命令即可打开对应的样式调节面板，如图 7.2.5 所示，两者的使用方法相同。以字符样式为例，可以直接创建样式，也可以从已有的字符中提取样式创建。

单击"字符样式"面板中的"创建新的字符样式"按钮，即可直接在字符样式面板生成一个"字符样式 1+"，双击面板中对应的"字符样式 1+"，打开"字符样式选项"对话框，如图 7.2.6 所示，在对话框中设置相应的样式参数。基本字符格式包括字体、字的颜色大小、仿粗体、下画线等基本属性，高级字符格式包括字符的水平、垂直缩放等属性，OpenType 功能设置 OpenType 字体的一些连字、花饰字等属性。

要从已有的字符中创建样式，只要选中设置好格式的字符，单击"字符样式"面板中的"创建新的字符样式"按钮即可。

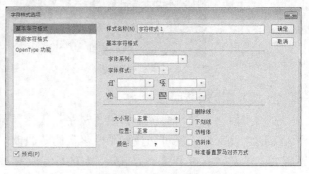

图 7.2.5 "字符样式"面板      图 7.2.6 "字符样式选项"对话框

### 4. "字形"面板

从 Photoshop CC 2015 开始引入了 Adobe Indesign 和 Illustrator 才具有的字形面板，用来插入这个字体中所有的特殊字符形式。

以前在使用 Photoshop 时，有些字符如破折号和连续号等，我们很难通过键盘直接输入，但是现在有了字形面板，这些难题就迎刃而解了，甚至还可以很容易地输入分数或一些特殊符号。

执行"窗口 | 字形"或者"文字 | 面板 | 字形面板"命令，即可打开"字形"调节面板，如图 7.2.7 (a) 所示。字符列表中，如果字符左下角有黑点，表明文字有两种以上的字形可供选择，用鼠标左键单击字符并按住不动，即可显示其全部字形，如图 7.2.7 (b) 所示。在选中的字形上单击即可输入。对于已输入字符，若想更换字形，可以选中要替换的字符后，在类别列表中选择"选区替换字"，即可在可选字形中选择替换。

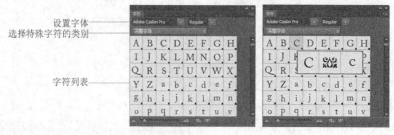

（a）"字形"调节面板      （b）字形预览效果

图 7.2.7 "字形"面板

有了字形面板后，我们输入特殊字符变得特别方便，比如我们选择"Adobe Caslon Pro"字体，在类别里面选择"符号"，即可输入商标注册符号、版权符号等，选择"货币"即可输入各种货币符号，如图 7.2.8 (a) 所示。某些字体还支持"花饰字"，可以输出一些特别的艺术字形，如图 7.2.8 (b) 所示。

TM ⓒ ® ¥

§ √ ‰ ‰

（a）输入特殊字符　　　　（b）输入"花饰字"

图 7.2.8　输入特殊字符

**5. 利用文字框进行文字整体的编辑**

在输入和编辑文字时，按住 Ctrl 键可以出现文字框的控制点，将光标移到文字框的控制点上，可对文字框进行缩放、旋转等操作。

使用"编辑 | 变换"菜单里的变换命令，也可对文字进行缩放、旋转等操作，从而产生不同的文字效果。图 7.2.9 所示为对文字的旋转操作。

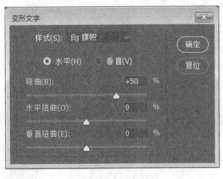

图 7.2.9　使用文字框的编辑效果

## 7.2.2　文字变形

在 Photoshop CC 中使用"文字变形"命令可以将文字进行更加艺术化的处理。直接单击文字工具选项栏右侧的"文字变形"按钮，或使用"文字 | 文字变形"菜单命令，即可打开"变形文字"对话框，如图 7.2.10（a）所示。变形文字的样式有许多种，如图 7.2.10（b）所示。

（a）"变形文字"对话框　　　　　　　（b）变形文字的样式

图 7.2.10　"变形文字"对话框及样式

"变形文字"对话框中各项参数含义如下。

① 样式。设置文字变形的效果。

② 水平/垂直。设置变形的方向。

③ 弯曲。包括水平扭曲、垂直扭曲，分别用于设置变形文字的水平和垂直方向的扭曲程度。

变形文字的效果如图 7.2.11（a）和（b）所示，它们分别是旗帜变形和花冠变形。

（a）旗帜变形        （b）花冠变形

图 7.2.11 变形文字效果示例

### 7.2.3 路径文字

路径是一个非常灵活而且强大的工具。文字与路径的配合，可以充分利用路径的优势，实现文字的特殊布局。

**1. 沿路径输入文字**

① 选择路径工具在图像上创建一条路径。例如，用钢笔工具在图像上创建一条曲线路径，如图 7.2.12（a）所示。

② 选用横排文字工具，在工具栏中确定各项参数，将光标移动到路径上，当光标改变为 形状时单击鼠标左键。

③ 输入文字，如图 7.2.12（b）所示。此时文字将沿着路径的方向排列。按 Ctrl+Enter 组合键结束输入。

④ 选择"路径选择工具" ，将光标移动到文字上，按下鼠标左键并水平拖动，可使文字沿着路径移动，放开鼠标即确定了文字的合适位置。如图 7.2.12（c）所示。

⑤ 按下鼠标左键并向下拖动，改变文字在路径上的上下方向。如图 7.2.12（d）所示。

⑥ 在"路径"调节面板空白处单击鼠标将路径隐藏。如图 7.2.12（e）所示。

（a）创建曲线路径      （b）输入文字      （c）沿路径拖动文字

（d）拖动文字到路径下方      （e）隐藏路径      （f）"图层"面板中的文字图层

图 7.2.12 在路径上创建文字示例

### 2. 在路径中创建文字

在路径中创建文字是指在封闭路径的内部创建文字。

① 首先使用路径工具，在图像上创建一条封闭的曲线路径，如图 7.2.13（a）所示的心形。

② 选用横排文字工具，在工具栏设定好各项参数，将光标移动到心形路径内部，当光标变为 形状时单击鼠标。如图 7.2.13（b）所示。

③ 输入文字。文字会按照路径的形状自动调整位置，如图 7.2.13（c）所示。

④ 在"路径"调节面板空白处单击鼠标将路径隐藏，如图 7.2.13（d）所示。

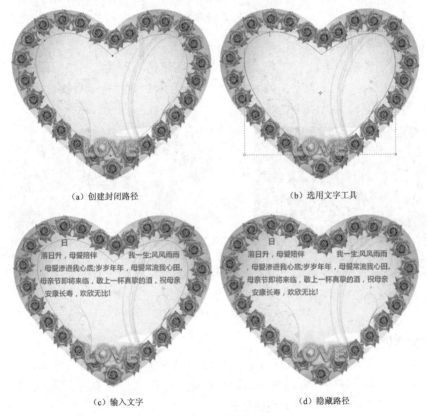

(a) 创建封闭路径　　　　　　　　　　(b) 选用文字工具

(c) 输入文字　　　　　　　　　　(d) 隐藏路径

图 7.2.13　在路径中创建文字

## 7.2.4　文字的转换

我们使用的文字库，包括中文和英文，都是矢量文字。

文字的转换有两种情况：一是从矢量文字转换为矢量路径或形状，二是从矢量文字转换成点阵文字。

### 1. 将文字转换为工作路径

使用"文字｜创建工作路径"菜单命令，可将文字转换为工作路径，此时沿文字路径的边缘将会创建许多锚点，如图 7.2.14（a）所示；文字转换为工作路径后，可以发挥路径的优势，例如，通过沿路径描边来创建文字的特殊效果，如图 7.2.14（b）所示。

（a）文字转换为工作路径　　　　　　　　　（b）描边路径

图 7.2.14　文字转换为工作路径

### 2. 将文字转换为形状

使用"文字 | 转换为形状"菜单命令，可将文字转换为形状。图层面板中相应的文字图层会转换为形状图层，如图 7.2.15（a）所示。转换为形状后，可以直接使用直接选择工具、转换点工具等路径编辑工具创建变形文字，如图 7.2.15（b）所示。

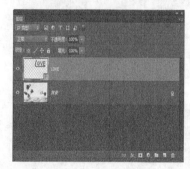

（a）文字图层转换为形状图层　　　　　　　　（b）变形文字

图 7.2.15　文字转换为形状

### 3. 将文字栅格化

因为文字是矢量图形，所以文字不能直接使用绘图和修图工具进行编辑，也不能直接使用滤镜。栅格即像素，栅格化就是将矢量图形转化为由像素点构成的位图。要使用滤镜或者绘图与修图的工具，必须首先将文字栅格化。

执行"文字 | 栅格化文字图层"或者"图层 | 栅格化 | 文字"菜单命令，即可使文字图层转换为普通图层，如图 7.2.16（a）和（b）所示。

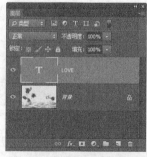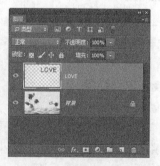

（a）文字图层　　　　　　　　　　　（b）栅格化图层

图 7.2.16　文字栅格化

栅格化后的文字不再是矢量图形，而是由像素点构成的点阵图像，可以进行常规的图像操作，但是不能再进行文字属性的修改，同时图像放大后文字边缘会出现锯齿现象。

栅格化后的文字配合滤镜可以产生各种各样的文字特效。图 7.2.17 所示为文字应用"扭曲｜波纹"滤镜和"素描｜半调图案"滤镜的效果。

（a）"扭曲｜波纹"滤镜效果 （b）"素描｜半调图案"滤镜效果

图 7.2.17 文字滤镜效果

## 7.3 创建文字选区

Photoshop 中还提供了专门用于创建文字选区的两个工具——横排文字蒙版工具和直排文字蒙版工具（见图 7.1.1），可以制作水平方向和垂直方向的文字选区。

文字蒙版工具的使用方法与横排和直排文字工具相同，其工具栏也与文字工具栏相同。选取文字蒙版工具后，像文字工具一样进行文字输入，此时会进入蒙版状态。不同的是按 Ctrl+Enter 组合键或者单击选项栏中的✓按钮结束文字输入后，文字将转换为选区，不会创建新的文字图层。如图 7.3.1（a）所示。

创建完成文字选区后，不能再使用文字工具进行编辑。但可以对生成的选区填入前景色、背景色、渐变色或图案，如图 7.3.1（b）所示。也可以对生成的选区进行描边操作，如图 7.3.1（c）所示。

（a）创建文字选区 （b）填充图案 （c）描边

图 7.3.1 文字选区效果

此外，利用原有的文字图层也可以创建文字选区，只需要按住 Ctrl 键单击文字图层的缩略图即可。

## 7.4 应用实例——制作新年贺卡

【实例】用文字工具制作新年贺卡。最终效果如图 7.4.1 所示。

① 打开图像文件，如图 7.4.2 所示。

图 7.4.1 最终效果

图 7.4.2 打开的图像文件

② 将字体文件"叶根友毛笔行书简体.ttf"复制到 C:\WINDOWS\Fonts 文件夹，完成字体的安装。

③ 输入文字。单击横排文字工具，在图像画面上方输入文字"恭贺新春"，打开"字符"调节面板为文字设置文字样式，如图 7.4.3 所示。选择"恭贺"二字，将其水平和垂直缩放设置为 150%。按 Ctrl+Enter 组合键完成对文字的编辑，如图 7.4.4 所示。

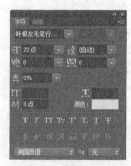

图 7.4.3 "字符"调节面板

图 7.4.4 输入文字

④ 文字变形。选中"恭贺新春"文字图层，单击选项栏中的文字变形按钮，将文字设置为"贝壳"变形样式，弯曲为-20%，效果如图 7.4.5 所示。

图 7.4.5 文字变形

⑤　为文字添加一些点缀。选择"文字｜创建工作路径",得到文字路径,设置画笔笔尖形状为"交叉排线 1",在画笔面板设置其参数,如图 7.4.6(a)所示。设置前景色为白色,新建图层,沿路径使用画笔描边,效果如图 7.4.6(b)所示。

(a)"画笔"调节面板　　　　　　　　　　　(b)画笔描边

图 7.4.6　沿路径描边

⑥　输入文字"2016",字体为"华文琥珀"。选择"文字｜栅格化文字图层",执行"滤镜｜风格化｜扩散",如图 7.4.7 所示。

⑦　输入段落文字,字体为"华文隶书"Regular,14 点,在文本框中输入段落文字,按 Ctrl+Enter 组合键完成对文字的编辑。如图 7.4.8 所示。

图 7.4.7　输入"2016"　　　　　　　　　图 7.4.8　输入主体的段落文字

⑧　复制元宝素材。打开图像文件,如图 7.4.9 所示。选取其中的元宝并复制到当前文件,然后调整大小和位置,如图 7.4.10 所示。

图 7.4.9　元宝素材　　　　　　　　　　图 7.4.10　复制元宝

⑨ 沿路径输入文字。如图 7.4.11 所示，创建一条路径。单击横排文字输入工具，设置字体为 "Arial Bold"，18 点，输入文字 "Happy New Year!"，如图 7.4.12 所示。

⑩ 保存文件。

图 7.4.11　创建路径　　　　　　　　　　图 7.4.12　沿路径输入文字

# 7.5 习题

## 一、简答题

1. 什么是栅格化？栅格化后的文字图层与原来有什么区别？
2. 简述如何沿路径输入文字，以及如何在路径内部输入文字。
3. 简述创建变形文字的几种方法有什么区别。

## 二、上机实际操作题

1. 在图 7.5.1 所示的素材中输入文字，制作出图 7.5.2 所示的效果。

图 7.5.1　素材　　　　　　　　　　图 7.5.2　效果

① 在打开的素材中，使用直排文字工具，输入诗句的标题"问莲"，字体为华文行楷，90 点。

② 使用直排文字工具输入作者信息，字体为华文行楷，36 点。

③ 使用直排文字工具输入诗句部分，字体为华文行楷，36 点。

2. 新建一个文件，利用路径和文字工具制作图 7.5.3 所示的效果。

图 7.5.3　最终效果

①　新建文件，400 像素×400 像素，RGB 模式，72 像素/英寸。

②　利用参考线确定一个中心点，选取椭圆选框工具以中心点制作一个环形的选区，并填充蓝色。

③　选取横排文字工具输入圆环内部的"PS"，适当调整大小。

④　选择椭圆工具，以参考线的中心点为圆心制作一个圆形的路径（路径刚好跟环形的内边缘重合）。

⑤　选择横排文字工具，沿路径输入文字，适当在字符面板调整一下基线偏移属性。最终效果如图 7.5.3 所示。

Chapter

**8**

# 第 8 章
# 图像的色彩调整

在图像处理中，色彩的调整是制作高品质图像的关键，有时故意夸张地使用某些调整，还会产生特殊的效果。Photoshop 中提供了多种色彩调整的工具，有快速调整的工具，也有精确调整的工具，可以为图像进行出色的校色、调色。

学习要点：

● 掌握图像色彩的三要素；
● 掌握图像的颜色模式；
● 掌握常用的图像色彩调整方法。

建议学时：上课 2 学时，上机 2 学时。

## 8.1　色彩调整的理论基础

色彩是图像的重要特征。在色彩调整前，首先要弄清楚图像色彩的特点。

### 8.1.1　色彩的基本术语

我们看到的色彩有三大基本特征：色相、饱和度、明度。在色彩学上称它们为色彩的三大要素。

① 色相。是色彩的首要特征，表示某种色彩颜色的种类。如红、橙、黄、绿、青、蓝、紫等色彩。调整色相就是在多种颜色中变化。例如，通过色相调整可以将图像中的红花改为橙色。

② 饱和度。指色彩的纯度，表示颜色中所含有色成分的比例。比例越高，图像色彩纯度越高，色彩越鲜艳。比例越低，色彩纯度越低，色彩越暗淡。当饱和度降为 0 时，图像将变为灰度图像。

③ 明度。是指色彩的明亮程度。例如同一颜色在强光照射下显得明亮，弱光照射下显得较灰暗模糊。在数字图像处理中，Photoshop 中的色阶和色调就是与色彩明度相关的两个概念。色阶就是指图像中颜色的灰度（亮度），它反映图像中色彩的明暗程度。色调是指在一定光照下，物体总体的色彩倾向和氛围，通俗地讲，色调指颜色的冷暖。有时二者泛指颜色的明暗度。

多种颜色混合后，色彩之间的差异对比也对图像的效果有着较大的影响，这就是图像调整中经常用到的对比度。调整对比度就是调整不同颜色之间的差异，对比度越大，图像轮廓越清晰。

### 8.1.2　颜色模式

颜色模式是指图像在显示或打印时，定义颜色的不同方式。颜色模式除了可用于确定图像中显示的颜色数量外，还影响通道数和图像的文件大小。Photoshop 中支持多种图像模式，执行"图像｜模式"菜单命令，菜单中显示了 Photoshop 支持的图像模式，前面打对勾的为当前的图像模式，呈灰色的代表当前不可用的图像模式。如图 8.1.1 所示。

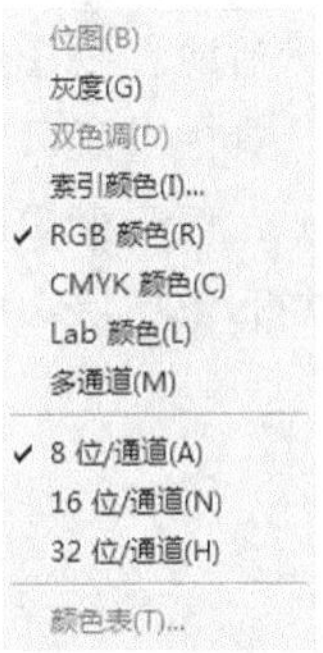

① RGB 颜色模式。基于 RGB 色彩空间，一般用于图像的显示和编辑。RGB 模式的图像有红、绿、蓝三个颜色通道，通过三个颜色通道的变化及它们之间的混合叠加来得到像素的各种颜色。在颜色通道

位图(B)
灰度(G)
双色调(D)
索引颜色(I)
✓ RGB 颜色(R)
CMYK 颜色(C)
Lab 颜色(L)
多通道(M)

✓ 8 位/通道(A)
16 位/通道(N)
32 位/通道(H)

颜色表(T)...

图 8.1.1　图像的颜色模式

中，用亮度来代表基色的混合比例，若每个颜色通道都采用 8 位二进制来编码，则每种基色都有 0～255 的亮度变化范围，可以组合成 $256^3$（1670 万）种颜色，实现 24 位真彩色。当三种颜色亮度值均为 0 时，为黑色；三种颜色亮度值均为 255 时，为白色。

② CMYK 颜色模式。基于 CMYK 色彩空间，一般用于图像的印刷和打印。打印彩色图像时，由于打印纸只能吸收和反射光线，所以需要用色光的相减模式。CMYK 模式基于色料减色法，它通过吸收补色光，反射本身的色光来呈现颜色。该模式由青色（C）、洋红色

（M）、黄色（Y）及黑色（K）4 种颜色组合而成，并用油墨颜色的百分比表示。当 4 种颜色值均为 0% 时，呈纯白色。模式中的每一个像素点用 32 位表示。通常我们在 RGB 模式下编辑图像，转化为 CMYK 模式后再打印输出。

③ Lab 颜色模式。它是国际照明委员会规定的与设备无关的颜色模式。它由三个通道组成：光照强度通道 L、a 色调通道和 b 色调通道。a 通道表示颜色的红绿反映，b 通道表示颜色的黄蓝反映。Lab 模式理论上包括了人眼可以看见的所有色彩，它的色域最宽，常用作图像转换时的中间模式。

④ 索引颜色模式。索引颜色模式图像会配合有一张颜色表，图像文件中并不保存真实的颜色，而是保存颜色在颜色表中的索引值。索引模式颜色数量有限，最多有 256 种颜色。索引模式图像文件较小，是网络应用和动画中常用的图像模式。

⑤ 灰度颜色模式。灰度模式的图像不包含颜色，每个像素点只有一个亮度值。一般用 8 位描述由黑到白 256 个级别的灰度变化。亮度是唯一能够影响灰度图像的选项。

⑥ 位图。只用黑白两种颜色表示的图像。当一幅彩色图像要转换成位图模式时，不能直接转换，必须先将图像转换成灰度模式。

⑦ 双色调。用一种灰色油墨或彩色油墨来渲染一个灰度图像。通过 2～4 种自定油墨创建双色调、三色调和四色调的灰度图像，打印出比单纯灰度效果更棒的图像，减少印刷成本。彩色图像也必须先转换为灰度图像，才能转换为双色调模式。

在 Photoshop 中进行图像模式的转换非常简单。执行"图像 | 模式"菜单命令，从下拉菜单中选择要转换的模式即可。较常用的是将 RGB 模式转换为 CMYK 模式，将 RGB、CMYK 模式转换为灰度模式，将灰度、RGB 模式转换成适用于 Web 应用的索引模式等。

需要注意的是，在进行图像模式转换时，可能会更改图像的颜色值。如果将 RGB 图像转换成 CMYK 模式，再转换回 RGB 模式，一些图像数据可能会丢失，且无法恢复。

### 8.1.3 色阶直方图

色阶直方图是用图形的方式表示图像中每个亮度级别的像素数量。通过直方图，我们可以清晰地看到图像中像素的明暗分布情况，这在图像色彩调整中，具有很实用的指导价值。

执行"窗口 | 直方图"菜单命令，即可打开直方图面板，默认情况下以紧凑视图的方式显示。单击调板按钮，在弹出的菜单中选择"扩展视图"，可查看更多信息，比如当前图像亮度的平均值、中间值、像素总数等。如图 8.1.2 所示。

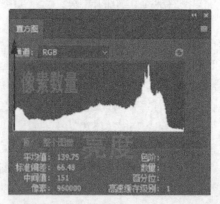

图 8.1.2　直方图面板

直方图的横轴代表的是亮度值，范围为 0～255，从左至右亮度值逐渐增大。纵轴代表的是图像中当前亮度值的像素数目，纵向高度越高，说明当前亮度值的像素点越多。一般我们将亮度范围 0～85 叫作图像的阴影区，处于直方图左侧。亮度范围 171～255 叫作图像的高光区，处于直方图右侧。亮度范围 86～170 叫作图像的中间调。一副图像效果好的照片应该是像素在全色调范围内都有分布，并且两边低、中间高。如果直方图中像素集中在左侧，说明图像偏暗；像素集中在右侧，说明图像偏亮；像素集中在中间，说明图像亮度居中，对比度不够。如图 8.1.3 所示。

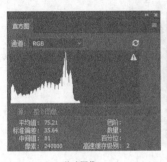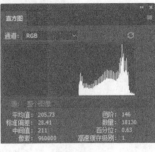

|  |  |  |
|---|---|---|
| （a）偏暗图像 | （b）偏亮图像 | （c）亮度值居中图像 |

图 8.1.3　图像的不同直方图

单击通道的下拉菜单，可以查看红、绿、蓝、明度等各单通道的直方图。通过直方图可以快速地看出图像的色阶分布是否合理，确定图像校正的方向。当我们进行图像调整后，图像的直方图也会相应发生变化。

## 8.2　快速色彩调整

色彩调整主要是指对图像的亮度、色调、饱和度及对比度的调整。如图 8.2.1 所示，图像色彩调整的命令包括"图像"菜单下的"自动色调""自动对比度""自动颜色"三个命令，以及"图像|调整"二级菜单下的所有的色彩调整命令。

图 8.2.1　图像的色彩调整命令

在这些调整命令中，有些命令（如自动色调、自动对比度、自动颜色等），不需要用户设置参数，而是由系统快速、自动调整图像中的色彩值。还有几个色彩调整命令，例如亮度/对比度、阈值等，虽然它们需要进行对话框设置，但是通常参数设置简单，效果直观。虽然这些快速色彩调整命令不如高级色彩调整工具精确，但它们使用简单方便，通常均可快速达到较满意的效果。

### 8.2.1　自动色调、对比度、颜色

#### 1. 自动色调

"自动色调"命令：通过快速计算图像的色阶属性，将每个颜色通道中最亮和最暗的像素调整为纯白和纯黑，中间像素按比例重新分布，自动调整图像的色调效果。自动色调容易产生一些偏色现象。其效果如图 8.2.2（b）所示。

#### 2. 自动对比度

"自动对比度"命令：可自动增强图像阴影和高光部分的对比度，使图像边缘更加清晰，不单独调整通道，不会产生偏色。其效果如图 8.2.2（c）所示。

#### 3. 自动颜色

"自动颜色"命令：可以通过搜索实际像素来自动调整图像的颜色饱和度和对比度，使图像颜色更为鲜艳。其效果如图 8.2.2（d）所示。

（a）原图　　　　　　　　　　　　（b）"自动色调"调整后

（c）"自动对比度"调整后　　　　　　　（d）"自动颜色"调整后

图 8.2.2　"自动色调""自动对比度""自动颜色"调整效果

### 8.2.2　反相

"反相"命令：反转图像中的颜色，将当前图像像素点的颜色替换为其补色，产生照相底片的效果。它使通道中每个像素的亮度值都转换为 256 级刻度上的相反值。如图 8.2.3（b）

所示，原图中的白色反相后会变为黑色，绿色反相后会变为其补色洋红色。

### 8.2.3　去色

　　"去色"命令：将彩色图像的颜色转换为灰度效果。但是该命令与将图像转换为灰度模式不同。去色命令在转换过程中虽然去掉了彩色信息，但图像的颜色模式不变，仍然可以使用画笔等工具进行颜色填色或通过调整命令给图像着色。如果将图像转换为灰度模式，转换后图像只有亮度信息，不能再出现彩色信息。"去色"命令的效果如图 8.2.3（c）所示。

（a）原图　　　　　（b）"反相"调整后　　　　　（c）"去色"调整后

图 8.2.3　"反相"和"去色"的调整效果

### 8.2.4　色调均化

　　"色调均化"命令将图像中像素点的亮度值在阶调范围内均匀分布，使图像的明度更加平衡，其效果如图 8.2.4（b）所示。"色调均化"命令对整体偏暗或整体偏亮的图像调整效果较好。

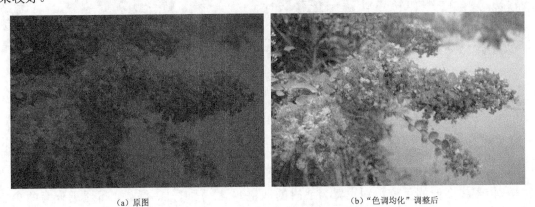

（a）原图　　　　　　　　（b）"色调均化"调整后

图 8.2.4　"色调均化"的调整效果

### 8.2.5 亮度/对比度

"亮度/对比度"命令：对在灰暗环境或背光处拍摄的照片有很好的校正效果。执行"图像｜调整｜亮度｜对比度"命令打开"亮度/对比度"对话框，如图 8.2.5（a）所示。"亮度"用于调整图像的明暗度，而"对比度"用于调整图像色彩的对比度，其调整效果如图 8.2.5（c）所示。

（a）"亮度/对比度"对话框  　　　（b）原图  　　　（c）"亮度/对比度"调整后

图 8.2.5 "亮度/对比度"调整效果

### 8.2.6 阈值

"阈值"命令：快速将一个彩色或灰度图像转换为高对比度的黑白图像。选择"图像｜调整｜阈值"菜单命令，即可弹出"阈值"对话框，如图 8.2.6（a）所示，它显示了图像亮度分布直方图。当移动滑块或输入数值设置阈值后，比该阈值亮的像素均变为白色，比阈值暗的像素均为黑色，使图像变为黑白二值图像。"阈值"命令的效果如图 8.2.6（c）所示。

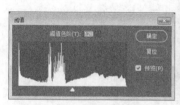  

（a）"阈值"对话框  　　　（b）原图  　　　（c）执行"阈值"命令后

图 8.2.6 "阈值"命令效果

### 8.2.7 色调分离

"色调分离"命令：指定图像中每个通道的色调级别数目，然后将每个像素映射到最接近的匹配级别上。该命令主要用来简化图像，或者制作特殊的绘画效果。图 8.2.7 所示的是将一副 RGB 图像的色阶级别设置为 2 时的调整效果。此时红、绿、蓝每通道只有两个色阶取值，图像中最多可以出现 8 种颜色，分别为红、绿、蓝、黄、洋红、青色、黑色和白色。

(a)原图　　　　　　　　　　　　(b)"色调分离"调整后

图 8.2.7　"色调分离"的调整效果

### 8.2.8　渐变映射

"渐变映射"是以索引颜色的方式来给图像着色。它以图像的灰度（亮度）为依据，以设置的渐变色彩取代图像颜色，使图像产生渐变的色调效果。执行"图像 | 调整 | 渐变映射"命令，打开渐变映射对话框，如图 8.2.8（a）所示。在对话框的下拉列表中可以选择多种渐变颜色，单击渐变样条，会弹出"渐变编辑器"对话框，从中可以选择更多的渐变颜色。

图 8.2.8（b）所示图像选择"蓝、红、黄渐变"映射后的效果如图 8.2.8（c）所示。原图中的阴影部分映射为渐变条左侧的蓝色，高光部分映射为渐变条右侧的黄色，中间亮度值的像素点映射为中间的橙色。

若想进一步改善调整图像的颜色效果，选择"仿色"复选框可使色彩平缓；选择"反向"复选框可使渐变的颜色前后倒置。

（a）"渐变映射"对话框　　　　　　（b）原图　　　　　　（c）"渐变映射"调整后

图 8.2.8　"渐变映射"的调整效果

### 8.2.9　照片滤镜

"照片滤镜"命令：模拟相机的滤镜来调整照片的色差。图 8.2.9 所示的是"照片滤镜"对话框及列表。

滤镜的种类可以在滤镜项中选取。使用时可以用"浓度"来调整滤镜的效果。图 8.2.10 所示为"加温滤镜"和"冷却滤镜"的调整效果。

当系统给定的滤镜不合适时，也可以直接选择颜色作为自定的滤镜。单击"颜色"色块，在弹出的"拾色器"对话框中选取滤镜颜色即可。

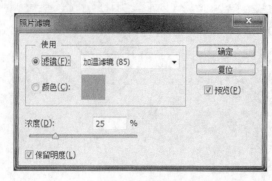

（a）"照片滤镜"对话框　　　　　　　　　　（b）"照片滤镜"列表

图 8.2.9　照片滤镜对话框及列表

　　（a）原图　　　　　　　　　（b）"加温滤镜"调整效果　　　　　　　（c）"冷却滤镜"调整效果

图 8.2.10　"加温滤镜"及"冷却滤镜"效果

# 8.3 精确色彩调整

　　若要对图像的色彩进行精细的调节，则需使用色彩调整菜单的其他命令，包括色阶、曲线、色彩平衡、通道混合器等，它们都在"图像 | 调整"菜单下。这些命令虽然使用比较复杂，但调整图像色彩的效果精细且理想。

## 8.3.1　色阶

　　"色阶"命令可调整图像的明暗度、色调的范围和色彩平衡。在图像中，执行"图像 | 调整 | 色阶"菜单命令，会弹出"色阶"对话框，如图 8.3.1 所示。对话框中"输入色阶"下方可以看到当前图像的色阶直方图，用作调整图像基本色调的直观参考。

　　在"色阶"对话框中可以通过以下几种方法调整图像的暗调、中间调和高光等强度级别，校正图像的色调范围和色彩平衡。

　　① 使用系统预设调整。在预设下拉菜单中选取预设的色阶调整命令进行图像调整。

　　② 自动调整。单击对话框中的自动按钮，系统将自动分析图像信息并进行自动色阶调整。单击"选项"按钮，将弹出"自动颜色校正选项"对话框，如图 8.3.2 所示，可以设置自动颜色校正选项。

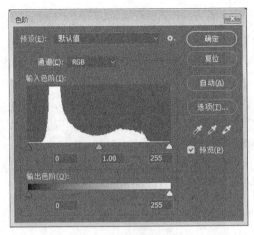

图 8.3.1 "色阶"对话框

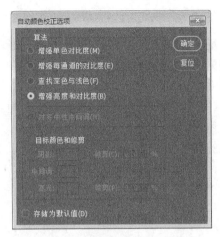

图 8.3.2 "自动颜色校正选项"对话框

③ 通过直方图下方的黑场、白场、中间灰三个滑块或输入数值来精确调整阴影、中间调和高光部分的输入色阶。最左侧滑块代表黑场，即图像中亮度值最低的点，把黑场滑块往右侧拖动，图像阴影部分将变得更暗。最右侧滑块代表白场，即图像中最亮的点，将白场滑块往左侧拖动，图像高光区域将变得更亮。中间滑块代表中间灰，往右侧拖动，偏向于阴影部分的像素点增多，图像变暗；往左侧拖动，偏向于高光部分的像素点增多，图像变亮。

也可在输入色阶直方图下方的三个输入框输入相应数值。左框为黑场输入色阶，范围为 0～253；中间框为中间调，范围为 0.1～9.99；右框为白场，范围是（黑场输入色阶+2）～255。

图 8.3.3 所示为通过使用"色阶"命令加强了图像对比度的效果。将黑场输入色阶设置为 27，当前色阶的像素点会被映射为色阶 0，则原来色阶小于 27 的像素点全部变为黑色，图像阴影部分变更暗；将白场输入色阶设置为 210，当前色阶的像素点会被映射为色阶 255，则原来色阶高于 210 的像素点全部变为白色，图像高光区域变更亮。

（a）原图

（b）执行"色阶"命令后

图 8.3.3 "色阶"命令的效果

④ 使用右侧"吸管"工具：分别在图像中取样以设置黑场、白场和灰场。选取"设置黑场"吸管 ✒️，在图像中选取作为黑场的点上单击鼠标左键，则图像中比选取点更黑的点均变为黑色。同样"设置白场"吸管 ✒️ 和"设置灰场"吸管 ✒️ 就是在图像中选取某个点设置图像的白场和中间调。

⑤ 设置输出色阶。"输出色阶"框下，左框为阴影的输出色阶（也称黑场），其值越大，图像的阴影区越小，图像的亮度越大；右框为高光的输出色阶（也称白场），其值越大，图像的高光区越大，图像的亮度就越大。也可直接拖动滑块来设定输出色阶。

使用色阶调整命令，也可以对 RGB（或 CMYK）整体或某个单一原色通道进行调整。在"通道"的下拉菜单中选择要调整的颜色通道，进行相应调整即可。

### 8.3.2 曲线

"曲线"命令使用调整曲线来精确调整色阶，可以调整图像的整个色调范围内的点。曲线调整比色阶调整的功能更为强大。使用"图像 | 调整 | 曲线"菜单命令，将弹出"曲线"对话框，如图 8.3.4 所示。对话框的中心是一条 45°角的斜线，在线上单击可以添加控制点，拖动控制点改变曲线的形状可调整图像的色阶，最多可以向曲线中添加 14 个控制点。当按住鼠标左键拖动控制点向上移动时，输出色阶大于输入色阶，图像变亮；反之，图像变暗。如图 8.3.5～图 8.3.7 所示。

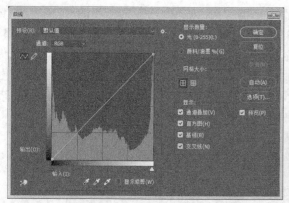

图 8.3.4　"曲线"对话框　　　　　　　　　　图 8.3.5　原图

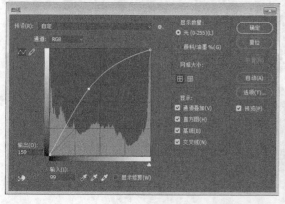

图 8.3.6　控制点向上移动时的效果和曲线

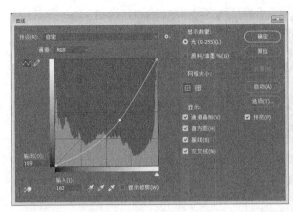

图 8.3.7　控制点向下移动时的效果和曲线

移动曲线顶部的点可调整图像高光区域，移动曲线中心的点可调整中间调，而移动曲线底部的点可调整阴影。按住 Ctrl 键在图像上单击，可以从图像获取调整点。

单击对话框左下角的 图标，可以在图像中想要调整的部分单击并拖动来直观地调整图像效果。也可选择调整曲线左上方的铅笔按钮 ，直接在网格中画出一条曲线。曲线调整区左下方有两个文本框，"输入"框表示曲线横轴值，"输出"框是改变图像色阶后的值，可在其中直接输入调整值。当"输入""输出"框数值相等时，曲线为 45°角的直线。鼠标在调整区中调整时，"输入""输出"框中显示光标所在处的值。

同样，在"通道"列表框中可选择不同的通道来进行色阶的调整。通过对单个原色通道的调整，可以改变原色的混合比例，从而改变图像的色调。例如对于一副 RGB 图像，选取其中的红色通道，曲线向上弯曲为增加图像中的红色分量，向下弯曲为减少红色分量。如图8.3.8 所示，调整红色通道后，图像偏向于红色调。

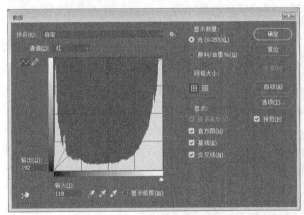

图 8.3.8　调整红色通道的效果和曲线

### 8.3.3　曝光度

"曝光度"命令可调整图像中高光区的曝光度、整体的明度以及校正灰度。它基于线性颜色空间计算来实现调整。选择"图像 | 调整 | 曝光度"菜单命令，可打开"曝光度"对话框，如图 8.3.9 所示。

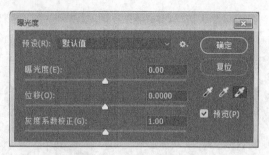

图 8.3.9  "曝光度"对话框

曝光度：调整图像中高光的曝光。

位移：调整图像阴影和中间调。

灰度系数校正：校正图像中的灰度系数。

图 8.3.10 所示的是用"曝光度"命令校正的一张曝光度不足的照片的效果。

(a) 原图                (b) 曝光度校正后

图 8.3.10  校正一张曝光度不足的照片的效果

### 8.3.4 色彩平衡

"色彩平衡"命令可调节图像色彩之间的平衡。它允许给图像中的阴影区、中间区和高光区添加新的过渡色来平衡色彩效果，常用于对图像偏色的调整。

选择"图像 | 调整 | 色彩平衡"菜单命令，打开"色彩平衡"对话框，如图 8.3.11 所示。"色彩平衡"区包括阴影、中间调和高光三个单选选钮，可以分别调整图像不同色调区域的色彩。对话框的中部是控制整个图像三组互补颜色的色条，分别是红色对青色、绿色对洋红、蓝色对黄色，拖动滑块可以调整图像的色调。也可直接在色阶输入框中直接输入数值来调整色彩。

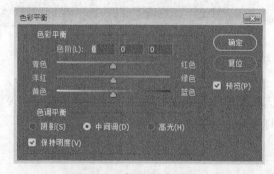

图 8.3.11  "色彩平衡"对话框

　　若选择"保持明度"复选框，在调整图像色彩时亮度将保持不变。

　　"色彩平衡"的效果示例如图 8.3.12 所示。原图偏向于黄色，在调整时将高光和中间调区域适当增加蓝色，减少红色，少量增加绿色，校正图像的偏色。

（a）原图　　　　　　　　　　　　　　　　（b）"色彩平衡"处理后

图 8.3.12　"色彩平衡"的效果示例

### 8.3.5　匹配颜色

　　"匹配颜色"命令可以将两种色调不同的图片自动调整统一到一个协调的色调上。它在图像合成时非常有用。

　　首先打开两个图像文件，在想要进行颜色匹配的图像上，选择"图像｜调整｜匹配颜色"菜单命令，弹出的"匹配颜色"对话框如图 8.3.13 所示。

图 8.3.13　"匹配颜色"对话框

　　在图 8.3.14 中，将原图 2 与原图 1 匹配颜色，在原图 2 上执行"匹配颜色"命令，在源的下拉列表中选取原图 1，匹配效果如图 8.3.14（c）所示。在对话框上方的图像选项部分可以设置匹配图像的亮度、颜色强度和匹配颜色的渐隐效果等。

（a）原图 1 　　　　　　　　　　　　　（b）原图 2

（c）匹配颜色调整后

图 8.3.14 "匹配颜色"的效果示例

### 8.3.6 自然饱和度

"自然饱和度"可以进行图像色调饱和度的调整，从灰色调一直调整到饱和色调，以提升不够饱和的图像的质量。自然饱和度的调整效果要比单纯调整像素点的饱和度的效果自然一些。选择"图像｜调整｜自然饱和度"菜单命令，打开"自然饱和度"对话框，如图 8.3.15 所示。拖动自然饱和度滑块即可看到饱和度的变化。

图 8.3.15 "自然饱和度"对话框

图 8.3.16 所示的是饱和度不足的照片经"自然饱和度"和"饱和度"调整后的效果。

（a）饱和度不足的照片　　　　　（b）"自然饱和度"调整到最大　　　　　（c）"饱和度"调整到最大

图 8.3.16 "自然饱和度"调整效果示例

### 8.3.7 色相/饱和度

"色相/饱和度"命令可以调整图像中特定颜色分量的色相、饱和度和亮度，或者同时调整图像中的所有颜色。

　　选择"图像 | 调整 | 色相/饱和度"菜单命令，打开的"色相/饱和度"对话框如图 8.3.17 所示。可在预设下拉菜单中选取系统预设的调整命令，也可以直接移动色相、饱和度和明度三个滑块调整整个图像的色相、饱和度和亮度。图 8.3.18 所示为通过色相饱和度调整为图中花朵替换颜色的示例。

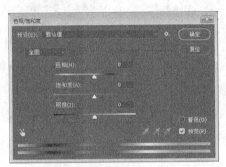

图 8.3.17　"色相/饱和度"对话框

　　（a）原图　　　　　　　　　　　　　　（b）调整色相和饱和度后

图 8.3.18　"色相/饱和度"调整效果示例

　　"色相/饱和度"调整默认调整的范围为全图，在上例中可以看到，当调整花朵颜色时，叶子的颜色还有背景部分都会有相应的色相饱和度变化。如果只想要调整红色的花朵部分，也就是想调整某一种颜色的范围，可在 全图 下拉列表中选取"红色"。这时在下部两个颜色条之间会出现 4 个调整滑块（见图 8.3.19（a）），用来编辑某一颜色范围的色调。若调整中间的深灰色滑块，将会移动调整滑块的颜色区域，若移动白色滑块，将调整颜色的成分范围。使用吸管工具 在图像中单击选取，将会切换到最接近的基准颜色进行调整，用吸管工具 和 在图像中单击取样，会在选取的色调中添加或减去新的取样颜色，同时在调整滑块中也表现出来。

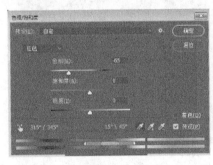

　　（a）调整图像中的"红色"　　　　　　　（b）调整"红色"效果

图 8.3.19　"色相/饱和度"调整单一颜色效果示例

选取右下角"着色"复选框也可以自动将彩色图像转换成单一色调的图像，如图 8.3.20 所示。

（a）调整参数

（b）"着色"效果

图 8.3.20 "色相/饱和度"着色效果示例

单击"色相/饱和度"对话框中"确定"左侧的██按钮，可打开扩展菜单，扩展菜单中"载入预设"和"存储预设"命令用于将所有的设置载入和存储，存储的文件扩展名为".ahu"。

### 8.3.8 阴影/高光

"阴影/高光"命令分别控制图像的阴影或高光，根据图像中阴影或高光的像素色调使图像增亮或变暗，非常适合校正强逆光而形成剪影的照片，或者校正由于太接近相机闪光灯而有些发白的焦点。

选择"图像｜调整｜阴影/高光"菜单命令，即可打开"阴影/高光"对话框，如图 8.3.21（a）所示。在对话框中向右调整"阴影"区的滑块，图像暗部增亮；向右调整"高光"区滑块，图像高光区减弱。"阴影/高光"命令对图像调整效果十分明显，如图 8.3.22 所示。

如果选中"显示更多选项"复选框，如图 8.3.21（b）所示，此时"阴影/高光"对话框会展开，"阴影"和"高光"部分不仅有数量，而且有"色调宽度"和"半径"选项可供用户调整。另外，还有颜色校正、中间调的对比度、修剪黑色、修剪白色等选项。

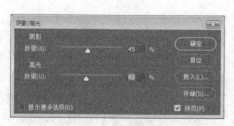
（a）"阴影/高光"对话框

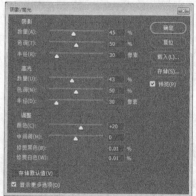
（b）选中"显示更多选项"复选框后展开

图 8.3.21 两种形式"阴影/高光"对话框

色调宽度：控制阴影或高光中色调的修改范围。较小的值会限制只对较暗区域进行"阴影"校正的调整，并只对较亮区域进行"高光"校正的调整；较大的值会增大进行调整的阴影或者高光的范围。

半径：控制每个像素周围的局部相邻像素的大小。相邻像素用于确定像素是在阴影中还是在高光中。向左移动滑块会指定较小的区域，向右移动滑块会指定较大的区域。

颜色校正：在已更改的区域微调图像颜色。

中间调对比度：调整中间调中的对比度。向左移动滑块会降低对比度，向右移动会增加对比度。

修剪黑色和修剪白色：指定在图像中会将多少阴影和高光剪切到新的极端阴影（色阶为0）和高光（色阶为 255）颜色。值越大，生成的图像的对比度越大。

(a) 原图　　　　　　　　　　　　　　　　(b) "阴影/高光"调整后

图 8.3.22　"阴影/高光"的调整效果示例

### 8.3.9　替换颜色

"替换颜色"命令可以调整图像中选取的特定颜色范围的色相、饱和度和明度，替换图像中的原有颜色。选择"图像｜调整｜替换颜色"菜单命令，即可打开"替换颜色"对话框，如图 8.3.23 所示。

它有两个预览模式："图像"模式和"选区"模式。"图像"模式在预览框中显示图像，比较适合处理放大的图像。"选区"模式在预览框中显示蒙版，被蒙版区域（未选中）是黑色，未蒙版区域（选中）是白色。部分被蒙版区域（覆盖有半透明蒙版）会根据不透明度显示不同的灰色色阶。

"替换颜色"命令就如同在单一颜色下操作的"色相/饱和度"命令，只是它需要确定选取的颜色，然后对选中范围的颜色进行色相、饱和度和亮度的调整。

它的操作步骤如下。

① 打开图像文件，选择"图像｜调整｜替换颜色"菜单命令，弹出"替换颜色"对话框。

② 选择颜色。使用"吸管"工具　在图像窗口或预览窗口选取颜色。"添加吸管"工具　可增加选取颜色，用"减少吸管"工具　可减少选取颜色范围。

③ 选择颜色的容差。可拖动颜色容差滑块或输入数值。颜色容差值越大，表示选取颜色的范围越宽。

④ 在"替换"区域拖动滑块或键入数值可设置所需颜色的色相、饱和度和明度。勾选"预览"复选框可实时地观察图像的效果。

⑤ 单击"确定"按钮完成颜色的调整。单击"取消"按钮取消所做的调整。

使用"替换颜色"命令的调整效果如图 8.3.24 所示。

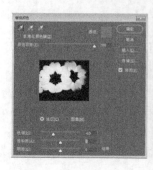  

（a）原图 （b）"替换颜色"后

图 8.3.23 "替换颜色"对话框 图 8.3.24 "替换颜色"的效果示例

### 8.3.10 可选颜色

可选颜色校正是高端扫描仪和分色程序使用的一项技术。"可选颜色"命令可以通过图像中限定颜色区域像素点的原色的比例而对图像当中的颜色进行调整，不会影响到其他的颜色。

选择"图像｜调整｜可选颜色"菜单命令，即可弹出"可选颜色"对话框，如图 8.3.25 所示。"可选颜色"使用 CMYK 颜色校正图像，可以将其用于校正 RGB 图像以及将要打印的图像。

在"颜色"下拉列表中可以选择 RGB 模式对应的红绿蓝三色，CMYK 模式对应的青色、洋红、黄色、黑色、白色和中性色来进行调整。

"方法"栏中的"相对"表示是按照 CMYK 总量的原有百分比来调整颜色的。"绝对"是指按 CMYK 总量的绝对值来调整颜色。比如洋红增加原来是 50%，使用"相对"方法设定再增加

图 8.3.25 "可选颜色"对话框

10%，则最终洋红为 50%+（50%×10%）=55%。如果使用"绝对"方法则为 60%。

按图 8.3.25 所示参数，使用可选颜色对一幅 RGB 图像中的红色进行调整的效果如图 8.3.26 所示。红色是由洋红色和黄色叠加得到的，增加洋红色和黄色，图像中的红色分量增加，所以图像中红色的花朵会更鲜艳；由于黄色由红色和绿色叠加得到，红色增加后，黄色花朵也会变得更加鲜艳。

（a）原图 （b）调整后效果

图 8.3.26 "可选颜色"命令的调整效果

## 8.3.11　黑白

"黑白"命令可以将图像调整为具有艺术感的黑白效果，或调整为不同单色的艺术效果。选择"图像｜调整｜黑白"菜单命令，即可弹出"黑白"对话框，如图 8.3.27 所示。此调整命令将彩色图像变为灰度图像，通过各种颜色滑块来调整黑白图像的色调。

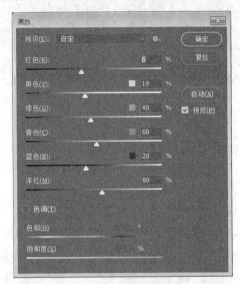

图 8.3.27　"黑白"对话框

选取"色调"复选框后，可激活"色相"和"饱和度"来创建单色效果。也可直接单击"色调"右侧的色块，在弹出的"拾色器"对话框中选择要创建的单色。图 8.3.28 所示的是应用"黑白"命令制作的黑白照片效果和单色调效果。

（a）原图照片　　　　　　　（b）黑白照片　　　　　　　（c）单色调效果

图 8.3.28　"黑白"命令的调整效果

## 8.3.12　通道混合器

"通道混合器"命令通过将当前颜色通道像素与其他颜色通道像素相混合来改变主通道的颜色。它可以创建高品质的灰度、棕色调或其他的彩色图像。

选择"图像｜调整｜通道混合器"菜单命令，即可弹出"通道混合器"对话框，如图 8.3.29（a）所示。在使用通道混合器命令进行调整时，要观察"通道"调节面板中各通道的情况，如图 8.3.29（b）所示。

预设：为系统保留的已调整好的数据。如"使用黄色滤镜的黑白"等。

输出通道：设置要调整的色彩主通道。

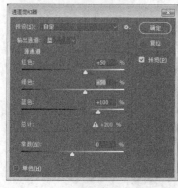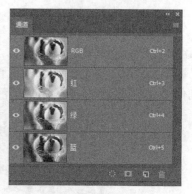

（a）"通道混合器"对话框　　　　　　　　　　　（b）"通道"调节面板

图 8.3.29　"通道混合器"对话框及"通道"调节面板

　　源通道：设置用来混合的颜色通道，可以拖动滑块达到希望的色彩。其结果可以在"通道"调节面板的相应项中反映出来。

　　常数：调整结果通道的亮度，并存储到输出通道。

　　单色：将彩色图像变成灰度图像，而色彩模式不变。

　　应用"通道混合器"命令调整参数如图 8.3.29（a）所示，图像效果如图 8.3.30 所示。

（a）原图　　　　　　　　　　　　　　（b）经"通道混合器"调整后

图 8.3.30　"通道混合器"的效果

### 8.3.13　颜色查找

　　很多图像的输入输出设备都有自己特定的色彩空间，这会导致色彩在这些设备间传递时出现不匹配的现象。"颜色查找"命令可以让颜色在不同的设备之间实现精确的传递和再现。

　　LUT（Look-Up-Table）映射表是连接不同色彩空间的桥梁，可以在不改变原始文件的情况下对不同的显示设备进行色彩校正，将一种设备的色彩快速地映射到另一种设备。三维LUT(3D LUT)的每一个坐标方向都有 RGB 通道，这使得你可以映射并处理所有的色彩信息，无论是存在还是不存在的色彩，或者是那些连胶片都达不到的色域。

　　使用颜色查找功能，配合模板使用，可以快速制作出照片的多种颜色效果，这样就能从中选取适合的样式来使用。颜色查找对话框如图 8.3.31 所示。在 3D LUT 文件的下拉列表中有许多预设的颜色模板，如图 8.3.32 所示，可以快速创建图像的不同颜色版本。颜色查找的色彩调整效果如图 8.3.33 所示。

　　用户可以从网络上下载 LUT（Lookup Table）文件，将文件夹复制到 Photoshop 安装目录的 "Presets>3DLUTs" 文件夹里，它们就会出现在面板列表里以供使用。

图 8.3.31　"颜色查找"对话框　　　　　　图 8.3.32　3D LUT 文件的预设列表

（a）原图　　　　　　　　　　　　（b）应用 Candlelight.CUBE

（c）应用 Crisp_Winter.look　　　　　　　（d）应用 LateSunset.3DL

图 8.3.33　"颜色查找"的调整效果

## 8.3.14　HDR 色调

高动态范围（HDR）图像为我们呈现了一个充满无限可能的世界，因为它们能够表示现实世界的全部可视动态范围。HDR 色调命令可让您将全范围的 HDR 对比度和曝光度设置应用于各个图像，可用来修补太亮或太暗的图像，制作出高动态范围的图像效果。进行 HDR 调整的时候需要把图像的图层合并。

选择"图像｜调整｜HDR 色调"菜单命令，即可弹出"HDR 色调"对话框，如图 8.3.34 所示。调整效果如图 8.3.35 所示。

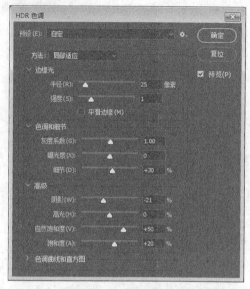

图 8.3.34 "HDR 色调"对话框

(a) 原图　　　　　　　　　　　　　(b) 使用"HDR 色调"调整后

图 8.3.35 "HDR 色调"调整效果

预设：下拉列表是 Photoshop 预设的一些调整效果。

方法：设置调整的方法来得到不同的调整效果。有"局部适应""曝光度和灰度系数""高光压缩""色调均化直方图"4 种方法。

边缘光：用来控制调整范围和调整的应用强度。

色调和细节：用来调整照片的曝光度，以及阴影、高光中的细节显示程度。

高级：用来增加和降低色彩的饱和度。

色调曲线和直方图：显示了照片的直方图，并提供了曲线，可用于调整图像的色调。

# 8.4 应用实例——图像色彩调整命令的综合应用

【实例 1】制作漂亮的金秋背景。

利用图像色彩调整命令将图 8.4.1（a）所示的原图调整为图 8.4.1（b）所示的效果图。

（a）原图　　　　　　　　　　　　　　　　　（b）最终效果图

图 8.4.1　漂亮的金秋背景

① 打开图 8.4.1（a）所示的原始图像文件。

② 执行"图像｜调整｜通道混合器"命令，将图像调整为偏黄色调，调整参数如图 8.4.2 所示。调整效果如图 8.4.3 所示。

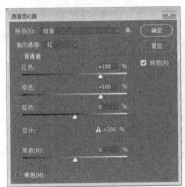
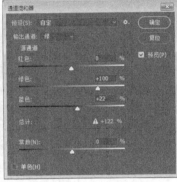
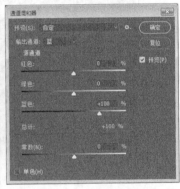

（a）红色通道调整参数　　　　　　（b）绿色通道调整参数　　　　　　（c）蓝色通道调整参数

图 8.4.2　"通道混合器"命令调整参数

图 8.4.3　"通道混合器"调整效果

③ 执行"图像｜调整｜色彩平衡"命令，继续增强黄色。调整参数如图 8.4.4（a）所示，调整效果如图 8.4.4（b）所示。

④ 复制背景层。对复制的图层执行"图像｜调整｜渐变映射"命令，设置渐变类型为橙黄渐变，如图 8.4.5（a）所示。将图层的混合模式设置为叠加，效果如图 8.4.5（b）所示。

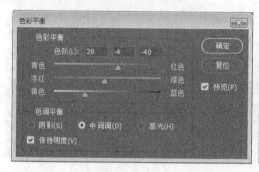

（a）调整参数 （b）调整效果

图 8.4.4 "色彩平衡"调整效果

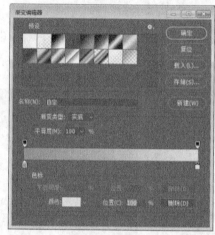

（a）渐变设置参数 （b）调整效果

图 8.4.5 "渐变映射"调整效果

⑤ 盖印图层，执行"滤镜｜模糊｜动感模糊"命令，如图 8.4.6 所示。执行"滤镜｜模糊｜高斯模糊"命令，如图 8.4.7 所示。将图层的混合模式改为"正片叠底"，效果如图 8.4.8 所示。

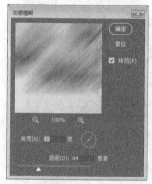
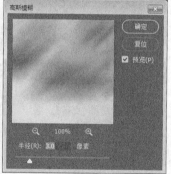

图 8.4.6 "动感模糊"调整参数 　图 8.4.7 "高斯模糊"调整参数

⑥ 输入文字"秋意浓浓"，字体为"华文隶书"；适当调整大小和位置，并为文字添加"外发光"和"斜面浮雕"样式。效果如图 8.4.9 所示。

图 8.4.8  模糊滤镜调整效果

图 8.4.9  输入文字效果

【实例 2】仿旧照片制作。

将图 8.4.10（a）所示的普通照片仿旧处理，效果如图 8.4.10（b）所示。

（a）原图

（b）最终效果图

图 8.4.10  仿旧照片处理

① 打开图 8.4.10（a）所示的原始图像文件。执行"滤镜｜模糊｜表面模糊"命令对图像适当模糊，调整参数如图 8.4.11 所示。执行"图像｜调整｜去色"命令将图像转变为黑白图像，效果如图 8.4.12 所示。

图 8.4.11  "表面模糊"调整参数

图 8.4.12  去色效果图

② 使用"色阶"调整命令，降低图像的亮度。调整参数如图 8.4.13（a）所示，效果如图 8.4.13（b）所示。

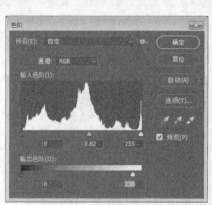

（a）"色阶"调整参数　　　　　　　　　　　（b）色阶调整效果图

图 8.4.13　色阶调整

③ 使用"照片滤镜"命令为图像添加微微泛黄的效果，设置参数和效果如图 8.4.14 所示。

（a）"照片滤镜"设置参数　　　　　　　　　　（b）最终效果图

图 8.4.14　照片滤镜调整

④ 制作边缘的模糊效果。使用椭圆选框工具，设置羽化值为 100，制作如图 8.4.15(a) 所示的选区，执行"滤镜 | 模糊 | 镜头模糊"命令对选区内图像做适当模糊，调整参数如图 8.4.15（b）所示。取消选区。

（a）椭圆选区效果　　　　　　　　　　　（b）"镜头模糊"设置参数

图 8.4.15　边缘模糊效果

⑤ 添加杂色。执行"滤镜｜杂色｜添加杂色"命令，设置参数如图 8.4.16 所示。

⑥ 添加颗粒。复制背景图层，执行"滤镜｜滤镜库｜纹理｜颗粒"，设置参数如图 8.4.17 所示。将图层的混合模式设置为"叠加"，不透明度设置为 40%。

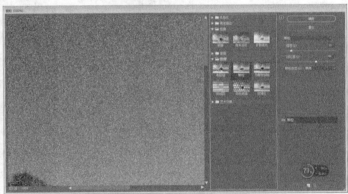

图 8.4.16　"添加杂色"设置参数　　　　　　图 8.4.17　"颗粒"设置参数

⑦ 再次复制背景图层，执行"滤镜｜滤镜库｜纹理｜颗粒"，设置参数如图 8.4.18 所示。将图层的混合模式设置为"变暗"，不透明度设置为 20%，如图 8.4.19 所示。

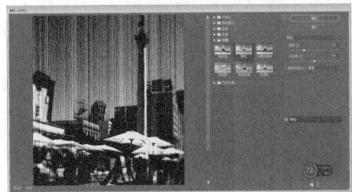

图 8.4.18　"颗粒"滤镜设置参数　　　　　　图 8.4.19　图层面板参数

⑧ 执行"图层 | 新调整图层 | 色彩平衡",再适当增强一些红色和黄色。最终效果如图 8.4.10（b）所示。

# 8.5 习题

## 一、简答题

1. 色彩的三个要素是什么？
2. Photoshop 中支持哪些颜色模式？各有什么特点？
3. 去色、阈值、黑白调整命令有什么区别？

## 二、上机实际操作题

1. 在图 8.5.1 所示的素材上通过色彩调整命令，制作图 8.5.2 所示的效果。

图 8.5.1 素材          图 8.5.2 效果

建议步骤如下。

① 使用"替换颜色"调整命令，选取衣服部分，调大容差，调整颜色色相。
② 再次使用"替换颜色"调整命令，选取包包部分，适当调整容差，调整颜色色相。
③ 使用"色相/饱和度"调整命令，选取"着色"，降低明度，调整色相。

思考：要达到同样的调整效果，还可以怎么做？

2. 校正图像偏色。将图 8.5.3 所示偏色图像校正，使其最终效果如图 8.5.4 所示。

① 使用"色彩平衡"调整命令，将图像中间调和高光部分适当增加蓝色，减少红色。
② 使用"可选颜色"命令，选取"黄色"并适当降低。最终效果如图 8.5.4 所示。

图 8.5.3 素材          图 8.5.4 最终效果

9 Chapter

# 第 9 章
# 图层

　　图层是 Photoshop 图像处理的核心功能之一,它为图像处理提供了极大便利。使用图层可以执行多种任务,如复合多个图像、向图像添加文本或添加矢量图形形状等;还可以应用图层样式添加各种特殊效果,如投影、发光等。当处理某一图层的图像时,其他图层的图像不会受到任何影响。

　　学习要点:

● 创建与编辑图层;
● 图层的变换与修饰;
● 图层样式的应用、图层的混合模式;
● 调整与填充图层;
● 图层复合。

　　建议学时:上课 4 学时,上机 2 学时。

# 9.1 图层基础

图层是 Photoshop 中非常重要的概念，基于图层对图像进行处理可以得到理想的效果，不同类型的图层将实现不同的功能。

### 9.1.1 图层概述

Photoshop 的图层用于存放和处理图像元素，图层具有透明性、叠加性和独立性。

① 透明性。图层如同堆叠在一起的透明纸，每张透明纸即为一个图层，可以透过图层的透明区域看到下面的图层，当上一图层图像包含透明信息时，下一图层图像的内容就会透过上一图层的透明区域显示出来。

② 叠加性。图像元素可以存放在不同图层之上，图像合成是基于图层、自上而下进行叠加的，同一位置的上层图像会遮盖下层图像。

③ 独立性。当处理一个图层上的图像时不会影响到其他图层上的图像，如图 9.1.1 所示。

图 9.1.1　图层与图像的效果

### 9.1.2 图层类型

在 Photoshop CC 中，图层的类型有多种，本章将介绍常用的普通图层、背景图层、图层组、调整图层、填充图层等 5 种类型的图层，而文字图层、形状图层、蒙版图层等将在后续章（节）中详细讲解。下面先介绍普通图层、背景图层和图层组。

① 普通图层。普通图层是最基本最常用的图层，在普通图层上，可以设置图像的混合模式、不透明度和填充以及图层样式等。创建普通图层的操作为：单击图层面板底部的 "创建新图层" 按钮即可，如图 9.1.2 所示。普通图层可以转化为背景图层：选择图层，在系统菜单中，选择 "图层 | 新建 | 背景图层" 命令即可。

图 9.1.2　创建普通图层

② 背景图层。使用 Photoshop 新建文件或打开一个图像文件时，系统将自动创建一个名为"背景"的图层，该图层有一个🔒指示图层锁定图标，该图层不能像普通图层那样进行设置操作，始终在图层的最底层并且是唯一的，不能被调整叠放顺序、混合模式和不透明度等。单击🔒指示图层锁定图标即可将"背景图层"转化为"普通图层"，如图 9.1.3 所示。

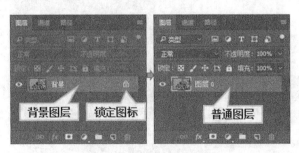

图 9.1.3　背景图层转化为普通图层

③ 图层组。图层组与文件夹的功能相似，用于管理图层，在图层面板中，可将不同类别的图层放到不同组中，便于对多个图层进行整体移动、复制和删除等操作。创建图层组的操作为：单击图层面板底部的▭"创建新组"按钮，或在系统菜单中选择"图层|新建|组"命令即可，如图 9.1.4 所示。

图 9.1.4　创建图层组

## 9.2　图层的基本操作

图层的基本操作包括新建图层、更名图层、显示图层、隐藏图层、复制图层、删除图层和调整图层顺序等，通过创建和编辑图层，可以将图层中的图像修饰得更加理想。

### 9.2.1　"图层"面板概述

"图层"面板列出了当前打开的图像中的所有图层、图层组和图层效果，有关图层的基本操作大多数是基于"图层"面板完成的。例如，使用"图层"面板，创建新图层、显示和隐藏图层、设置图层的不透明度和混合模式以及添加图层样式等；此外，在"图层"面板菜单中也可访问其他命令和选项。

打开"图层"面板操作：在系统菜单中，选择"窗口|图层"命令或按 F7 键即可，如图 9.2.1 所示。

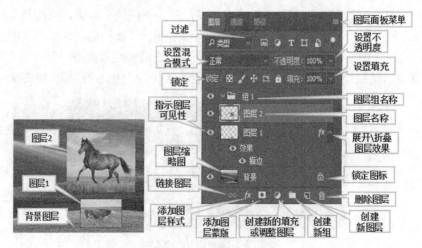

图 9.2.1 "图层"面板

① 图层面板菜单。访问其他命令和选项，如新建图层、删除图层命令等。

② 过滤。使用过滤选项，基于名称、种类、效果、模式、属性或颜色等可快速地在复杂文档中找到关键图层。

③ 设置混合模式与不透明度。在图层面板中，多个图层图像之间是互相覆盖的关系，位于上层图层之中的图像覆盖下层图层的图像，它们的混合（叠加）将形成一种特殊的效果。在 Photoshop CC 软件中，不同图层图像之间的叠加是可以通过设置"不透明度"与"混合模式"实现的。此选项设置当前图层的混合模式与总体不透明度。

④ 锁定。包括 5 个按钮，可分别进行相应的锁定设置，它们分别是：▨锁定透明像素、🖌锁定图像像素、✛锁定位置、🗖防止在画板内外自动嵌套、🔒锁定全部。

⑤ 填充。设置当前图层的内部不透明度。

⑥ 指示图层可见性。◉眼睛按钮用于设置当前图层中的图像是显示或隐藏状态。

⑦ 图层组名称。图层组用于组织和管理图层，双击该组名称可以更改组名称。

⑧ 图层名称。双击该名称可以更改图层名称。

⑨ 展开\折叠图层效果。展开或折叠当前图层中设置的图层效果。

⑩ 图层缩略图。预览图层显示效果。双击"背景"图层缩略图将执行"新建图层"命令；双击非"背景"图层缩略图将执行"图层样式"命令。

⑪ 锁定图标。指示当前图层被部分锁定，不能设置其混合模式或不透明度等。单击该图标，可以解锁以实现将"背景"图层转化为普通图层。

⑫ 🔗 fx ▣ ◉ ◫ 🗂 🗑 这 7 个按钮，单击按钮将执行相应的操作。

### 9.2.2 新建图层

新建图层可以通过直接新建图层或间接创建新图层的方法实现。

**1. 直接新建图层方法**

在图层面板中，单击图层面板底部的"创建新图层"按钮🗂，或在系统菜单中选择"图层 | 新建 | 图层"命令即可。

例 9.1：新建一个图层。打开"Hy6.jpg"素材文件，在图层面板中，单击图层面板底部的"创建新图层"按钮🗂，如图 9.1.2 所示。

**2．间接创建新图层的方法**

间接创建新图层的方法不止一种，可以通过选区创建新图层或通过复制与粘贴创建新图层等。

例题可参看第 4 章中的例 4.1。通过执行复制与粘贴操作之后，在图层面板中，系统自动生成了"图层 1"。

### 9.2.3　更名图层或图层组

创建新图层或图层组后，为图层或图层组设定反映其内容的名称将很有必要，便于在图层面板中识别和查找到相关图层或图层组。下面提供了两种为图层或图层组更名的操作方法。

方法 1：在图层面板中，用鼠标左键双击要更名的图层名称或组名称，在蓝色加亮显示的"名称"文本框内输入新名称，按 Enter 键即可。

方法 2：选择一个图层或组，在系统菜单中，选择"图层 | 重命名图层"命令或选择"图层 | 重命名组"命令，在蓝色加亮显示的"名称"文本框内输入新名称，按 Enter 键即可。

### 9.2.4　为图层或图层组指定颜色

使用颜色对图层或图层组进行标记，同样便于在图层面板中识别和查找到相关图层或图层组。操作方法是：用鼠标右键单击要设定颜色的图层或组，在弹出的快捷菜单中，选择颜色。

例 9.2：设置一个图层的颜色显示。打开"Hy6.jpg"素材文件，在图层面板中，单击图层面板底部的"创建新图层"按钮 ，如图 9.1.2 所示。用鼠标右键单击"图层 1"，在弹出的快捷菜单中，选择"绿色"，如图 9.2.2 所示。

图 9.2.2　设置图层颜色显示

### 9.2.5　图层或图层组的复制与删除

复制图层或图层组能够得到相同的图层与该图层中的图像；删除不再需要的图层或图层组，能够减小处理的图像文件的大小。

**1．图层或图层组的复制操作方法**

方法 1：在图层面板中，选择将要复制的图层或组，按 Ctrl+J 组合键即可。

方法 2：在图层面板中，选择将要复制的图层，按住鼠标左键，将该图层拖曳至图层面板底部的"创建新图层"按钮 之上即可。

方法 3：在图层面板中，用鼠标右键单击将要复制的图层，在系统弹出的快捷菜单中，选择"复制图层"命令，在系统弹出的"复制图层"对话框中，可以设置"复制图层"的名称，单击"确定"按钮即可。

方法 4：在图层面板中选中将要复制的图层，然后在系统菜单中选择"图层 | 复制图层"命令。

**2．图层或图层组的删除操作方法**

方法 1：在图层面板中，选择将要删除的图层或组，按 Delete 键或用鼠标左键单击图层面板底部的"删除图层"按钮 即可。

方法 2：在图层面板中，选择将要删除的图层，按住鼠标左键，将该图层拖曳至图层面板底部的"删除图层"按钮 🗑 之上即可。

方法3：在图层面板中，用鼠标右键单击将要删除的图层，在系统弹出的快捷菜单中，选择"删除图层"命令。

方法4：在图层面板中，选择将要删除的图层，在系统菜单中，选择"图层 | 删除 | 图层"命令。

### 9.2.6 图层的选择、移动和排序

对图层的操作，首先要选中该图层，被选中的图层我们称其为当前图层。因为图层具有叠加性，图像元素可以存放在不同图层之上，图像合成是基于图层自上而下进行叠加的，同一位置的上层图像会遮盖下层图像，所以，有时需要对图层的位置进行调整，即对图层进行移动和排序。

### 1. 图层的选择

被选中的图层将加亮显示。

方法1：在图层面板中，用鼠标左键单击将要选择的图层即可，如图9.2.3所示。

方法2：在工具箱中选择 ✛ 移动工具，在图像窗口中，用鼠标右键单击将要选择的图层区域，在弹出的快捷菜单中，选择图层名称即可，如图9.2.4所示。

图 9.2.3 选择图层　　　　　　　图 9.2.4 选择图层

方法3：在工具箱中选择 ✛ 移动工具，在图像窗口中，用鼠标左键单击将要选择的图层区域即可。这种方法不能选择"背景图层"，如图9.2.5所示。

方法4：在图层面板中，若要选择多个相邻图层，按住Shift键，用鼠标左键单击将要选择的图层即可；若要选择不相邻的图层，按住Ctrl键，用鼠标左键单击将要选择的图层即可。如图9.2.6所示。

图 9.2.5 选择图层　　　　　　　图 9.2.6 选择多个图层

#### 2. 图层的移动

图层的移动是移动图层中的图像，被选中的单个或多个图层，均可移动。操作方法是：在图层面板中或在图像窗口中，选择将要移动的图层，然后在工具箱中选择 ⊕ 移动工具，按键盘上的箭头键可将图层中的图像移动 1 个像素的位置；若按住 Shift 键并按键盘上的箭头键可将图层中的图像移动 10 个像素的位置；也可以在图像窗口中，按住鼠标左键拖曳图层中的图像进行移动。

例 9.3：练习图层的移动。打开"马牛.psd"素材文件，如图 9.2.7 所示，分别移动"图层 1"和"图层 2"到适当的位置，如图 9.2.8 所示。

图 9.2.7　图层的移动　　　　　　　　　图 9.2.8　图层的移动

#### 3. 图层的排序

在图层面板中，图层是按一定的顺序排列的，下面提供了两种更改图层排列顺序的操作方法。

方法 1：在图层面板中，选择将要设置排列顺序的图层或组，按住鼠标左键向上或向下拖曳至图层中的目标位置，当突出显示的线条出现在要放置图层或组的位置时，释放按住的鼠标左键即可，如图 9.2.9 所示。

　　(a) 选择"图层 1"　　　　　　(b) 向上拖曳至"图层 2"　　　　　(c) 图层排序结果

图 9.2.9　图层的排序

方法 2：选择将要设置排列顺序的图层或组，在系统菜单中选择"图层 | 排列"命令，从系统弹出的子菜单中选取一个命令即可。

### 9.2.7 图层的自动对齐

使用"自动对齐图层"命令，可以根据不同图层中的相似内容（如图像中的重叠部分）自动对齐图层；或指定一个图层作为参考图层，也可以让 Photoshop 系统自动选择参考图层，其他图层将与参考图层对齐，使匹配的内容自行叠加，最终得到复合图像。常应用此功能创建全景图。

操作方法：在图层面板中，选择将要设置对齐的图层，在系统菜单中，选择"编辑｜自动对齐图层"命令，系统弹出"自动对齐图层"对话框，如图 9.2.10 所示。

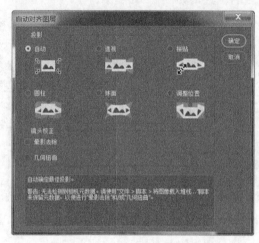

图 9.2.10 "自动对齐图层"对话框

该对话框里各个选项设置的含义如下。

① 自动。选择该单选按钮，系统将分析源图像，自动选择应用"透视"或"圆柱"功能以生成最佳复合图像。

② 透视。选择该单选按钮，系统通过将源图像中的一个图像（默认为中间的图像）指定为参考图像，匹配图层中图像的重叠内容，变换其他图像（如进行位置调整、伸展等），以创建一致的复合图像。

③ 拼贴和调整位置。这两个单选按钮的相同点在于：均可以对齐图层，匹配重叠内容；而其不同点则是：前者不更改图像中对象的形状，后者不会变换任何源图层。

④ 圆柱。选择该单选按钮，通过在展开的圆柱上显示各个图像以减少在"透视"版面中可能出现的扭曲。该选项适合创建宽全景图。

⑤ 球面。选择该单选按钮，将图像与宽视角对齐，指定某个源图像（默认为中间的图像）作为参考图像，并对其他图像匹配重叠的内容，执行球面变换对齐。

⑥ 晕影去除和几何扭曲。这两个复选按钮，均能自动校正镜头缺陷，前者对导致图像边缘或角落比图像中心暗的镜头缺陷进行补偿；后者补偿桶形、枕形或鱼眼失真。

**例 9.4**：制作全景图，如图 9.2.11 所示。打开"park.psd"素材文件，如图 9.2.12 所示；在图层面板中，按住 Ctrl 键，用鼠标左键单击选择 5 个图层，如图 9.2.13 所示；在系统菜单中，选择"编辑｜自动对齐图层"命令，在系统弹出"自动对齐图层"对话框中，选择"自动""晕影去除"和"几何扭曲"选项，如图 9.2.14 所示；单击"确定"按钮，得到全景图。

图 9.2.11 全景图

图 9.2.12 原始图层

图 9.2.13 选择图层

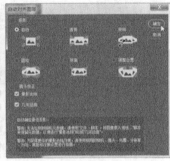

图 9.2.14 "自动对齐图层"对话框

### 9.2.8 图层的链接、对齐和分布

对链接图层进行移动或应用变换等操作，可以提高工作效率——当对建立链接的图层中的任意图层进行某一操作时，其他链接图层将同时进行该操作。可以将两个或更多个图层或组建立链接，链接的图层将保持关联，直至取消它们的链接为止。图层的对齐和分布是对选择的图层按照某个规则重新排列，对齐图层操作至少要选择两个图层，分布图层操作至少要选择 3 个图层。

#### 1. 图层的链接与取消链接

图层的链接操作：在图层面板中，选择将要链接的图层或组，单击图层面板底部的"链接"按钮 ，或在系统菜单中选择"图层 | 链接图层"命令即可，如图 9.2.15 所示。

图 9.2.15 链接图层

取消图层的链接操作：在图层面板中，选择将要取消链接的图层或组，单击图层面板底部的"链接"按钮 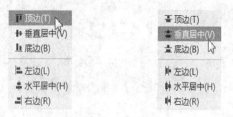，或在系统菜单中选择"图层 | 取消链接图层"命令即可。

### 2. 对齐图层操作

选择将要对齐的图层或组，在系统菜单中选择"图层 | 对齐"命令，在系统弹出的"对齐"子菜单（见图 9.2.16）中选择"顶边""垂直居中""底边""左边""水平居中"或"右边"命令即可。

### 3. 分布图层操作

选择将要分布的图层或组，在系统菜单中选择"图层 | 分布"命令，在系统弹出的"分布"子菜单（见图 9.2.17）中选择"顶边""垂直居中""底边""左边""水平居中"或"右边"命令即可。

图 9.2.16　"对齐"子菜单　　　图 9.2.17　"分布"子菜单

🐛 **注意：**

①通过对齐子菜单与分布子菜单左侧的图标，可以分别看出其对应的图层排列方式。②在 ✣ 移动工具的属性栏中，包含了对齐图层和分布图层操作的全部按钮。

### 9.2.9　图层的隐藏和锁定

在处理图层或图像时，如果要保护某些图层或图层中的图像，可以将其设置为隐藏或锁定。同时，被设置为隐藏的图层，图层中的图像在图像窗口中也将被隐藏。

### 1. 隐藏图层操作

在"图层"面板（见图 9.2.1）中单击图层缩略图左侧的 👁 眼睛图标，在图像窗口中将隐藏该图层中的图像；再次单击 👁 眼睛图标，将恢复图层显示。此外，选择将要隐藏的图层，在"图层"菜单中选取"显示图层"或"隐藏图层"命令也可实现相应操作，如图 9.2.18 所示。

图 9.2.18　设置隐藏图层

**2．锁定图层**

图层可以被完全或部分锁定以保护其内容。部分锁定的图层中，未被锁定的属性仍可进行编辑，其属性包括透明区域、图像和位置等。当图层被锁定后，图层名称的右边会出现一个 🔒 锁图标。

锁定图层操作：选择将要锁定的图层，在"图层"面板中可以单击其中 5 个按钮进行相应的锁定设置，它们分别是：▨ 锁定透明像素、🖌 锁定图像像素、✛ 锁定位置、▢ 防止在画板内外自动嵌套、🔒 锁定全部。再次单击相应的按钮即可解锁。

### 9.2.10　图层的合并

为了减少图像文件的大小以节约存储空间，要将编辑好的多个图层合并为一个图层。系统默认的图层存储文件扩展名为".psd"文件，若不进行合并图层操作，各个图层均可保存在图层文件中，那么图层越多文件将越大。

合并图层操作：选择将要合并的图层，在系统菜单中，选择"图层 | 合并图层"命令即可，如图 9.2.19 所示。

图 9.2.19　合并图层

在合并图层相关命令中：①"合并图层"可以合并选择的所有图层。②"合并可见图层"合并非隐藏图层。③"拼合图层"在合并图层时扔掉隐藏图层，以白色填充所有的透明区域。

### 9.2.11　图层的不透明度与混合模式

在"图层"面板（见图 9.2.1）中可以有多个图层，不同图层中的图像是从上到下覆盖的关系，位于上层图层之中的图像优先显示，将覆盖屏幕中相同区域的下层图像。

各个图层中图像的合成叠加将形成一种特殊的效果，图像的叠加效果是通过设置"不透明度"与"混合模式"实现的。

**1．设置图层的不透明度**

在"图层"面板中，"不透明度"是图层的整体不透明度，用于确定图层中的图像遮蔽或显示其下方图层的程度。图层不透明度为 0，表示该图层完全透明，当前图层中的图像完全消失，下层图层中的图像透过该图层全部显示，若下层图层中无图像，则显示图层的透明区域——▧；图层不透明度为 100%，表示该图层不透明，当前图层中的图像全覆盖下层图层中的图像。设置的整体不透明度作用于图层的任何图层样式和混合模式。

在"图层"面板中，"填充"是图层的内部不透明度，仅影响图层中的像素、形状或文本，而不影响图层效果，如投影、描边等。

**注意：**

不能设置背景图层或锁定图层的不透明度，若要设置，要将背景图层转换为普通图层。

设置不透明度或填充的操作：选择将要设置不透明度的图层，在"图层"面板中的"不透明度"或"填充"右侧的文本框中输入 0~100 之间的数值即可。

例 9.5：将湖水和鱼的图像叠加，设置不透明度效果。打开"LakeFish.psd"素材文件，将图层 1 的不透明度设置为 0%，如图 9.2.20 所示；将图层 1 的不透明度设置为 50%，如图 9.2.21 所示；将图层 1 的不透明度设置为 100%，如图 9.2.22 所示。

图 9.2.20　图像叠加效果　　　图 9.2.21　图像叠加效果　　　图 9.2.22　图像叠加效果

#### 2. 设置图层的混合模式

图层的混合模式确定了当前图层中的图像如何与下层图层中的图像进行混合，设置不同的混合模式可以创建出各种特殊的图像叠加效果。Photoshop CC 2017 提供了"正常""溶解"和"变暗"等共计 27 种混合模式，默认情况下，图层的混合模式是"正常"模式。在每种混合模式中，不同图层上的图像之间的混合比例与不透明度的参数值有关。

设置图层混合模式的操作：选择将要设置混合模式的图层，在图层面板中，单击 正常 设置图层混合模式敏感区域，系统弹出混合模式下拉菜单，如图 9.2.23 所示，在该下拉菜单中，选择需要设置的命令。

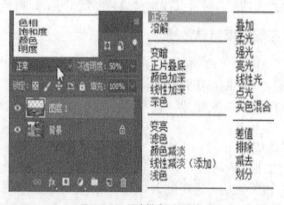

图 9.2.23　混合模式下拉菜单

运用混合模式，会得到不同于不透明度混合的独特画面效果，可用于强化图像细节、强化画面反差、瞬间曝光过度等。

例 9.6：将湖水和鱼的图像叠加，设置混合模式效果。打开"LakeFish.psd"素材文件，将图层 1 的不透明度设置为 100%不变，改变其混合模式后的效果，如图 9.2.24 所示。

| | | |
|---|---|---|
| (a)"溶解"混合模式效果 | (b)"变暗"混合模式效果 | (c)"变亮"混合模式效果 |
| (d)"叠加"混合模式效果 | (e)"差值"混合模式效果 | (f)"明度"混合模式效果 |

图 9.2.24 不同"混合模式"效果

### 9.2.12 图层的修边

在抠图、移动或粘贴选区时，图像边缘周围的一些像素也包含在图像内，在图像边缘周围产生不需要的黑色或白色等原图像环境下的杂边或晕圈，影响抠出图像的质量，需要再次处理。使用图层的"修边"命令可以处理不想要的边缘像素，该命令包含"颜色净化""去边""移去黑色杂边"和"移去白色杂边"4 个子命令，其中：

① "颜色净化"命令是将图像边缘像素中的背景色替换为附近完全选中的像素的颜色。

② "去边"命令是将图像边缘像素的颜色替换为距离不包含背景色选区的边缘较远的像素的颜色。

③ 当抠出的图像有黑色或白色杂边时，使用"移去黑色杂边"或"移去白色杂边"命令最为有效。

"颜色净化"命令操作方法：在图层面板中，为将要修边的图像选区添加图层蒙版，然后选择该图层，在系统菜单中选择"图层 | 修边 | 颜色净化"命令，在系统弹出的"颜色净化"对话框中设置从图像移去的彩色边数量即可。

"去边"命令操作方法：在图层面板中，选择将要修边的图像图层，在系统菜单中选择"图层 | 修边 | 去边"命令，然后在系统弹出的"去边"对话框中设置去边宽度即可。

"移去黑色杂边"和"移去白色杂边"命令操作方法：在图层面板中，选择将要修边的图像图层，在系统菜单中选择"图层 | 修边 | 移去黑色杂边"或"移去白色杂边"命令即可。

例 9.7：一个抠出的大牛和小牛图像的边缘，有细小的白边仍然残留，使用图层修边功能进行处理。打开"大黄牛.psd"素材文件，在图层面板中，选择图层 1，如图 9.2.25 所示；在系统菜单中，选择"图层 | 修边 | 去边"命令；在"去边"对话框中，设置去边宽度为 1 后单击"确定"按钮。去边后的图像效果如图 9.2.26 所示。

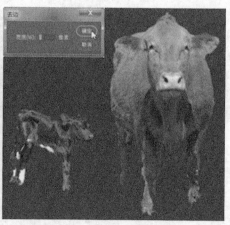

图 9.2.25　原图像效果　　　　图 9.2.26　"去边"后效果

## 9.3 图层样式的应用

　　Photoshop 提供了各种效果来更改图层中图像的外观，如投影、描边、光泽、阴影、斜面和浮雕等。应用图层样式就是为图层中的图像添加 Photoshop 提供的各种效果，使图像更酷更炫。使用"图层样式"对话框，可以创建新的图层样式并对其进行保存、修改等操作。

　　Photoshop CC 2017 的"图层样式"对话框中，提供了斜面和浮雕、描边、内阴影、内发光、光泽、颜色叠加、渐变叠加、图案叠加、外发光和投影共 10 种图层样式用于制作图像效果，如图 9.3.1 所示。它是一个集成图层效果命令与设置的操作平台，其中：

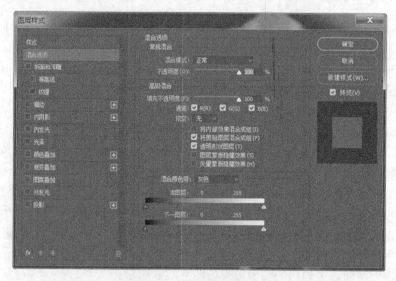

图 9.3.1　"图层样式"对话框

　　① 混合选项。设置图像的混合模式、不透明度等一系列参数。
　　② 斜面和浮雕。设置图像的高光与阴影的各种组合，制作三维立体效果。
　　③ 描边。使用颜色、渐变或图案等在当前图像上描画边缘的轮廓。

④ 内阴影。在图像的边缘内添加阴影，使图像具有凹陷外观。

⑤ 外发光和内发光。设置图像的外边缘或内边缘发光的效果。

⑥ 光泽。设置图像的内部阴影、光泽质感。

⑦ 颜色、渐变和图案叠加。用颜色、渐变或图案填充图像。

⑧ 投影。在图像的后面添加阴影效果。

在"图层样式"对话框中单击复选框可应用当前设置，而不显示效果的选项。单击效果名称可显示效果选项。注意：不能将图层样式应用于背景图层或锁定的图层或组。

### 9.3.1  添加图层样式

添加图层样式的操作是：①在图层面板中，选择将要添加图层样式的图层。②在图层名称的外部双击该图层或单击图层面板底部的添加图层样式按钮 *fx*，从弹出的快捷菜单中选取效果，或在"样式 | 图层样式"子菜单中选取效果。③在"图层样式"对话框中设置效果选项。④单击"确定"按钮。

例 9.8：在例 9.7 的基础上，分别为图像添加图 9.3.2 所示的图层样式应用效果。

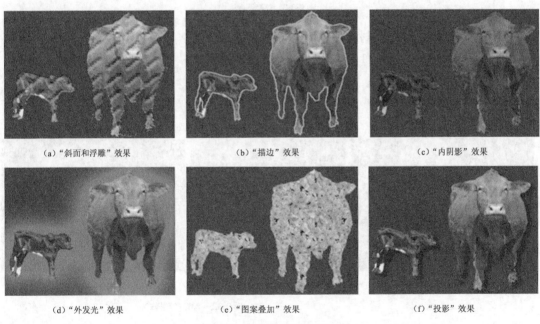

(a)"斜面和浮雕"效果          (b)"描边"效果          (c)"内阴影"效果

(d)"外发光"效果          (e)"图案叠加"效果          (f)"投影"效果

图 9.3.2  不同图层样式的应用效果

### 9.3.2  复制与清除图层样式

若要对多个图层应用已经设置好的图层样式，使它们具有相同的效果，使用"拷贝图层样式"和"粘贴图层样式"命令即可，不必进行重复设置，从而可提高工作效率。若有的图层样式不再需要，使用"清除图层样式"命令即可删除。

复制图层样式操作：①在图层面板中，用鼠标右键单击包含将要复制图层样式所在的图层。②在系统弹出的快捷菜单中，选择"拷贝图层样式"命令。③在图层面板中，用鼠标右键单击目标图层。④在系统弹出的快捷菜单中，选择"粘贴图层样式"命令即可。

清除图层样式操作：在图层面板中，用鼠标右键单击将要删除图层样式所在的图层，在系统弹出的快捷菜单中，选择"清除图层样式"命令即可。

例 9.9：将例 9.8 中添加的"斜面和浮雕"效果，复制到"绵羊.psd"素材的"图层 1"中，然后删除此图层样式。

操作步骤为：

① 在图层面板中，用鼠标右键单击"图层 1"，在系统弹出的快捷菜单中，选择"拷贝图层样式"命令，如图 9.3.3 所示。

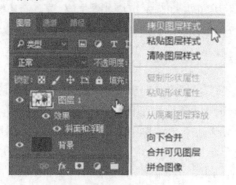

图 9.3.3　复制图层样式

② 打开"绵羊.psd"素材，如图 9.3.4 所示，选择"绵羊.psd"素材所在窗口为当前窗口，用鼠标右键单击"图层 1"，在系统弹出的快捷菜单中，选择"粘贴图层样式"命令，如图 9.3.5 所示。

③ 用鼠标右键单击图层 1，在系统弹出的快捷菜单中，选择"清除图层样式"命令，图像效果如图 9.3.4 所示。

（a）选择"粘贴图层样式"命令　　　　　（b）粘贴图层样式后的效果

图 9.3.4　原图像　　　　　　　　　图 9.3.5　粘贴图层样式

# 9.4　调整图层与填充图层

调整图层和填充图层的共同点是均要创建一个图层用于处理图像，均可使用图层面板底部的创建新的填充和调整图层按钮 ◐ 创建。

## 9.4.1　调整图层

调整图层可将颜色和色调调整应用于图像，并应用于该图层下面的所有图层，而不会永久更改像素值。例如，创建"色阶"或"曲线"调整图层，不直接在图像上调整"色阶"或

"曲线"，结果存储在调整图层中并将应用于该图层下面的所有图层，即通过一次调整来校正多个图层，不用单独对每个图层进行调整；不需要时，可以随时删除或更改并恢复原始图像。

　　创建调整图层的操作方法：打开要处理的图像，在图层面板中，单击图层面板底部的创建新的填充和调整图层按钮 ，选择弹出下拉菜单中的命令，在其面板中进行设置即可。

　　**例 9.10：**使用调整图层，调整图像的亮度和对比度。打开"mmd.jpg"素材文件，如图 9.4.1 所示；单击图层面板底部的创建新的填充和调整图层按钮，选择弹出菜单中的"亮度/对比度"命令；在"亮度/对比度"面板中，设置亮度值为 70，对比度值为−23，如图 9.4.2 所示。

（a）参数设置　　　　　　　　　　（b）调整后的效果

图 9.4.1　原图像　　　　　　　图 9.4.2　使用调整图层调整图像

## 9.4.2　填充图层

　　填充图层可以用纯色、渐变或图案填充图层，它与调整图层不同，填充图层不影响下面的图层。创建填充图层后，在图层面板中，改变混合模式或不透明度，可以创建出特殊的图像叠加效果。填充图层可以被删除和修改。

　　创建填充图层的操作方法：打开要处理的图像，在图层面板中，单击图层面板底部的创建新的填充和调整图层按钮，选择弹出下拉菜单中的命令，在其面板中进行设置即可。

　　**例 9.11：**创建填充图层，添加"渐变填充"并设置，将湖水变为美丽的蓝色，如图 9.4.3 所示。打开"Niagara.jpg"素材文件，如图 9.4.3（a）所示；设置"前景"颜色，如图 9.4.4 所示；单击图层面板底部的创建新的填充和调整图层按钮，选择弹出菜单中的"渐变"命令；在"渐变填充"对话框中，设置"渐变"为"前景色到透明渐变"，单击"确定"按钮，如图 9.4.5 所示；设置"图层"面板中的"混合模式"为"叠加"，叠加后的效果如图 9.4.3（b）所示。

（a）原图像　　　　　　　　　　（b）"渐变填充"后效果

图 9.4.3　创建"填充图层"效果图

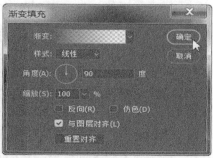

图 9.4.4　拾色器（前景色）　　　　　图 9.4.5　"渐变填充"对话框

# 9.5 图层复合

图层复合是"图层"面板状态的快照，它记录当前图像窗口文件中，所有图层的可见性（图层是显示还是隐藏）、位置（图层在文档中的位置）和外观（是否将图层样式应用于图层和图层的混合模式）。使用图层复合，可以在单个 Photoshop 文件中创建、管理和查看制作版面的多个版本。为了向客户展示多个设计方案，设计师可以使用"图层复合"创建多个页面版式的合成图稿。

创建图层复合操作：选择编辑的图像窗口，在系统菜单中，选择"窗口｜图层复合"命令，单击"图层复合"面板底部的创建新的图层复合按钮 ，在"新建图层复合"对话框中，命名该复合，添加说明性注释并选取要应用于图层的选项（"可见性""位置"和"外观"），单击"确定"按钮即可。一个图层面板的状态，被记录在创建的图层复合中。

应用并查看图层复合操作：在"图层复合"面板中，要查看应用图层复合，可单击选定复合名称左边的图层复合图标 ；要将文档恢复到在选取图层复合之前的状态，单击面板顶部 最后的文档状态 左边的 图标。

例 9.12：练习创建和查看图层复合操作。①打开"马牛羊.psd"素材文件，如图 9.5.1 所示；②创建图层复合 1：在图层面板中，隐藏图层 3，在系统菜单中，选择"窗口｜图层复合"命令，单击"图层复合"面板底部的创建新的图层复合按钮 ，在"新建图层复合"对话框中，选中"可见性"复选框，单击"确定"按钮，如图 9.5.2 所示；③创建图层复合 2：隐藏图层 2，单击"图层复合"面板底部的创建新的图层复合按钮 ，单击"确定"按钮，如图 9.5.3 所示；④查看新建的两个图层复合面板状态：单击"图层复合 1"左边的图层复合图标 ，如图 9.5.2 所示，单击"图层复合 2"左边的 图层复合图标，如图 9.5.3 所示。

图 9.5.1　初始文档状态

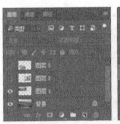
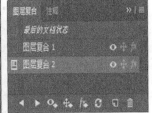

图 9.5.2　图层复合 1 记录面板状态　　　　　　图 9.5.3　图层复合 2 记录面板状态

# 9.6　应用实例——图层在合成图像中的应用

　　本实例制作的是"买菜归来"图像的合成效果，其效果主要由"菜市部"背景图像、"买菜人"和"蔬菜篮"图像组合而成，如图 9.6.1 所示。在制作过程中，需要打开图像素材，练习使用快速选择工具或魔棒工具、创建图层、图层修边、图像变换、变形、图层蒙版、图层合成、图层样式、创建调整图层，对图像的颜色和色调进行色相与饱和度调整等操作。

图 9.6.1　"买菜归来"合成图像效果

操作步骤如下。

① 打开"菜市部.jpg""买菜人.psd"和"蔬菜篮.psd"素材文件，如图 9.6.2 所示。

（a）菜市部　　　　　　　　（b）买菜人　　　　（c）蔬菜篮

图 9.6.2　原素材图像

② 选择"买菜人.psd"窗口为当前窗口，在工具箱中，使用"快速选择工具"创建买菜人选区，按 Ctrl+C 组合键，将买菜人图像抠取出来。

③ 选择"菜市部.jpg"窗口为当前窗口，按 Ctrl+V 组合键，按 Ctrl+T 组合键，调整"买菜人"图像位置、大小，按 Enter 键。选择"图层｜修边｜去边"命令，在"去边"对话框中，设置去边宽度为 1，单击"确定"按钮，合成图像如图 9.6.3 所示。

④ 选择"蔬菜篮.psd"窗口为当前窗口，重复第 2 和第 3 步操作，选择"编辑｜变换｜变形"命令，将蔬菜篮扭曲变形，如图 9.6.4 所示；单击图层面板底部的添加图层蒙版按钮 🔲，为蔬菜篮图层添加图层蒙版，选择 ✏ 画笔工具，用黑色的画笔将买菜人的手和风衣涂抹出来，如图 9.6.5 所示。

图 9.6.3 买菜人合成图像

图 9.6.4 蔬菜篮合成图像

图 9.6.5 涂抹出买菜人的手和风衣

⑤ 在图层面板中，选择图层 2 和图层 1，选择"图层｜合并图层"命令，将图层 2 和图层 1 合并为一个图层，并将图层名称改为"提篮子人"；双击"提篮子人"缩略图，打开"图层样式"对话框，选择"投影"效果，设置混合模式为"正片叠加"，角度为 145°，距离为 20 像素，大小为 7 像素，单击"确定"按钮。

⑥ 在工具箱中，选择 🅣 横排文字工具，在文档中插入文字"买菜归来"。

⑦ 单击图层面板底部的创建新的填充和调整图层按钮 ◑，选择弹出菜单中的"色相/饱和度"命令，设置色相值为+13，饱和度值为+13，明度值为+10。完成后的图像效果如图 9.6.1 所示。

## 9.7 习题

### 一、简答题

1．图层有哪 3 个特性？

2．普通图层与背景图层有何区别？可以相互转换吗？

3．各个图层中图像的合成叠加将形成一种特殊的效果，图像的叠加效果是通过设置哪些选项实现的？

4．不透明度与填充不透明度有何区别？

5．Photoshop CC 2017"图层样式"对话框中，提供了 10 种图层样式用于制作图像效果，请说出其中你可以制作出的 6 种图像效果。

6．调整图层与填充图层有何不同？图层复合有什么用途？

### 二、上机实际操作题

1．利用"渐变叠加"样式，为"彩虹桥"制作多彩景色，如图 9.7.1 所示。

（a）原素材图像　　　　　　（b）蓝、红、黄渐变叠加图像效果　　　　　　（c）色谱叠加图像效果

图 9.7.1　彩虹桥多彩景色

操作步骤：①打开"彩虹桥.jpg"素材文件，如图 1（a）所示。②按 Ctrl+J 组合键复制图层，单击图层面板底部的添加图层样式按钮 fx ，从弹出的菜单中选取"渐变叠加"效果；在弹出的"图层样式"对话框中，设置渐变为"蓝，红，黄渐变"，混合模式为"柔光"，如图 1（b）所示。③设置渐变为"色谱渐变"，混合模式为"柔光"，如图 1（c）所示。

2．制作金属质感字效果，如图 9.7.2 所示。

方法：打开"星空 1.jpg"素材作为背景，创建文字，创建新的填充，渐变叠加，栅格化图层样式，设置图层样式中的斜面和浮雕、内阴影、光泽、渐变叠加、外发光等效果。

图 9.7.2　金属字效果

Chapter

# 10

# 第 10 章
# 通道

前面已经学习了利用通道存储和载入选区的方法。通道还有多种用途，如建立精确选区用于抠图，特别是能够抠出婚纱图像、图像与背景接近的情况和飘逸的头发丝图像等；查看精确的图像颜色信息用于调整图像颜色等。总之，一些图像处理的高级应用是离不开通道的。

学习要点：

● 了解通道的作用；
● 掌握通道的类型；
● 掌握通道的基本使用方法。

建议学时：上课 2 学时，上机 2 学时。

# 10.1 通道概述

通道是存储图像选区和图像颜色信息等不同类型信息的灰度图像。

Photoshop 通道的类型主要有 3 种：颜色通道、专色通道和 Alpha 通道。一个图像最多可以有 56 个通道，所有的新通道都具有与原图像相同的尺寸和像素数目。

在存储通道信息时，要选择正确的格式存储文件，否则可能会导致通道信息丢失。欲保留颜色通道信息，要选择支持图像颜色模式的格式存储文件；欲保留 Alpha 通道信息，要选择以 Photoshop、PDF、TIFF、PSB 或 Raw 格式存储文件；欲保留专色通道信息，要选择以 DCS 2.0 格式存储文件。

通道所需的文件大小，由通道中的像素信息决定，某些文件格式将压缩通道信息并且可以节约空间，例如 TIFF 和 Photoshop 格式等。若要查看包含 Alpha 通道和图层的未压缩文件的大小，可以单击图像文档窗口底部左下角的 ▷ 按钮，选择弹出快捷菜单中的"文档大小"，如图 10.1.1 所示。

图 10.1.1　图像文档窗口

## 10.1.1 颜色通道

颜色通道是在打开新图像时自动创建的，它把打开的图像分为一个或多个颜色成分分开存储，颜色通道的数目是由图像的颜色模式决定的，列举 4 个颜色模式，如表 10.1.1 所示。

表 10.1.1　颜色模式、通道和通道数目

| 颜色模式 | 通道 | 通道数量 |
| --- | --- | --- |
| RGB 颜色 | RGB、红、绿、蓝 | 4 |
| CMYK 颜色 | CMYK、青色、洋红、黄色、黑色 | 5 |
| Lab 颜色 | Lab、明度、a、b | 4 |
| 灰度 | 灰色 | 1 |

在通道中，RGB、CMYK 和 Lab 皆为复合通道，不包含任何信息，只用于预览和编辑颜色通道的快捷方式；其余皆为单色通道，包含了用于显示和打印的图像颜色。在"通道"面板中，单色通道默认显示为灰色，若要以彩色显示单色通道，需要进行 Photoshop 系统设置：在系统菜单中，选择"编辑│首选项│界面"命令，在系统弹出的"首选项"对话框中，选中"用彩色显示通道"复选项即可，如图 10.1.2 所示。

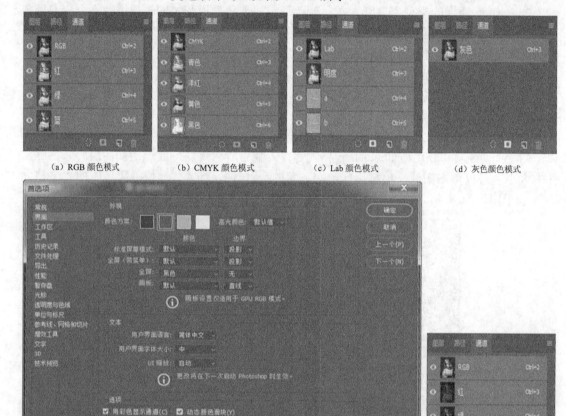

（a）RGB 颜色模式　　　　（b）CMYK 颜色模式　　　　（c）Lab 颜色模式　　　　（d）灰色颜色模式

（e）首选项界面对话框　　　　　　　　　　　　　　　　　　　　　　（f）RGB 颜色模式彩色显示

图 10.1.2　通道面板与首选项界面对话框

## 10.1.2　专色通道

专色通道是用于专色油墨印刷的附加印版。专色是特殊的预混油墨，用于替代或补充印刷色（CMYK）油墨，在印刷时每种专色都要求专用的印版，例如金色、银色等特殊颜色。若要印刷带有专色的图像，则要创建存储这些颜色的专色通道，为了输出专色通道，要将文件以 DCS 2.0 格式或 PDF 格式存储。Alpha 通道可以转换为专色通道。

## 10.1.3　Alpha 通道

Alpha 通道将选区存储为灰度图像。Photoshop 使用 Alpha 通道存储、载入和编辑选区，还可以通过添加 Alpha 通道创建和存储蒙版，使用蒙版处理或保护图像的某些部分。在通道面板中，新创建的通道默认为 Alpha $N$ 通道，$N$ 为自然数，根据创建顺序依次增加，如图 10.1.3 所示。

　　Alpha 通道是一个 8 位的灰度通道，用 256 级灰度记录灰度图像的透明度信息，定义通道中图像的透明、不透明和半透明区域。在通道中编辑图像时，黑色表示未选择区域，白色表示已选择区域，灰色表示部分被选择区域（即羽化区域或过渡区域），因此，使用白色画笔涂抹通道中的图像，可以选择或扩大选择区域；使用黑色画笔涂抹通道中的图像，可以去掉选择或缩小选择区域；使用灰色画笔涂抹通道中的图像，可以羽化或扩大羽化区域。

图 10.1.3　通道面板

　　对于通道中的灰度图像，可以像处理任何其他图像一样，使用工具箱中的工具、滤镜和图像调整等命令进行操作处理。

# 10.2　通道的基本操作

　　通道的基本操作包括通道的创建、复制、删除、存储、分离、合并等。

## 10.2.1　"通道"调节面板

　　"通道"面板列出了当前打开的图像中的所有通道，对于 RGB、CMYK 和 Lab 图像，将复合通道列在最上方，图像通道的缩览图显示在通道名称的左侧，在编辑通道时缩览图会自动更新。有关通道的基本操作大多数是基于"通道"面板完成的。例如，使用"通道"面板，创建新通道、显示和隐藏通道、删除通道等；也可在"通道"面板菜单中访问其他命令和选项。

　　打开"通道"面板操作：在系统菜单中，选择"窗口 | 通道"命令即可，如图 10.2.1 所示。

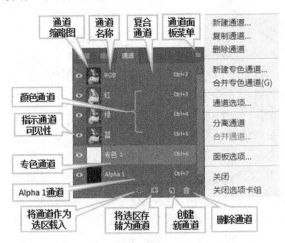

图 10.2.1　"通道"面板

　　在"通道"面板中，若要选择通道作为当前通道，直接单击通道即可，按住 Shift 键单击可以选中多个通道。被选中的通道将以高亮的方式显示。当复合通道被选中时所有颜色通道均将被选中。其他一些操作如下。

① 通道面板菜单。单击按钮 ▤，将打开面板菜单，可以访问其它命令和选项，如新建通道、复制通道等。

② 指示通道可见性。单击图标 ◉，可以使通道在显示与隐藏之间切换，查看通道中图像的内容。复合通道的显示与隐藏将影响所用颜色通道的显示与隐藏；任意一个颜色通道隐藏则复合通道将随着隐藏。

③ 通道名称。可以表示该通道的用途。复合通道和颜色通道的名称不能做更名操作，Alpha 通道和专色通道的名称可以通过双击通道名称更名。

④ 将通道作为选区载入。选择某一通道，单击按钮 ◎，可将通道中白颜色的图像区域作为选区加载到图像中，或按住 Ctrl 键单击该通道即可。

⑤ 将选区存储为通道。若当前通道中的图像存在选区，单击按钮 ▣，系统默认将建立一个新的 Alpha 通道以存储当前的选择区域。若按住 Alt 键时单击按钮 ▣，系统将弹出一个"新建通道"对话框，如图 10.2.2 所示，可以设置新建通道名称、色彩指示等参数。

⑥ 创建新通道。单击按钮 ▣，将创建新的 Alpha 通道。若按住 Alt 键时单击按钮 ▣，系统将弹出一个"新建通道"对话框，如图 10.2.2 所示，可以设置新建通道名称、色彩指示等参数。若按住 Ctrl 键时单击按钮 ▣，系统将弹出一个"新建专色通道"对话框，可以设置新建专色通道名称、密度等参数。

图 10.2.2 "新建通道"对话框

⑦ 删除通道。选择某一通道，单击按钮 🗑，将删除当前所选通道。

### 10.2.2 创建、编辑、复制和删除通道

#### 1. 创建和编辑通道

创建通道是为了存储图像选择区域中的信息，以便于处理图像。创建通道包括创建 Alpha 通道和创建专色通道。

（1）创建 Alpha 通道

单击"通道"面板底部的创建新通道按钮 ▣，默认情况下，新创建的 Alpha 通道在"图像"窗口和"通道"面板中的缩略图均显示为黑色，表示用"被蒙版区域"作为通道的色彩指示。若按住 Alt 键时单击创建新通道按钮 ▣，系统将弹出一个"新建通道"对话框，如图 10.2.2 所示，设置新建通道名称、色彩指示等参数后，单击"确定"按钮即可。当设置色彩指示为"所选区域"单选项时，新创建的 Alpha 通道在图像窗口和通道面板的缩略图均显示为白色，表示用"所选区域"作为通道的色彩指示，如图 10.2.3 所示。无论是白色还是黑色作为通道的色彩指示，通道中所存储的图像选择区域中的信息不变。

图 10.2.3 "通道"面板

（2）创建专色通道

按住 Ctrl 键单击创建新通道按钮 ▣，系统将弹出一个"新建专色通道"对话框，设置新建专色通道名称、密度等参数后，单击"确定"按钮即可。

（3）编辑通道

可以对通道进行编辑操作。例如，编辑颜色通道改变图像的色调，编辑通道的选区制作奇异效果。可以应用选择工具、绘图工具、色调命令和滤镜等编辑颜色通道。

**例**10.1：编辑颜色通道中的选区，改变图像中头发的色调。打开"mm6.jpg"素材文件，如图 10.2.4 所示，在"通道"面板中，选择"红"通道，如图 10.2.5 所示；选择 ![]快速选择工具，建立头发选区，如图 10.2.6 所示；选择"图像｜调整｜亮度/对比度"命令，在弹出的"亮度/对比度"对话框中，设置亮度值为 66，对比度值为 90，单击"确定"按钮；在"通道"面板中，单击 RGB 通道，按 Ctrl+D 组合键，图像效果如图 10.2.7 所示。

图 10.2.4　原图像　　图 10.2.5　"通道"面板　图 10.2.6　"通道"选区　　图 10.2.7　图像效果

### 2. 复制和删除通道

在编辑通道，处理其中的图像时，为了保证原图像的完整性，需要先将通道进行复制，再对复制后的副本进行处理。当处理图像完成之后，对于不需要的通道需要进行删除操作，以释放内存空间。

（1）复制通道的操作方法

方法 1：在"通道"面板中，选择将要复制的通道，按住鼠标左键将该通道拖曳至"通道"面板底部的创建新通道按钮 ![] 之上，释放鼠标左键即可，如图 10.2.8 所示。

图 10.2.8　复制通道过程

方法 2：在通道面板中，用鼠标右键单击将要复制的通道，在系统弹出的快捷菜单中，选择"复制通道"命令，在系统弹出的"复制通道"对话框中，设置复制通道的名称后，单击"确定"按钮即可，如图 10.2.9 所示。

图 10.2.9　"复制通道"对话框

方法 3：在通道面板中，选择将要复制的通道，在"通道"面板的右上方，单击"通道"面板菜单按钮■，在系统弹出的快捷菜单中，选择"复制通道"命令，在系统弹出的"复制通道"对话框中，设置"复制通道"的名称后，单击"确定"按钮即可。

（2）删除通道的操作方法

方法 1：在"通道"面板中，选择将要删除的通道，单击"通道"面板底部的删除通道按钮■，在系统弹出的确认对话框中，单击"是（Y）"按钮即可；若单击"否（N）"按钮则取消本次操作返回。

方法 2：在通道面板中，用鼠标右键单击将要删除的通道，在系统弹出的快捷菜单中，选择"删除通道"命令即可。

### 10.2.3 通道与选区的转换

Photoshop 使用"将选区存储为通道"和"将通道作为选区载入"操作，实现通道与选区之间的相互转换，即将已创建的图像选区，为了以后编辑方便将其存储到 Alpha 通道中，当再次需要使用该选区时，将存储在 Alpha 通道中的选区载入到图像之中即可。

**1．将选区存储为通道操作**

在编辑的图像文件窗口中或在通道中创建图像选区后，在系统菜单中选择"选择丨存储选区"命令，系统弹出"存储选区"对话框，如图 10.2.10 所示。在其中进行参数设置后，单击"确定"按钮，系统将在"通道"面板中，按照参数设置，将图像选区存储在已有的 Alpha 通道中或创建 Alpha 通道存储图像选区。

或按照 10.2.1 节中的方法操作。

**2．将通道作为选区载入操作**

方法 1：在"通道"面板中，选择存储图像选区的 Alpha 通道，单击通道面板底部的将通道作为选区载入按钮■即可。

方法 2：在"通道"面板中，按住 Ctrl 键单击存储图像选区的 Alpha 通道即可。

方法 3：在"通道"面板中，选择存储图像选区的 Alpha 通道，在系统菜单中选择"选择丨载入选区"命令，系统弹出"载入选区"对话框，如图 10.2.11 所示。在其中进行参数设置后，单击"确定"按钮即可。

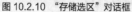

图 10.2.10 "存储选区"对话框

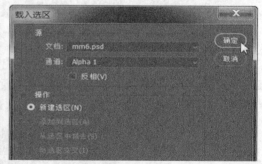

图 10.2.11 "载入选区"对话框

例 10.2：练习选区的存储和载入，即创建颜色通道中的选区，将该选区保存到 Alpha 通道中，存储为 psd 文件，退出，再打开该 psd 文件，载入保存到 Alpha 通道中的选区。打开"mm6.jpg"素材文件，如图 10.2.4 所示，在"通道"面板中，选择"红"通道，如图 10.2.5

所示；选择  快速选择工具，建立头发选区，如图 10.2.6 所示；单击通道面板底部的将选区存储为通道按钮 ，系统默认将建立一个新的 Alpha 通道以存储当前的选择区域，如图 10.2.12 所示；选择"文件 | 存储为"命令，系统弹出"另存为"对话框，设置文件名为"mm6.psd"，单击"保存"按钮；按 Ctrl+W 组合键关闭当前编辑的图像文件；打开"mm6.psd"素材文件；在通道面板中，按住 Ctrl 键单击"Alpha1"通道，如图 10.2.13 所示。

图 10.2.12　"通道"面板　　　　　　图 10.2.13　载入选区图像和通道面板

## 10.2.4　通道的分离与合并

为了便于处理图像，有时需要将一个图像文件的各个通道分开，将每个通道分离为单独的图像文件并拥有独立的文档窗口和"通道"面板，用户可以根据需要对各个分离出来的单独图像文件进行处理，处理完成后，再将分离出来的单独图像文件合成到一个图像文件中，此过程即为通道的分离和合并。

### 1．通道的分离

将通道分离为单独的图像，不仅是为了处理图像的需要，当需要在不能保留通道的文件格式中保留单个通道信息时，分离通道将非常有用。只有拼合图像的通道才能被分离。

当前图像文件窗口被执行"分离通道"操作后，当前图像文件窗口将被自动关闭，每个单个通道中的图像将以单独的灰度图像窗口出现，新窗口中的标题栏显示为"原文件名+—+通道名+@%灰度等信息。可以分别存储和编辑新图像。

分离通道操作：选择将要执行分离通道操作的图像文件窗口为当前窗口，在"通道"面板的右上方，单击"通道"面板菜单按钮 ，在系统弹出的快捷菜单中，选择"分离通道"命令即可。

例 10.3：练习将通道分离为单独的图像。打开"jt1.jpg"素材文件，如图 10.2.14 所示，该图像有红、绿、蓝 3 个颜色通道；在"通道"面板右上方，单击"通道"面板菜单按钮 ，在系统弹出的快捷菜单中选择"分离通道"命令，如图 10.2.15 所示，将通道分离为单独的灰度图像。

图 10.2.14　图像窗口与"通道"面板

（a）红　　　　　　　　（b）绿　　　　　　　　（c）蓝　　　　　　（d）"通道"面板

图 10.2.15　灰度图像与"通道"面板

## 2.　通道的合并

Photoshop 系统可以将多个灰度图像合并为一个图像的通道。要合并的灰度图像必须满足 4 个条件：①图像处于灰度模式。②图像已被拼合，即图像只有一个图层。③图像具有相同的像素尺寸。④图像已经被打开。

要根据已打开的灰度图像的数量，选择合并通道时的颜色模式。例如，若打开了 3 个灰度图像，可以选择合并通道的颜色模式为"RGB 颜色"，将它们合并为一个 RGB 图像；若打开了 4 个图像，可以选择合并通道的颜色模式为"CMYK 颜色"，将它们合并为一个 CMYK 图像。

合并通道操作：在完成了通道的处理后，在"通道"面板右上方，单击"通道"面板菜单按钮，在系统弹出的快捷菜单中，选择"合并通道"命令，在弹出的"合并通道"对话框中，设置模式为适当的颜色模式，单击"确定"按钮。

例 10.4：练习将通道分离为单独的图像后，处理独立的图像，再将通道文件合成到一个图像文件中。在例 10.3 的基础上继续做题，选择"jt1.jpg_绿"图像文件窗口为当前窗口；输入文字"秋天景色"，如图 10.2.16 所示；将背景图层与"秋天景色"图层合并；在"通道"面板右上方，单击"通道"面板菜单按钮，在系统弹出的快捷菜单中选择"合并通道"命令，在弹出的"合并通道"对话框中，设置模式为"RGB 颜色"，单击"确定"按钮，如图 10.2.17 所示；在弹出的"合并 RGB 通道"对话框中，可以进行"指定通道"设置，单击"确定"按钮，如图 10.2.18 所示。合并通道后得到的 RGB 图像，如图 10.2.19 所示。

（a）图像窗口　　　　　　　　　　　　（b）"通道"面板

图 10.2.16　图像窗口和"通道"面板

图 10.2.17　合并通道对话框　　　　　　图 10.2.18　"合并 RGB 通道"对话框

图 10.2.19　合并 RGB 通道后图像效果

## 10.2.5　"应用图像"与"计算"命令

在"通道"面板中，通过设置图层的不透明度与混合模式，可以实现各个图层中图像的合成叠加，形成一种特殊的效果。若要将图像内部和图像之间的通道进行组合以形成新图像或选区，则要使用"应用图像"命令或"计算"命令。

图像中的像素具有色相、亮度和饱和度属性，通道中图像的每个像素都有一个亮度值，"计算"和"应用图像"命令通过处理这些亮度值以生成最终的复合像素，形成新图像或选区。因为这些命令要叠加计算两个或更多通道中的像素，因此，用于计算的图像必须具有相同的像素尺寸。

## 1. 应用图像

使用"应用图像"命令可以混合通道，将一个图像的图层和通道（源）与现用图像（目标）的图层和通道混合，形成新图像。

应用图像操作：①打开源图像和目标图像，在目标图像中，选择所需图层和通道。②选择"图像丨应用图像"命令。③在"应用图像"对话框中，选择源图像、图层和通道，若要使用源图像中的所有图层，选择"合并图层"。设置"混合"选项中的混合模式、不透明度的值等。④单击"确定"按钮。

例 10.5：练习将一个图像与另一个图像中的"红"通道混合，制作一个合成图像。打开"郁金香 1.jpg"和"郁金香 2.jpg"素材文件，如图 10.2.20 所示；选择"郁金香 2.jpg"图像文件窗口为当前窗口；选择"图像丨应用图像"命令，设置源为"郁金香 1.jpg"、通道为"红"、混合为"颜色减淡"，不透明度的值为 90%，如图 10.2.21 所示。单击"确定"按钮，如图 10.2.22 所示。

（a）郁金香 1.jpg  （b）郁金香 2jpg

图 10.2.20　原图像效果

图 10.2.21　应用图像对话框

图 10.2.22　图像效果

## 2. 计算

使用"计算"命令可以混合两个来自一个或多个源图像的单个通道，形成新图像或选区。不能对复合通道应用"计算"命令。

计算操作：①打开一个或多个源图像。②选择"图像丨计算"命令。③在"计算"对话框中，选择第一个源图像、图层和通道，若要使用源图像中的所有图层，选择"合并图层"；选择第二个源图像、图层和通道；设置"混合"选项中的混合模式、不透明度的值等。④单击"确定"按钮。

　　**例** 10.6：练习，在一个图像中使用"计算"命令，建立一个选区，改变图像的色调，如图 10.2.23 所示。①打开"mm12.jpg"素材文件；选择"图像 | 计算"命令，在"计算"对话框中，设置源 1 通道为"红"、源 2 通道为"绿"、混合项为"正片叠底"等各项参数，如图 10.2.24 所示。②单击"确定"按钮，新建选区存储在新建的"Alpha1"通道中，如图 10.2.25 所示。③选择"蓝"通道，按住 Ctrl 键单击"Alpha1"通道，载入选区，隐藏"Alpha1"通道，如图 10.2.26 所示。④设置背景色为白色，按 Ctrl+Delete 组合键，填充选区，如图 10.2.27 所示。按 Ctrl+D 组合键，取消选区。⑤选中 RGB 通道，效果如图 10.2.23（b）所示。保存文件。

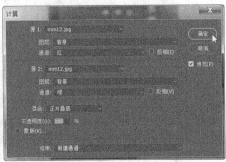

（a）原图　　　　　　　（b）最终效果

图 10.2.23　图像效果　　　　　　　　　　　图 10.2.24　"计算"对话框

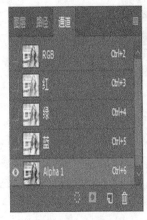

图 10.2.25　通道面板　　　　　图 10.2.26　载入选区　　　　　图 10.2.27　用白色填充选区

# 10.3　应用实例——使用通道抠图更换长发美女背景

　　本实例是使用通道抠图更换长发美女背景，如图 10.3.1 所示。在制作过程中，需要打开图像素材，练习使用通道技术、图像调整技术、减淡和加深工具、创建图层、图层修边、图层复制和钢笔工具等操作。操作步骤如下。

（a）原图像效果　　　　　　　　　　　　（b）最终图像效果

图 10.3.1　图像效果

① 打开"mm10.jpg"素材文件，原图像效果如图 10.3.1（a）所示。

② 创建选区。按 Ctrl+J 组合键，复制背景图层，隐藏背景图层，选择"背景拷贝"图层为当前图层，使用钢笔工具，创建头发丝以外的人体轮廓图像选区，如图 10.3.2 所示。按 Ctrl+Enter+J 组合键，将路径选区转换为选区边界。

图 10.3.2　图像选区和通道面板

③ 使用颜色通道，查找通道图像与背景反差最大者。切换到"通道"面板，经检查，发现"绿"通道图像与背景反差最大，在"绿"通道上单击鼠标右键选择"复制通道"命令，将"绿"通道副本命名为"绿拷贝"，单击选择"绿拷贝"通道，按 Shift+F5 组合键，设置"填充"对话框中的内容为"黑色"，单击"确定"按钮；按 Ctrl+D 组合键，取消选区，如图 10.3.3 所示。

（a）"通道"面板　　　　　　（b）"填充"对话框　　　　　　（c）图像效果

图 10.3.3　"通道"面板、"填充"对话框和图像效果

④ 使用"色阶"等操作制作出发丝选区。按 Ctrl+I 组合键，选择"反相"操作；按 Ctrl+L 组合键，使用"色阶"命令，向右移动输入色阶黑色滑块，将其值设为"129"，向左移动输入色阶白色滑块，将其值设为"170"，单击"确定"按钮。可以使用减淡工具和加深工具涂抹边缘区域，使白色更白，黑色更黑，如图 10.3.4 所示。

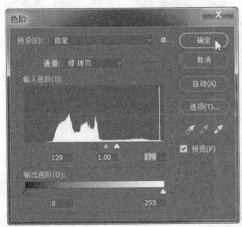

（a）"色阶"对话框　　　　　　　　　　　　　　（b）图像效果

图 10.3.4　"色阶"对话框和图像效果

⑤ 制作抠图选区。单击 RGB 通道，隐藏"绿拷贝"通道，按住 Ctrl 键单击"绿拷贝"通道，载入选区，如图 10.3.5 所示；按 Ctrl+C 组合键，复制选区。

（a）"通道"面板　　　　　　　　　　　　　　（b）图像选区效果

图 10.3.5　"通道"面板和图像选区效果

⑥ 制作图像背景，复制图像。选择"文件｜新建"命令，打开并设置"新建"对话框后，单击"确定"按钮，按 Ctrl+V 组合键，粘贴选区，如图 10.3.6 所示。

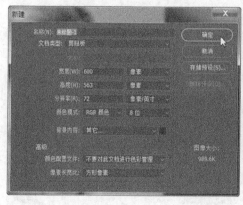 

(a)"新建"对话框      (b)图像效果

图 10.3.6 新建对话框和图像效果

⑦ 对抠出的图像，进行去除白边处理。选择"图层｜修边｜去边"命令，在"去边"对话框中设置宽度为 1，如图 10.3.7 所示，单击"确定"按钮，最终图像效果如图 10.3.1（b）所示。

图 10.3.7 "去边"对话框

⑧ 存储文件。选择"文件｜存储"命令，在"另存为"对话框中设置"保存类型"和"文件名"等，单击"保存"按钮即可。

# 10.4 习题

## 一、简答题

1. 简述通道的作用。

2. 简述通道的主要类型及其用途。

3. 简述在"通道"面板菜单中访问不到，并且按钮中也没有的通道基本操作命令是什么？有什么用途？

## 二、上机实际操作题

1. 制作色光三原色图，如图 10.4.1 所示。新建一个文件，设置"颜色模式"为 RGB 颜色、"背景内容"为黑色。分别在"红""绿"和"蓝"通道中绘制出有重叠区域的白色圆形。

(a)"通道"面板      (b)图像效果

图 10.4.1 通道面板和图像效果

2．使用通道计算磨皮方法制作美白效果，如图 10.4.2 所示。当下比较时髦的"通道计算磨皮方法制作"特点是非破坏性制作且保留制作细节，其原理是利用通道单一颜色的特点，使用"高反差保留"滤镜和多次"计算"得到皮肤瑕疵区域的选区，对该选区进行亮度、色相、饱和度和对比度等处理，减弱瑕疵与正常皮肤颜色上的差异，进而达到磨皮的效果。

（a）原图像效果　　　　　　　　（b）最终图像效果

图 10.4.2　图像效果

操作步骤如下。

① 打开 "mm88.jpg" 素材文件，原图像效果如图 10.4.2（a）所示。

② 使用颜色通道，查找通道图像与背景反差最大者，复制通道。切换到"通道"面板，经检查，发现"蓝"通道图像与背景反差最大，面部瑕疵较为明显，在"蓝"通道上单击鼠标右键选择"复制通道"命令，将"蓝"通道副本命名为"蓝拷贝"。单击选择"蓝拷贝"通道，显示"蓝拷贝"通道，隐藏"蓝"通道，如图 10.4.3 所示。

（a）图像效果　　　　　　　　（b）"通道"面板

图 10.4.3　图像效果和"通道"面板

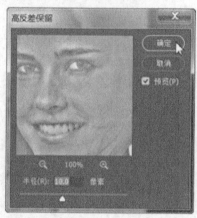

（a）"高反差保留"对话框　　　　　　　（b）图像效果

图 10.4.4　"高反差保留"对话框和图像效果

③ 强化面部瑕疵区域与正常皮肤区域的反差。选择"滤镜 | 其它 | 高反差保留"命令，在"高反差保留"对话框中，设置半径值为 10.0，单击"确定"按钮，如图 10.4.4 所示。

④ 通过"计算"得到非面部瑕疵选区。选择"图像 | 计算"命令，在"计算"对话框中，设置源 1 和源 2 的通道均为"蓝拷贝"，混合为"叠加"，单击"确定"按钮，系统自动添加"Alpha1"通道，如图 10.4.5 所示。

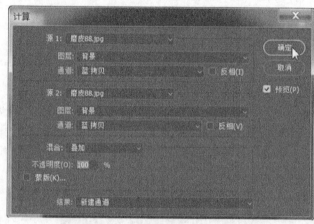

（a）"计算"对话框　　　　　　　　　（b）图像效果

图 10.4.5　"计算"对话框和图像效果

再次选择"图像 | 计算"命令，在"计算"对话框中，设置源 1 和源 2 的通道均为"Alpha1"，混合为"叠加"，单击"确定"按钮，系统自动添加"Alpha2"通道。

⑤ 获得面部瑕疵选区。按住 Ctrl 键单击"Alpha2"通道，载入选区；单击 RGB 复合通道，切换到图层面板，按 Ctrl+Shift+I 组合键，执行"反选"命令，如图 10.4.6 所示。

⑥ 减弱皮肤瑕疵显示。单击图层面板底部的创建新的填充和调整图层按钮，选择弹出下拉菜单中的"曲线"命令，在属性面板中，向上调节曲线形状，伴随着曲线调高，人体加亮，皮肤瑕疵渐渐减弱直至消失，如图 10.4.7 所示。

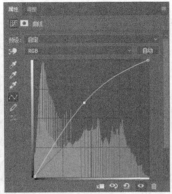

(a)"属性"面板　　　　　　　　　　　(b)图像效果

图 10.4.6　图像选区效果　　　　　　　　图 10.4.7　"属性"面板和图像效果

⑦　使人体的五官和轮廓更加清晰。为"曲线 1"图层添加图层蒙版，用黑色画笔涂抹人体的五官、轮廓、头发等模糊的部位。为了使涂抹部位过渡自然，设置使用柔角画笔、适当降低不透明度和流量，如图 10.4.8 所示。

(a)"图层"面板　　　　　　　(b)图像效果

图 10.4.8　"图层"面板和图像效果

⑧　盖印所有可见图层。按 Shift+Ctrl+Alt+E 组合键，生成"图层 1"图层，检查发现右嘴角边有一小条阴影，显得不美观，使用套索工具绘制出选区，设置适当的羽化值，选择"滤镜｜模糊｜高斯模糊"命令，在弹出的"高斯模糊"对话框中设置适当的半径，将这部分颜色变均匀以去除阴影，如图 10.4.9 所示。按 Ctrl+D 组合键，取消选区。

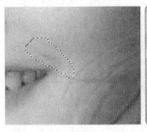

(a)图像选区　　　　　　(b)"羽化选区"对话框　　　　(c)"高斯模糊"对话框

图 10.4.9　图像选区、"羽化选区"对话框和"高斯模糊"对话框

⑨ 智能锐化图像。图像经过一系列的处理之后，损失了部分细节，需要对图像进行智能锐化处理。选择"滤镜｜锐化｜智能锐化"命令，在弹出的"智能锐化"对话框中，设置适当的值，还原部分损失的细节，如图 10.4.10 所示。

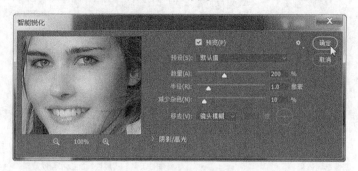

（a）"智能锐化"对话框

（b）原图像效果 　　　　　　　　　　　　　　　　（c）最终图像效果

图 10.4.10 "智能锐化"对话框和图像效果

Chapter

11

# 第 11 章
# 蒙版

蒙版是抠图和图像合成常用的方法。通过蒙版，对图像可以进行反复编辑而不破坏原图像，这种编辑方式被称为非破坏性编辑。若对蒙版调整的图像不满意，可以删除蒙版，原图像将会重现。蒙版真是神奇的工具！灵活应用蒙版与选区，可以创作出丰富多彩的图像效果。

学习要点：

● 理解蒙版的概念；
● 掌握快速蒙版、图层蒙版、矢量蒙版和剪贴蒙版的创建与编辑方法；
● 熟练掌握蒙版在抠图与合成图像中的应用。

建议学时：上课 2 学时，上机 1 学时。

# 11.1 蒙版以及快速蒙版

蒙版是一种专用的选区处理工具，可以使指定的区域不被编辑，起到屏蔽保护的作用。使用快速蒙版可以在图像中建立选区，制作出预想的效果，如图 11.1.1 所示。

（a）彩色半调　　　　　　　（b）原图　　　　　　　（c）喷色描边

图 11.1.1　利用快速蒙版制作的图像效果

## 11.1.1　蒙版

蒙版主要用于隔离和保护图像中的指定区域，使其不被编辑，起到屏蔽保护作用，以及处理图像的不透明度，起到显示或隐藏图像的作用。几乎可以使用任何 Photoshop 工具与滤镜编辑蒙版，蒙版共有 4 种类型，分为快速蒙版、图层蒙版、矢量蒙版和剪贴蒙版。

## 11.1.2　快速蒙版

所谓的快速蒙版，即建立"快速蒙版模式"将选区转换为蒙版，以便轻松地编辑图像。快速蒙版将作为带有可调整的不透明度的颜色叠加出现。可以使用任何绘画工具编辑快速蒙版或应用滤镜效果。当"快速蒙版模式"退出之后，蒙版将转换为图像上的一个选区。

快速蒙版的应用分为 4 步完成：①对打开的图像，使用 Photoshop 工具建立选区。②单击工具箱底部的 "以快速蒙版模式编辑"按钮 或按 Q 键，使 Photoshop 进入快速蒙版模式编辑状态。③编辑快速蒙版。④按 Q 键退出"快速蒙版模式编辑"状态。

**例 11.1**：通过快速蒙版和使用描边滤镜，为图像设置"喷色描边"效果，如图 11.1.1 所示。

打开"荷花.jpg"材文件，使用"椭圆选框工具"选出要保留的荷花部分，如图 11.1.2 所示；按 Q 键进入快速蒙版模式编辑状态，如图 11.1.3 所示；选择"滤镜｜滤镜库｜画笔描边｜喷色描边"，设置描边长度为 19、喷色半径为 24，编辑窗口如图 11.1.4 所示；单击"确定"按钮，如图 11.1.5 所示；按 Q 键退出快速蒙版模式编辑状态，如图 11.1.6 所示；按 Shift+Ctrl+I 组合键执行反选命令，按 Alt+E+E 组合键或选择"编辑｜清除"执行清除命令，按 Ctrl+D 组合键执行取消选择命令，得到的最终效果如图 11.1.7 所示。

图 11.1.2　选区　　　　　　　图 11.1.3　进入快速蒙版模式

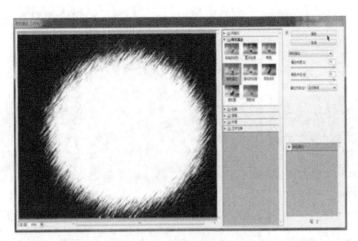

图 11.1.4　设置参数

图 11.1.5　单击"确定"按钮

图 11.1.6　退出快速蒙版模式

图 11.1.7　最终效果

# 11.2 图层蒙版

图层蒙版是与分辨率相关的位图图像，可使用绘画或选择工具进行编辑。

## 11.2.1 图层蒙版

图层蒙版又是一种灰度图像，用黑色绘制的区域将被隐藏，用白色绘制的区域是可见的，用灰度梯度绘制的区域则会出现在不同层次的透明区域中。图层蒙版常用于图像合成或抠图。

图层蒙版是基于图层建立的，在使用图层蒙版时，可以通过改变当前区域的黑白灰程度，反复编辑图像而不破坏原图像，使编辑图像和创建复杂选区变得简单而灵活。

创建图层蒙版：在"图层"面板中，选择图层或组，单击"图层"面板底部的 "添加图层蒙版"按钮 ■ ，选择"图层 | 图层蒙版 | 显示全部"，或选择"图层 | 图层蒙版 | 显示选区"即可。

图层蒙版的删除等操作，在"蒙版"属性面板中讲解。

例 11.2：通过建立图层蒙版，将钢琴湖图像与大雁图像合成，效果如图 11.2.1 所示。

操作步骤如下。

① 打开"钢琴湖.jpg"和"大雁.jpg"素材文件，如图 11.2.1（a）、（b）所示。

② 选择"大雁"图像窗口为当前窗口，按 Ctrl+A 组合键全选图像，按 Ctrl+C 组合

键复制图像；切换至"钢琴湖"图像处理窗口，按 Ctrl+V 组合键粘贴图像，如图 11.2.2 所示。

（a）钢琴湖　　　　　　　　　　（b）大雁　　　　　　　　（c）钢琴湖与大雁合成效果

图 11.2.1　图像合成效果

③ 按 Ctrl+T 组合键执行"自由变换"命令，将"大雁"图像缩放至适当大小，拖放至适当位置，如图 11.2.3 所示。

④ 在"图层"面板中，选择"图层 1"，单击"图层"面板底部的 "添加图层蒙版"按钮 ▣，为该图层添加蒙版，如图 11.2.4 所示。

图 11.2.2　粘贴图像　　　　　　图 11.2.3　缩放图像　　　　　　图 11.2.4　添加蒙版

⑤ 设置前景色为黑色，选择工具箱中的画笔工具，在工具属性栏中，设置模式为正常，大小为 49 像素，不透明度为 90%，画笔大小可以用"键与"键调整，如图 11.2.5 所示。

⑥ 在图像处理窗口中的图像上涂抹，隐藏不需要的图像。当改变前景色为白色后，涂抹可以恢复隐藏的图像，如图 11.2.6 所示。

⑦ 重复步骤⑥，隐藏所有不需要显示的图像，设置图层面板中的"设置图层的混合模式"为"线性光"。最终效果如图 11.2.7 所示。

图 11.2.5　设置参数　　　　　　图 11.2.6　涂抹　　　　　　　　图 11.2.7　最终效果

## 11.2.2　"蒙版"属性面板

"蒙版"属性面板：提供了用于调整图层蒙版和矢量蒙版的附加控件，包括删除蒙版、设置蒙版的不透明度、羽化范围、翻转蒙版和调整蒙版边界、颜色范围等。

在建立图层蒙版后，双击蒙版缩略图，或选择"窗口｜属性"，或单击 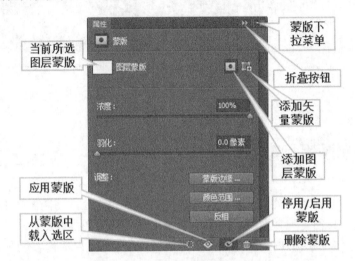 属性图标，弹出的"蒙版"属性面板如图 11.2.8 所示。

图 11.2.8　"蒙版"属性面板

对于当前选择的蒙版：在"图层"面板中，显示了选择的蒙版类型，此时可在"蒙版"属性面板中进行编辑。

① 添加图层蒙版。在"图层"面板中，选择图层或组，单击"图层"面板底部的"添加图层蒙版"按钮，或选择"图层｜图层蒙版｜显示全部"，或选择"图层｜图层蒙版｜显示选区"即可。

② 添加矢量蒙版。在"图层"面板中，选择图层或组，在"蒙版"属性面板中，单击"添加矢量蒙版"按钮，或选择"图层｜矢量蒙版｜显示全部"即可。

③ 浓度。拖动"浓度"滑块可以调整蒙版的不透明度，即蒙版的遮盖强度。到达 100% 的浓度时，蒙版将完全不透明并遮挡图层下面的所有区域。随着浓度的降低，蒙版下的更多区域将变得可见。

④ 羽化。拖动"羽化"滑块可以羽化蒙版的边缘。

⑤ 蒙版边缘。单击该按钮，可以打开"调整蒙版"对话框以修改蒙版边缘，并针对不同的背景查看蒙版。

⑥ 颜色范围。单击该按钮，可以打开"色彩范围"对话框，此时可在图像中取样并调整颜色容差来修改蒙版颜色范围。

⑦ 反相。用于翻转蒙版的遮挡区域。

⑧ 从蒙版中载入选区。单击该按钮，即可载入蒙版中包含的选区。

⑨ 应用蒙版。单击该按钮，将蒙版应用到图像中，同时删除被蒙版遮盖的图像。

⑩ 停用/启用蒙版。单击该按钮，可以停用（或重新启用）蒙版，停用蒙版时，蒙版功能失效，蒙版缩览图上将出现一个红色"×"。

例 11.3：通过建立图层蒙版，将 family3 图像与 flower 图像合成，通过"蒙版"属性面板设置"羽化"值为 53，最终合成效果如图 11.2.9（c）所示。

（a）family3　　　　　　　（b）flower　　　　　　（c）family3 与 flower 合成效果

图 11.2.9　图像合成效果

## 11.3　矢量蒙版和剪贴蒙版

矢量蒙版是与分辨率无关的、从图层内容中剪下来的路径，使图像产生被屏蔽的效果。使用钢笔或形状工具创建矢量蒙版。矢量蒙版也可以转变为图层蒙版。

剪贴蒙版使某个图层的内容来遮盖其上方的图层，剪贴图层的内容仅在基底图层的内容中可见。

### 11.3.1　矢量蒙版

矢量蒙版和剪贴蒙版均用于显示某个图层的指定区域，不同的是矢量蒙版是通过路径使图像产生被屏蔽的效果的。因为矢量蒙版与分辨率无关，所以使用矢量蒙版可以制作出平滑的轮廓，常常被用来制作 Logo 和 Web 图形元素。

添加和编辑矢量蒙版。

**1. 添加矢量蒙版的方法**

① 方法 1：添加矢量蒙版，在"图层"面板中，选择要添加矢量蒙版的图层，选择"图层｜矢量蒙版｜显示全部"。

②方法 2：添加显示形状内容的矢量蒙版，在"图层"面板中，选择要添加矢量蒙版的图层，选择一条路径或使用某一种形状或钢笔工具绘制工作路径。单击"蒙版"面板中的"矢量蒙版"按钮，或选取"图层｜矢量蒙版｜当前路径"。

😮 **注意:**

若要使用"形状"或"钢笔"工具创建路径，则要在工具属性栏中，设置选择工具模式为"路径"。

**2. 编辑矢量蒙版**

①打开"蒙版"属性面板。在建立矢量蒙版后，双击矢量蒙版缩略图，或选择"窗口｜属性"或单击🔳属性图标，即可弹出"蒙版"属性面板，如图 11.2.8 所示。

②在"图层"面板中，选择包含要编辑的矢量蒙版的图层。

③单击"属性"面板中的"矢量蒙版"按钮或"路径"面板中的缩览图，使用形状、钢笔或直接选择工具更改形状。拖动"浓度"滑块调整蒙版的不透明度，拖动"羽化"滑块羽化蒙版的边缘。选取"图层｜矢量蒙版｜停用"或"图层｜矢量蒙版｜启用"，可以设置矢

量蒙版的"停用"与"启用"。

当矢量蒙版处于停用状态时,"图层"面板中的矢量蒙版缩览图上会出现一个红色的"×",并且会显示出不带蒙版效果的图层内容。

将矢量蒙版转换为图层蒙版:选择包含要转换的矢量蒙版的图层,并选取"图层 | 栅格化 | 矢量蒙版"。当矢量蒙版栅格化后,将无法再将其更改回矢量对象。

例 11.4:通过建立矢量蒙版,抠图合成图像,效果如图 11.3.1 所示。

（a）校园一景 1

（b）校园一景 2

（c）合成效果

图 11.3.1　图像合成效果

操作步骤如下。

① 打开"校园一景 1.jpg"和"校园一景 2.jpg"素材文件,如图 11.3.1（a）、（b）所示。

② 选择"校园一景 2"图像窗口为当前窗口,按 Ctrl+A 组合键全选图像,按 Ctrl+C 组合键复制图像;切换至"校园一景 1"图像处理窗口,按 Ctrl+V 组合键粘贴图像;在工具箱中,选择 ✛ 移动工具,将其拖放至当前窗口右下角位置,如图 11.3.2 所示。

③ 在"图层"面板中,选择"图层 1",选择工具箱中的 ✍ 钢笔工具,在工具属性栏中,设置选择工具模式为"路径",沿着标志物的边缘选择如图 11.3.3 所示。

④ 选取"图层 | 矢量蒙版 | 当前路径",为该图层添加矢量蒙版,按 Enter 键确定。效果如图 11.3.4 所示。

图 11.3.2　粘贴图像

图 11.3.3　标志物

图 11.3.4　最终效果

### 11.3.2　剪贴蒙版

剪贴蒙版和矢量蒙版均用于显示某个图层的指定区域,不同的是剪贴蒙版使用某个图层的内容来遮盖其底部图层,使图像产生被屏蔽的遮盖效果。遮盖效果的显示内容由底部图层的内容决定,显示色彩由遮盖图层的色彩决定,剪贴图层中的所有其他内容将被遮盖。

添加和删除剪贴蒙版的方法如下所述。

**1. 添加剪贴蒙版的方法**

① 方法 1:在"图层"面板中,选择要添加剪贴蒙版的图层,选择"图层 | 创建剪贴蒙版"或按 Alt+Ctrl+G 组合键。

② 方法 2：在图层面板上，按住 Alt 键，将鼠标指针放在要添加剪贴蒙版的图层与底部图层之间的分隔线上，当指针由 ![手形] 变为 ![剪贴] 时单击鼠标左键即可。

**注意：**

图层缩略图为 ![缩略图]，添加了剪贴蒙版的图层缩略图为 ![缩略图]。

### 2. 删除剪贴蒙版的方法

①方法 1：在"图层"面板中，选择要删除剪贴蒙版的图层，选择"图层｜释放剪贴蒙版"或按 Alt+Ctrl+G 组合键。

②方法 2：在图层面板上，按住 Alt 键，将鼠标指针放在要删除剪贴蒙版的图层与底部图层之间的分隔线上，当指针由 ![手形] 变为 ![剪贴] 时单击鼠标左键即可。

例 11.5：通过建立剪贴蒙版，不改变文字图层的背景，只改变图像中文字图层的显示效果，如图 11.3.9 所示。

图 11.3.5　校园一景 3　　　　　　　图 11.3.6　放射线

图 11.3.7　输入文字　　　　　图 11.3.8　　　　　图 11.3.9　最终效果

操作步骤如下。

① 打开"校园一景 3.jpg"和"放射线.jpg"素材文件，如图 11.3.5 和图 11.3.6 所示。

② 选择"校园一景 3"图像窗口为当前窗口，选择工具箱中的"横排文字工具"，在工具属性栏中，设置字体为"华文琥珀 Regular"，字号为"800 点"，在当前图像窗口单击鼠标左键，输入文字"CUC"，如图 11.3.7 所示。

③ 选择"放射线"图像窗口为当前窗口，按 Ctrl+A 组合键全选图像，按 Ctrl+C 组合键复制图像；切换至"校园一景 3"图像处理窗口，按 Ctrl+V 组合键粘贴图像，系统自动生成"图层 1"；按 Ctrl+T 组合键自由变换，将其拖放至文字"CUC"图像上，并调整窗口大小，

使"放射线"图像覆盖文字"CUC"图像，如图 11.3.8 所示。

④ 在"图层"面板中，选择"图层 1"，按 Alt+Ctrl+G 组合键添加剪贴蒙版。效果如图 11.3.9 所示。

## 11.4 应用实例——蒙版在合成图像中的应用

蒙版在 Photoshop CC 里的应用相当广泛。通过蒙版，可以实现非破坏性编辑，对图像进行反复编辑而不破坏原图像；若对蒙版调整的图像不满意，删除蒙版，原图像将会重现。下面介绍应用图层蒙版合成一个图像，将一盆多肉植物图像与一个紫砂壶图像合成的操作方法。

① 打开"紫砂壶.jpg"和"多肉植物.jpg"素材文件，如图 11.4.1 和图 11.4.2 所示。

② 选择"多肉植物"图像窗口为当前窗口，按 Ctrl+A 组合键全选图像，按 Ctrl+C 组合键复制图像；切换至"紫砂壶"图像处理窗口，按 Ctrl+V 组合键粘贴图像，系统自动生成"图层 1；按 Ctrl+T 组合键自由变换，将"多肉植物"图像缩放至适当大小，拖放至适当位置，如图 11.4.3 所示。

③ 在"图层"面板中，选择"图层 1"，单击"图层"面板底部的 "添加图层蒙版"按钮 ，为该图层添加蒙版。

图 11.4.1 紫砂壶          图 11.4.2 多肉植物

图 11.4.3 缩放图像          图 11.4.4 添加蒙版          图 11.4.5 最终效果

④ 设置前景色为黑色，选择工具箱中的画笔工具，在工具属性栏中，设置模式为正常，大小为 49 像素，不透明度为 100%。画笔大小可以用"【"键与"】"键调整。

⑤ 在图像处理窗口中的图像上涂抹，隐藏不需要的图像。当改变前景色为白色后涂抹可以恢复隐藏的图像。如图 11.4.4 所示。

⑥ 重复步骤⑤，隐藏所有不需要显示的图像，设置图层面板中的"设置图层的混合模式"为"正常"，最终效果如图 11.4.5 所示。

# 11.5 习题

## 一、简答题

1. 蒙版的作用是什么？

2. 蒙版有哪 4 种类型？

3. 图层蒙版是一种什么样的图像？用什么颜色绘制的区域将被隐藏？用什么颜色绘制的区域是可见的？用什么颜色绘制的区域则会出现在不同层次的透明区域中？

4. 蒙版的主要用途是什么？

## 二、上机实际操作题

1. 制作蝴蝶和花的合成效果。

（1）打开"花朵.jpg"和"蝴蝶.jpg"素材文件，如图 11.5.1（a）、（b）所示。

（2）选择"蝴蝶"图像窗口为当前窗口，按 Ctrl+A 组合键，按 Ctrl+C 组合键；切换至"花朵"图像处理窗口，按 Ctrl+V 组合键；系统自动生成"图层 1"；按 Ctrl+T 组合键，将"蝴蝶"图像缩放至适当大小，拖放至适当位置并旋转。

（3）选择工具箱中的魔棒工具，在"蝴蝶"图像窗口的蓝色区域单击鼠标左键，按Ctrl+Shift+I 组合键执行反选命令。

（4）选择"图层 | 图层蒙版 | 显示选区"命令。合成效果如图 11.5.1（c）所示。

（a）花朵  （b）蝴蝶  （c）合成效果

图 11.5.1　合成效果图

2. 独立完成鱼缸和红月光鱼的合成；在"图层"面板中，设置图层的混合模式为"线性光"，合成效果如图 11.5.2 所示。

（a）鱼缸  （b）红月光鱼  （c）合成效果

图 11.5.2　合成效果图

Chapter

# 12

# 第 12 章
# 滤镜

Photoshop 滤镜专门用于对图像进行各种特殊效果处理。图像特殊效果是通过计算机的运算来模拟摄影时使用的一些摄影技术，并加入美学艺术创作的效果而发展起来的。如今，很多第三方软件公司开发了大量滤镜，效果也非常好。

学习要点：

● 理解滤镜的概念；
● 掌握滤镜的使用方法；
● 熟练掌握滤镜组以及滤镜库中滤镜的使用。

建议学时：上课 2 学时，上机 2 学时。

# 12.1 滤镜概述

滤镜就是特效，学习滤镜除了要熟练掌握滤镜的用途以及各种参数的设置外，还需要一些美术基础和丰富的想象力。滤镜也常常与通道、图层、蒙版等联合使用。可以为图像使用不同的滤镜效果，也可以为图像多次使用同一个滤镜效果。使用多个滤镜时，顺序不同最终的效果也不同。在使用滤镜时，通过适当地改变程序中的控制参数，就可以得到不同程度的特技效果。Photoshop 提供的滤镜都显示在"滤镜"菜单中。

## 12.1.1 Photoshop 滤镜使用方法

Adobe 提供的滤镜显示在"滤镜"菜单中。第三方开发商提供的某些滤镜可以作为增效工具使用。在安装后，这些增效工具滤镜出现在"滤镜"菜单的底部。

Photoshop 将各种特效滤镜分组排列在"滤镜"菜单下。用户可根据需要方便地选择不同的滤镜。使用滤镜时，通过调整滤镜的不同控制参数可调整特效效果。

① 滤镜作用于当前选区、图层、通道。

② 滤镜的处理效果以像素为单位，因此滤镜的处理效果与图像分辨率有关。

③ 滤镜应用于局部图像时，可对选区范围设定羽化值，使处理的区域能自然而渐进地与原图像结合。

④ 在"滤镜"对话框中，按 Alt 键可使"取消"变成"复位"，单击可恢复原来的状态。

⑤ "位图"和"索引颜色"模式下不可使用滤镜。某些滤镜（如画笔描边、素描和艺术效果等）对 CMYK、Lab、16 位/通道模式不能使用。

⑥ 使用 Ctrl+F 组合键可重复执行刚使用过的滤镜命令，但参数不能再调整。使用 Ctrl+Alt+F 组合键，可再次打开上次使用的"滤镜"对话框，并可再次调整参数。

## 12.1.2 调整滤镜预览效果

执行滤镜命令常需要花费很长时间，因此在"滤镜"对话框中提供了预览图像的功能。以下是预览图像的几种方法。

① 大多数滤镜在预览框中可直接看到图像处理后的效果。可用"+"和"–"按钮放大或缩小预览图像，也可用鼠标拖动预览图像的位置。在该对话框中，将鼠标指针移至预览框，则鼠标指针变成手形形状，按住鼠标左键并拖动，即可移动预览框中的图像。

② 调整好各参数后，单击"确定"按钮执行此滤镜命令，单击"取消"按钮则不执行此命令，按住 Alt 键则"取消"按钮变为"复位"按钮，单击它，参数会恢复到上一次设置的状态，如图 12.1.1 所示。

图 12.1.1 滤镜预览

## 12.1.3 智能滤镜

智能滤镜是一种非破坏性滤镜，可以在不破坏图像本身像素的条件下为图层添加滤镜效果。

　　在普通图层中应用智能滤镜，图层将转变为智能对象，此时应用滤镜，将不破坏图像本身的像素。在"图层"调节面板中可以看到该滤镜显示在智能滤镜的下方，如图 12.1.2 所示。

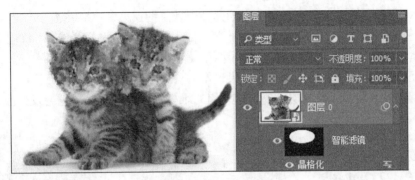

图 12.1.2　智能滤镜

　　单击滤镜前面的眼睛图标 👁，可以设置滤镜效果的显示和隐藏。在所用滤镜的 ☲ 按钮上双击，可打开"混合选项"对话框，在图层中设置混合模式和不透明度，如图 12.1.3 所示。在 ☲ 图标上单击鼠标右键，弹出"智能滤镜"扩展菜单，可实现停用、删除、编辑智能滤镜操作，如图 12.1.4 所示。

　　在智能滤镜蒙版图标上单击鼠标右键，弹出"智能滤镜蒙版"扩展菜单，可实现停用、删除智能滤镜蒙版，或其他滤镜蒙版操作，如图 12.1.5 所示。

 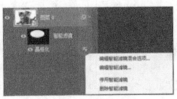 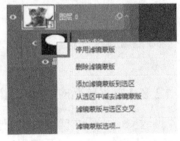

图 12.1.3　混合选项　　　图 12.1.4　"智能滤镜"扩展菜单　　　图 12.1.5　智能滤镜的用法

## 12.2　滤镜库

　　滤镜库可提供许多特殊效果滤镜的预览。使用滤镜库可以同时给图像应用多种滤镜，也可以给图像多次应用同一滤镜或者替换原有的滤镜。在滤镜库中可以方便地应用多个滤镜、打开或关闭滤镜的效果、复位滤镜的选项以及更改应用滤镜的顺序。

　　滤镜库包含了"风格化""画笔描边""扭曲""纹理""素描""艺术效果"等多个滤镜组的滤镜。选择"滤镜|滤镜库"命令，打开"滤镜库"对话框。对话框左侧为图像效果预览区，中间为滤镜选择区，右侧为滤镜参数设置区。

　　使用滤镜库中的滤镜，先要选中要使用滤镜效果的图层或选区，然后按照下面的步骤进行操作。

① 选择"滤镜 | 滤镜库"命令，打开"滤镜库"对话框。

在滤镜选择区选择要使用的滤镜。如图 12.2.2 所示，选择了"画笔描边 | 成角度线条"。对话框右下角为效果图层。效果图层以滤镜名字命名。

② 要对一张图像应用多个滤镜，需创建多个效果图层。

单击"新建效果图层"按钮 🗔，新建一个效果图层，在滤镜选择区选择"纹理 | 纹理化"，并将"纹理"设置为"砖形"。预览区显示两个滤镜命令叠加的效果，如图 12.2.1 所示。

③ 使用滤镜的顺序不同，最终的效果也不同。

按住鼠标上下拖动效果图层可以调整它们的堆叠顺序，滤镜效果也会发生改变。

（a）原图  （b）"成角度线条"滤镜效果  （c）"纹理化"叠加效果

图 12.2.1 "滤镜库"应用示例

# 12.3 特殊滤镜

特殊滤镜包括"自适应广角""Camera Raw 滤镜""镜头校正""液化"和"消失点"滤镜。

## 12.3.1 "自适应广角"滤镜

"自适应广角"滤镜可以快速拉直在全景图或采用鱼眼镜头和广角镜头拍摄的照片中看起来弯曲的线条，校正由于使用广角镜头而造成的镜头扭曲。滤镜可以检测相机和镜头型号，并使用镜头特性拉直图像。

选择"滤镜 | 自适应广角"命令，打开"自适应广角"对话框，如图 12.3.1 所示。当前图像使用的相机型号是 Canon EOS 5D Mark III，镜头类型是 EF15mm f/2.8 Fisheye。

### 1. "自适应广角"滤镜的工具

对话框左侧是"自适应广角"滤镜可使用的工具。

① 约束工具 🖈 。单击图像或拖动端点，可以添加或编辑约束线，按住 Shift 键可以添加或编辑约束线，按住 Alt 键单击可删除约束线。

② 多边形约束工具 ◇ 。单击图像或拖动端点，可以添加或编辑多边形约束线，按住 Alt 键单击可删除约束线。

③ 移动工具 ⊁ 。可以移动对话框中的图像。

④ 抓手工具 ✋ 。单击放大窗口的显示比例后，可以用该工具移动画面。

⑤ 缩放工具 🔍 。单击可放大窗口的显示比例。

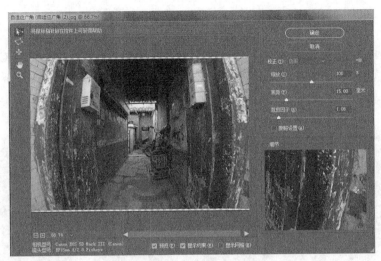

图 12.3.1　"自适应广角"对话框

### 2. "自适应广角"滤镜的校正项

对话框右侧，是"自适应广角"滤镜的校正选项。

① 校正。选择校正类型。选择"鱼眼"，可校正由鱼眼镜头所引起的极度弯度。选择"透视"可校正由视角和相机倾斜角所引起的会聚线。选择"完整球面"，可校正 360° 全景图，全景图的长宽比必须为 2 : 1。选择"自动"，可自动检测合适的校正。

② 缩放。指定值以缩放图像。使用此值最小化在应用滤镜之后引入的空白区域。

③ 焦距。指定镜头的焦距。如果在照片中检测到透镜信息，则此值会自动填充。

④ 裁剪因子。指定值以确定如何裁剪最终图像。将此值结合"缩放"一起使用可以补偿在应用此滤镜时导致的任何空白区域。

⑤ 原照设置。启用此选项以使用镜头配置文件中定义的值。如果没有找到镜头信息，则禁用此选项。

图 12.3.2（a）所示的就是由于鱼眼镜头所引起的极度弯度。选择"鱼眼"校正，使用约束工具创建图 12.3.2（b）所示的约束线，可以看到图像有了一个自动校正的效果，如果对此效果不满意，可将鼠标移动到中间圆圈两端的调整点上单击鼠标右键，在快捷菜单中继续选择调整命令，或者当鼠标变成带两个方向箭头时，直接按住鼠标左键拖动调整。调整完成后，适当缩放。可以添加多个约束，以指示图片的不同部分中的直线。最终的调整效果如图 12.3.2（c）所示。

（a）原图　　　　　　　　　　（b）创建两条约束线　　　　　　　　（c）最终调整效果

图 12.3.2　"自适应广角"滤镜校正图像

### 12.3.2 "Camera Raw" 滤镜

在 Photoshop CC 之前的版本中，Camera Raw 作为单独的插件运行，在 CC 版本中将它内置为了滤镜，可以方便地处理图层上的图片，可以说是 Photoshop CC 版的一大亮点。

选择"滤镜 | Camera Raw 滤镜"命令，打开"Camera Raw"滤镜对话框，如图 12.3.3 所示。

图 12.3.3 "Camera Raw"滤镜对话框

#### 1. 直方图

直方图左右各有两个三角，分别显示的是高光和暗部的溢出提醒，如图 12.3.4 所示。关闭之后，色彩溢出就不会被提醒。调整"高光"和"暗部"将直方图两端填满，不能有溢出，如高光部分仍无像素，可适当调整"高光"；同样地，若暗部区域无像素则可适当调整"暗部"。

图 12.3.4 显示高光和暗部的溢出

#### 2. 不同工作界面

不同工作界面 ⚙ 田 ▲ 亖 ⑾ ƒx ◎ ⩲ 里面还包括很多的子界面。主要内容如下。

① "基本"：调整白平衡、颜色饱和度以及色调。

② "色调曲线"：使用"参数"曲线和"点"曲线对色调进行微调。

③ "细节"：对图像进行锐化处理或减少杂色。

④ "HSL/灰度"：使用"色相""饱和度"和"明亮度"调整对颜色进行微调。

⑤ "分离色调"：为单色图像添加颜色，或者为彩色图像创建特殊效果。

⑥ "镜头校正"：补偿相机镜头造成的色差和晕影。

⑦ "效果"：可以"去除薄雾"、设置"颗粒"以及"裁剪后晕影"。

⑧ "相机校准"：将相机配置文件应用于原始图像，用于校正色调和调整非中性色，以补偿相机图像传感器的行为。

⑨ "预设"：将多组图像调整存储为预设并进行应用。

图 12.3.5 所示的是在"Camera Raw"对话框中调整"色调曲线"的情形。

图 12.3.5　调整"色调曲线"的情形

### 3. 显示窗口

用来显示图片内容。

### 4. 工具区

工具区包含了多种工具 　。大部分工具在"绘图与修图"工具箱中都介绍过，这里的使用方法相似。

① 缩放工具：预览图像时，单击放大图像；按住 Alt 键单击则缩小图像。

② 抓手工具：将预览图像的缩放级别设置为大于 100% 时，用于在预览窗口中移动图像。

③ 白平衡工具：调整白平衡是指确定图像中应具有中性色（白色或灰色）的对象，然后调整图像中的颜色以使这些对象变为中性色。

④ 颜色取样器工具：可以在预览窗口放置最多 9 个颜色器。

⑤ 目标调整工具：单击该按钮，会弹出"目标调整项目"对话框，共有"参数曲线""色相""饱和度""明亮度"和灰度混合等 5 个选项可选择。其中"参数曲线"在工作界面对应"色调曲线"工作区；"色相""饱和度""明亮度""灰度混合"对应"HSL/灰度"工作区。

⑥ 变换工具：提供了多种校正的方法 　。有自动校正、水平校正、垂直校正、完全校正以及通过绘制参考线进行校正，如图 12.3.6 所示。

⑦ 污点去除工具：通过从同一图像的不同区域取样来修复图像的选定区域。在图 12.3.7 所示的照片中，单击并拖动要修饰的照片部分。其中：红白色的选框区域（红色手柄）指示选定的区域；绿白色的选框区域（绿色手柄）指示取样区域。

⑧ 红眼去除工具：去除照片红眼。

⑨ 调整画笔：常用于局部调整色彩。可以设置色温、色调、曝光度、对比度、高光与阴影、清晰度等内容。

⑩ 渐变滤镜：在照片中，单击并拖动鼠标，画面将拖动出一条线。绿点表示滤镜起始边缘的起点，红点表示滤镜终止边缘的终点。如图 12.3.8（b）所示，使用渐变滤镜改变了

天空和部分草地的色相和饱和度。

⑪ 径向滤镜：在照片中，单击并拖动，画面将拖动出一个圆线。其他操作方法与渐变滤镜相同，如图 12.3.8（c）所示。

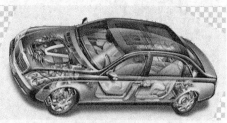

（a）原图　　　　　　　　　　　　　　　（b）水平校正效果

图 12.3.6　原图与做过水平校正的效果

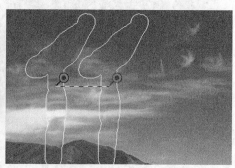

（a）原图　　　　　　　　　　　　　　　（b）污点去除

图 12.3.7　污点去除工具

（a）原图　　　　　　　　　（b）渐变滤镜　　　　　　　　　（c）径向滤镜

图 12.3.8　不同滤镜效果

### 12.3.3　"镜头校正"滤镜

"镜头校正"滤镜可以修复由数码相机镜头缺陷而导致的，照片中出现的桶形或枕形变形、色差以及晕影等问题，还可以用来校正倾斜的照片，或修复由相机垂直或水平倾斜而导致的图像透视现象。

选择"滤镜｜镜头校正"命令即可打开"镜头校正"对话框，如图 12.3.9 所示。在"自动校正"选项卡的搜索条件部分设置所用相机和镜头型号，Photoshop 就会自动校正图像中出现的失真色差等。

对话框左侧是"镜头校正"滤镜的校正工具。

① 移去扭曲工具：按住鼠标左键向中心拖动或者脱离中心以校正失真。

② 拉直工具：绘制一条线将图像拉直到新的横轴或纵轴。图 12.3.10 所示为使用拉直工具校正图像的效果。

③ 移动网格工具：鼠标拖动以移动对齐网格。

④ 抓手工具：鼠标拖动以移动图像。

⑤ 缩放工具：缩放图像。

图 12.3.9　"镜头校正"对话框

（a）原图　　　　　　　　　　　　（b）拉直工具校正效果

图 12.3.10　"拉直工具"校正效果

在对话框右侧选择"自定"，如图 12.3.11 所示，可以自定义镜头校正的参数。

① 几何扭曲：校正图像的桶形或枕形变形。

② 色差：修复图像边缘产生的边缘色差。

③ 晕影：校正图像边角产生的晕影。

④ 变换：修复由于相机垂直或水平倾斜导致的图像透视现象，如图 12.3.12 所示。

（a）原图

（b）透视校正效果

图 12.3.11　自定义镜头校正的参数　　　　图 12.3.12　透视校正

### 12.3.4 "液化"滤镜

"液化"滤镜可用来推、拉、旋转、反射、缩拢及膨胀影像的任何区域。使用"液化"滤镜建立的扭曲可细微、可夸张，可以创造出令人叹为观止的艺术效果。Photoshop CC 2017加大了液化工具的功能。

图 12.3.13 所示的是"液化"滤镜对话框，其左上方是"液化"工具栏，从上到下的工具栏按钮的含义如下。

① 向前变形工具：分别为向前变形工具、重建工具（使变形恢复的工具）和平滑工具（也用于回复变形的工具）。

② 变形工具：分别为顺时针旋转扭曲工具、褶皱工具、膨胀工具、左推工具，它们使图像产生各种变形。

③ 蒙版工具：分别为冻结蒙版和解冻蒙版保护区。

④ 脸部工具：可以识别人脸，并手动调节脸型、眼睛、鼻子、嘴的大小、角度等值。

⑤ 一般工具：分别为：抓手工具和放大镜工具。

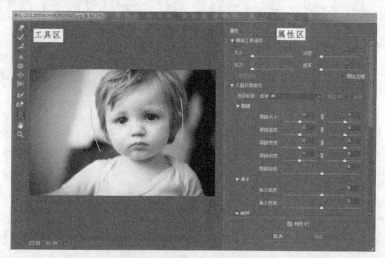

图 12.3.13　"液化"滤镜对话框

其右上方是工具选项，放大在右侧。可分别设置画笔的大小、密度、压力、速率以及重建选项和蒙版选项。

使用"液化"滤镜时，首先，确定图像中需要保持不变的部分，用冻结蒙版工具 涂抹该部分；然后，选取变形工具，设置好选项参数，即可在图像上实施液化变形路径。其效果如图 12.3.14 所示。

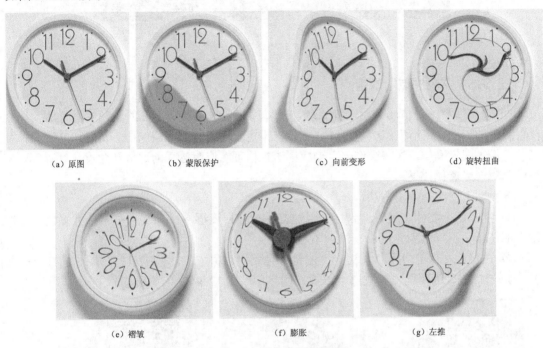

| （a）原图 | （b）蒙版保护 | （c）向前变形 | （d）旋转扭曲 |

| （e）褶皱 | （f）膨胀 | （g）左推 |

图 12.3.14　"液化"滤镜效果示例

在右侧的属性中添加了"人脸识别液化"，液化的时候可以智能识别，自动处理人的眼睛、鼻子、嘴等部位。如图 12.3.15 所示，同时放大了双眼、改变了眼睛的倾斜度、调整为微笑的嘴角效果。效果如图 12.3.16 所示。

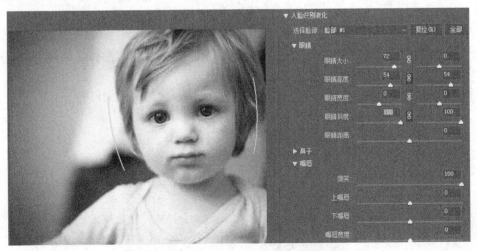

图 12.3.15　人脸识别液化

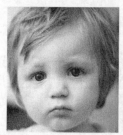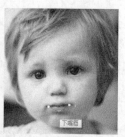

（a）原图　　　　　　　　（b）调整脸型　　　　　　（c）调整眼睛、鼻子和嘴

图 12.3.16　液化效果

### 12.3.5　"消失点"滤镜

"消失点"滤镜是自动应用透视原理，可以简化在包含透视平面的图像中进行的，透视校正编辑的过程。在消失点中，可以在图像中指定平面，然后应用绘画、仿制、复制或粘贴以及变换等编辑操作。这些操作会自动应用透视原理，按照透视的比例和角度进行计算，使图像自动形成透视效果。

下面举例说明其使用方法。

① 打开两个文件，最好在目标文件建立一个空白图层 1，源文件被全选并复制，如图 12.3.17（a）、（b）所示。

② 在目标文件中应用"消失点"滤镜，使用"消失点"滤镜工具栏，用它的建立平面工具 沿广告牌的平面，建立透视平面及网格，如图 12.3.17（c）所示。

（a）目标文件　　　　　　　　（b）源文件　　　　　　　　　（c）透视平面

图 12.3.17　打开两个文件

③ 将源文件粘贴到目标文件的图层 1 中，用变换工具 将其拖移到透视平面中并进行缩放等变换，使粘贴的图像的四角与透视平面吻合。

④ "消失点"滤镜可帮助我们得到奇妙的透视效果，如图 12.3.18 所示。

图 12.3.18　"消失点"滤镜效果

# 12.4　滤镜组滤镜

在滤镜菜单中包括了 3D、风格化、模糊、模糊画廊、扭曲、锐化、视频、像素化、渲染、杂色以及其他等 11 组滤镜。

## 12.4.1　"3D"滤镜组

选择"滤镜｜3D"中的"生成凹凸图"或"滤镜｜3D｜生成法线图"可以生成效果更好的凹凸图和法线图，如图 12.4.1 所示。

图 12.4.1　"3D"滤镜组

凹凸图和法线图都是通过改变物体表面法线的方法来模拟物体表面细节的。但不同之外在于，凹凸图用单一的方式来改变法线，使原本的法线与摄像机的夹角发生变化；而法线图则利用 3 种通道完全重新描述模拟的法线信息。在表现上，凹凸贴图可以表现出有限的凹凸感，而法线图在这基础上还可以表现出准确的光线反射。图 12.4.2 所示的是生成凹凸图的对话框，而图 12.4.3 所示的则是生成法线图的对话框。

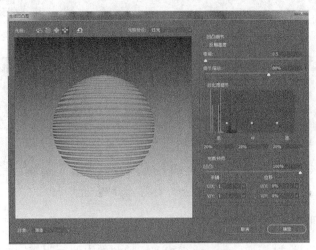

图 12.4.2　生成凹凸图的对话框

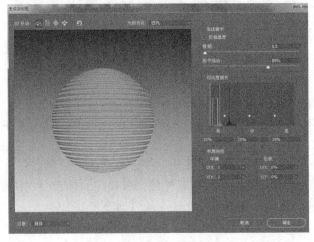

图 12.4.3　生成法线图的对话框

左上角的工具 ⊗ ⊙ ✥ ✥ 依次为旋转、滚动、平移、滑动，其使用方法和在 3D 工作区中的使用方法一样。其中，滑动在移动的同时还会进行内容的缩放。图 12.4.4 所示为旋转和滚动的情况。对话框的右侧是细节设置。生成凹凸图和法线图的细节都包括模糊设置、细节缩放、对比度细节调整以及材质预览。

在对话框的右下角还可以设置对象类型，如图 12.4.5 所示。图 12.4.6 所示的是分别将对象类型设置为球体、酒瓶、立体环绕、帽子时的效果。

 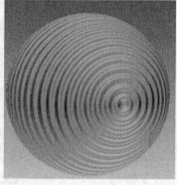 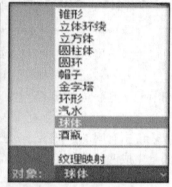

图 12.4.4　旋转与滚动　　　　　　　　　　　　　图 12.4.5　设置对象类型

   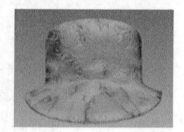

图 12.4.6　球体、酒瓶、立体环绕、帽子

## 12.4.2　"风格化"滤镜组

"风格化"滤镜组通过置换像素，或查找和增加图像中的对比度，产生各种风格化效果的作品。"风格化"滤镜有 9 种，其中"照亮边缘"在滤镜库中，如图 12.4.7 所示。

① 查找边缘："查找边缘"滤镜可自动搜索图像中颜色色素对比度变化强烈的边界，从而勾画出图像的边界轮廓。

② 等高线：查找主要亮度区域的转换并为每个颜色通道淡淡地勾勒主要亮度区域的转换，以获得与等高线图中的线条类似的效果。

图 12.4.7　"风格化"滤镜组

③ 风："风"滤镜通过在图像中增加一些细小的水平线生成起风的效果。

④ 浮雕效果："浮雕效果"滤镜通过勾绘图像边缘和降低周围色值来产生浮雕效果。

⑤ 扩散：根据选中的以下选项搅乱选区中的像素以虚化焦点——"正常"使像素随机移动（忽略颜色值）；"变暗优先"用较暗的像素替换亮的像素；"变亮优先"用较亮的像素替换暗的像素；"各向异性"在颜色变化最小的方向上搅乱像素。

⑥ 拼贴：将图像分解为一系列拼贴，使选区偏移原来的位置。

⑦ 曝光过度：混合负片和正片图像，类似于显影过程中将摄影照片短暂曝光。

⑧ 凸出：赋予选区或图层一种 3D 纹理效果。

⑨ 油画：它使用 Mercury 图形引擎作为支持，图像处理速度得到了大幅提升，能够快速地让图像呈现油画效果。

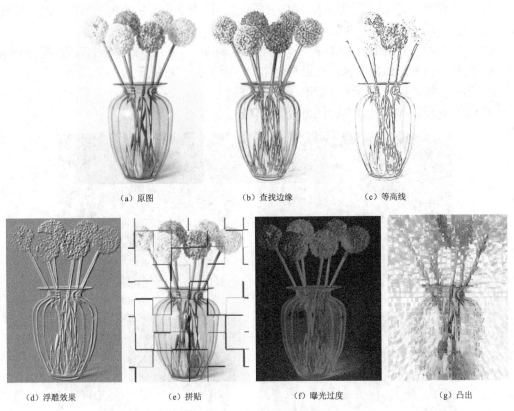

（a）原图　　　　　　　　（b）查找边缘　　　　　　　（c）等高线

（d）浮雕效果　　　（e）拼贴　　　（f）曝光过度　　　（g）凸出

图 12.4.8　"风格化"滤镜效果

### 12.4.3　"模糊"滤镜组

"模糊"滤镜组（见图 12.4.9）包括 14 种滤镜，主要用于修饰边缘过于清晰或对比度过于强烈的图像或选区，达到柔化图像或模糊图像的效果。在 Photoshop CC 中的模糊滤镜组中增加了光圈模糊、场景模糊和倾斜偏移 3 个模糊滤镜，以创建专业级的摄影模糊效果。这里介绍主要的 7 种模糊滤镜，其中 3 种效果如图 12.4.10 所示。

| 模糊 ▶ | 表面模糊… |
| | 动感模糊… |
| | 方框模糊… |
| | 高斯模糊… |
| | 进一步模糊… |
| | 径向模糊… |
| | 镜头模糊… |
| | 模糊 |
| | 平均 |
| | 特殊模糊… |
| | 形状模糊… |

图 12.4.9　"模糊"滤镜组

① 表面模糊：在保留边缘的同时模糊图像。此滤镜用于创建特殊效果并消除杂色或粒度。

② 动感模糊：它利用像素在某一方向上的线性移动来产生物体沿某一方向运动的模糊效果，如同拍摄物体运动的照片。

③ 方框模糊：基于相邻像素的平均颜色值来模糊图像。此滤镜用于创建特殊效果。可以调整用于计算给定像素的平均值的区域大小；半径越大，产生的模糊效果越好。

④ 高斯模糊：产生强烈的模糊效果。它利用高斯曲线的正态分布模式，有选择地模糊图像。高斯曲线是钟形曲线，其特点是中间高、两边低，呈尖锋状。高斯模糊是实际工作中应用较广泛的模糊滤镜，因为该滤镜可以让用户自由地控制其模糊程度。

⑤ 模糊与进一步模糊：在图像中有显著颜色变化的地方消除杂色。"模糊"滤镜通过平衡已定义的线条和遮蔽区域的清晰边缘旁边的像素，使变化显得柔和。

⑥ 径向模糊：产生旋转模糊或放射模糊的效果，类似于摄影中的动态镜头。

⑦ 镜头模糊：模拟现实世界拍照时物体透过相机透镜孔产生的视觉模糊现象，并可透过 Alpha 通道或蒙版使图像产生接近真实拍摄的效果。

⑧ 平均模糊：找出图像或选区的平均颜色，用该颜色填充图像或选区以创建平滑的外观。

⑨ 特殊：精确地模糊图像。可以指定半径、阈值和模糊品质。

⑩ 形状模糊：使用指定的矢量形状来创建模糊。

图 12.4.10 所示为"模糊"滤镜组效果示例。

（a）原图　　（b）动感模糊　　（c）镜头模糊　　（d）径向模糊

图 12.4.10 "模糊"滤镜组效果示例

### 12.4.4 "模糊画廊"滤镜组

"模糊画廊"滤镜组包括场景模糊、光圈模糊、移轴模糊、路径模糊、旋转模糊等 5 个模糊滤镜。使用模糊画廊，可以通过图像上直观的控件快速创建不同的照片模糊效果。可以用 PS 更加方便地打造运动视觉效果。模糊画廊如图 12.4.11 所示。

图 12.4.11 模糊画廊

① 场景模糊：使用"场景模糊"滤镜可以对图片进行焦距调整。可以通过定义具有不同模糊量的多个模糊点来创建渐变的模糊效果。

② 光圈模糊：使用"光圈模糊"滤镜对图片模拟浅景深效果。

③ 移轴模糊：使用"倾斜偏移"效果模拟使用倾斜偏移镜头拍摄的图像。此特殊的模糊效果会定义锐化区域，然后在边缘处逐渐变得模糊。"倾斜偏移"效果用于模拟微型对象的照片。

④ 路径模糊：可以沿着路径创建运动模糊效果。

⑤ 旋转模糊：旋转模糊通常用来创建圆形或椭圆形的模糊特效。

图 12.4.12 所示为模糊画廊效果。

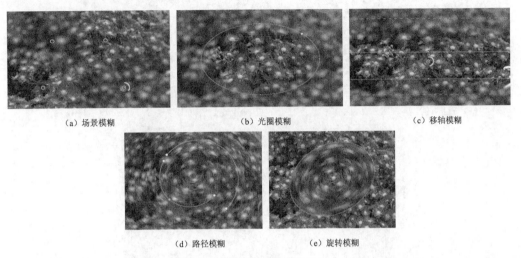

（a）场景模糊　　　　　　　（b）光圈模糊　　　　　　　（c）移轴模糊

（d）路径模糊　　　　　　（e）旋转模糊

图 12.4.12　模糊画廊效果

## 12.4.5　"扭曲"滤镜组

"扭曲"滤镜组可对图像进行各种扭曲和变形处理，从而产生模拟水波、球面化等自然效果。"扭曲"滤镜组共 12 种滤镜，其中"玻璃""海洋波纹""扩散亮光"在滤镜库中，如图 12.4.13 所示。

① 波浪：用不同的波长产生不同的波浪，使图像有歪曲摇荡的效果，如同水中的倒影。

② 波纹：可产生水波涟漪的效果。

③ 极坐标：将图像坐标由平面坐标转化为极坐标，或由极坐标转化为平面坐标。

图 12.4.13　"扭曲"滤镜组

④ 挤压：可将图像或选区中的图像向内或向外挤出，产生挤压效果。"球面化"滤镜与"挤压"滤镜的效果很相似。

⑤ 切变：按用户设定的弯曲路径来扭曲一幅图像。

⑥ 球面化：通过将选区折成球形、扭曲图像以及伸展图像以适合选中的曲线，使对象具有 3D 效果。

⑦ 水波：产生的效果就像透过具有阵阵波纹的湖面的图像。

⑧ 旋转扭曲：使图像产生旋转的风轮效果。

⑨ 置换：使用名为置换图的图像确定如何扭曲选区。"置换"滤镜可以使图像产生移位效果，图像的移位方向与对话框中的参数设置和位移图有关系。

图 12.4.14 所示为"扭曲"滤镜组效果示例。

置换图像经常用于制作三维模型贴图。其前提是要有两个文件，一个图像是要编辑的图像文件，另一个是位移图像文件，位移图像充当移位模板，用来控制位移的方向。具体操作步骤见本章应用实例部分。

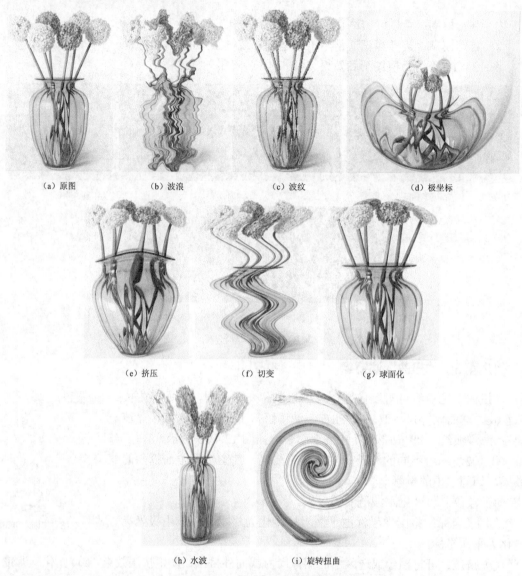

(a) 原图 　　　　(b) 波浪 　　　　(c) 波纹 　　　　(d) 极坐标

(e) 挤压 　　　　(f) 切变 　　　　(g) 球面化

(h) 水波 　　　　(i) 旋转扭曲

图 12.4.14 "扭曲"滤镜组效果示例

## 12.4.6 "锐化"滤镜组

　　"锐化"滤镜组通过增强相邻像素的对比度来达到使图像清晰的目的。它常用来改善由于摄影和扫描所造成的图像模糊。"锐化"滤镜组如图 12.4.15 所示。

图 12.4.15 "锐化"滤镜组

　　① USM（Unsharp Mask）锐化：它可以改善图像边缘的清晰度，在边缘的侧面制作一条对比度很强的边线，从而使图像更清晰。

　　② 防抖：可减少由某些相机运动类型产生的模糊，包括线性运动、弧形运动、旋转运动和 Z 字形运动。

　　③ 进一步锐化/锐化：对图像自动进行锐化处理，提高图像的清晰度。

　　④ 锐化边缘：它通过系统自动分析颜色，只锐化边缘的对比度，使颜色之间的分界变得更加明显。

⑤ 智能锐化：与 USM 锐化类似，但它提供了独特的锐化控制选项，可以设置锐化算法、控制阴影和高光区域的锐化量。

图 12.4.16 所示的是使用"USM 锐化"滤镜处理过的一幅模糊图像的效果。

（a）原图　　　　　　　　　　　（b）USM 锐化处理后

图 12.4.16　"锐化"滤镜组处理模糊图像的效果示例

### 12.4.7　"视频"滤镜组

"视频"滤镜组用于处理从摄像机输入的图像和为图像输出到录像带上做准备，包括"NTSC 颜色"和"逐行"两个滤镜。

① NTSC 颜色：用来使图像的色域能适应电视的需要。因为 NTSC 制式的电视信号所能表现的色域比 RGB 图像的色域窄，如果不经过"NTSC 颜色"滤镜的处理，在输出时会发生溢色问题。

② 逐行：用来去除视频图像中的奇数或偶数交错行，使图像清晰平滑，如图 12.4.17 所示。

 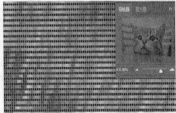 

（a）原图　　　　　　　　　　（b）放大的原图　　　　　　　　　（c）逐行后的效果

图 12.4.17　逐行效果

### 12.4.8　"像素化"滤镜组

"像素化"滤镜组主要用来将图像分块和将图像平面化，即将图像中颜色值相似的像素组成块单元，使图像看起来是由小色块组成的，其效果如图 12.4.18 所示。

① 彩块化：将纯色或相近颜色的像素结成像素块，使图像看起来像手绘的图像。

② 彩色半调：可模拟铜版画的效果。

图 12.4.18　"像素化"滤镜组

③ 点状化：将相近颜色的像素合成更大的方块，模拟不规则的点状组合效果。

④ 晶格化：将周边相近颜色的像素集中到一个多边形晶格中。

⑤ 马赛克：将相似颜色的像素填充到小方块中以形成类似马赛克的效果。

⑥ 碎片：创建选区中像素的 4 个副本，将它们平均，并使其相互偏移。

⑦ 铜版雕刻：可在图像中随机生成各种不规则的直线、曲线和斑点，使图像产生年代久远的金属板效果。

"像素化"滤镜组效果示例如图 12.4.19 所示。

（a）原图　　　　　　　　　　　　（b）马赛克

（c）点状化　　　　　　　　　　　（d）铜版雕刻

图 12.4.19　"像素化"滤镜组效果示例

## 12.4.9　"渲染"滤镜组

Photoshop CC 为"渲染"滤镜组增加了 3 个新的滤镜：（火焰、图片框以及树滤镜），同时保留了低版本的渲染滤镜。该组滤镜可以对图像进行光照效果、镜头光晕、云彩、分层云彩等效果处理，如图 12.4.20所示。

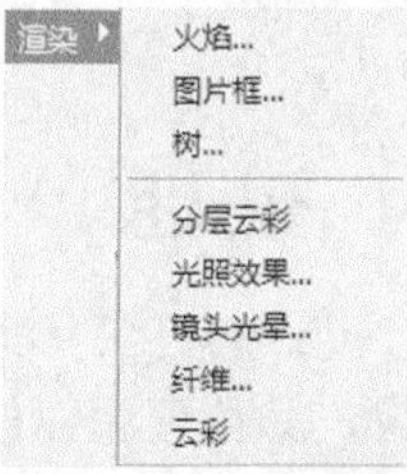

① 火焰："火焰"滤镜用于制作火焰效果。"火焰"滤镜是基于路径的滤镜，所以使用的前提是有路径，如图 12.4.21（a）所示。

② 图片框：为图片添加多种图片框样式效果，如图 12.4.21（b）所示。

③ 树：系统提供了 34 种不同的树的样式供使用，并可设置树的外观细节，如图 12.4.21（c）所示。

图 12.4.20　"渲染"滤镜组

(a) 火焰　　　　　　　　　　(b) 图片框　　　　　　　　　　(c) 树

图 12.4.21 部分渲染滤镜效果

④ 分层云彩：将图像加以"云彩"滤镜效果后再进行反白的图像。

⑤ 光照效果：包含 3 种光源（点光、聚光灯、无限光）、17 种光照样式，用来在图像上设置各种光照效果。其参数设置比较复杂，首先要选定光源类型，然后再对选定的光源设置光源的位置、颜色、强度、照射范围等，如图 12.4.22（b）所示。

⑥ 镜头光晕：用来模拟相机的眩光效果，如图 12.4.22（c）所示。

⑦ 纤维：用前景色和背景色随机创建编织纤维的效果。

⑧ 云彩：利用图像的前景色、背景色之间的随机值来产生云彩的效果。

(a) 原图　　　　　　　　　　(b) 光照效果　　　　　　　　　　(c) 镜头光晕

图 12.4.22 "渲染"滤镜组效果示例

## 12.4.10 "杂色"滤镜组

图像中多余的斑点或斑痕统称为杂色。"杂色"滤镜用于添加或移去杂色（带有随机分布色阶的像素），这有助于将选区混合到周围的像素中。"杂色"滤镜可移去图像中有问题的区域，如灰尘和划痕。"杂色"滤镜组如图 12.4.23 所示。

图 12.4.23 "杂色"滤镜组

① "减少杂色"滤镜：在保留边缘的同时减少杂色。

② "蒙尘与划痕"滤镜：主要是通过将图像中有缺陷的像素融入周围的像素中，达到除尘和涂抹的目的，常用于对扫描图像中的蒙尘和划痕进行处理。

③ "去斑"滤镜：通过对图像或选区内的图像进行轻微的模糊和柔化来达到掩饰图像中细小斑点以及消除轻微折痕的效果。常用于修复老照片中的斑点。

④ "添加杂色"滤镜：可以向图像随机地添加混合杂点，即添加一些细小的颗粒状像素。常用于添加杂点纹理效果。

⑤ 中间值：以周围的色彩填充小于设定值大小的杂色，从而消除杂色。

图 12.4.24 所示为"杂色"滤镜组效果示例。

| （a）有瑕疵的原图 | （b）使用"蒙层和划痕" | （c）使用"添加杂色" |

图 12.4.24 "杂色"滤镜组效果示例

## 12.4.11 "其它"滤镜组

"其它"滤镜组包含一些具有独特效果的滤镜，如图 12.4.25 所示。

① HSB/HSL：用于色彩调整。

② 高反差保留：在有强烈颜色转变发生的地方按指定的半径保留边缘细节，并且不显示图像的其余部分。

③ 位移：用来偏移图像。

④ 自定义：可随意定义滤镜，其对话框中的参数随设计者自己的选择而定。

⑤ 最小值：放大图像中的黑暗区，削减明亮区。

⑥ 最大值：放大图像中的明亮区，削减黑暗区，产生模糊效果。

图 12.4.26 所示为"其它"滤镜组效果示例。

图 12.4.25 "其它"滤镜组

| （a）原图 | （b）HSB/HSL | （c）高反差保留 |

| （d）位移 | （e）最大值 | （f）最小值 |

图 12.4.26 "其它"滤镜组效果示例

### 12.4.12 "画笔描边"滤镜组

"画笔描边"滤镜组（见图 12.4.27）主要用于将图像以不同的画笔笔触或油墨效果来进行处理，产生手绘的图像效果。"画笔描边"滤镜组的滤镜命令可通过滤镜库来使用。下面简单介绍几种画笔描边滤镜。

① 成角的线条：使图像产生倾斜成角度的笔锋效果。

② 墨水轮廓：使图像具有用墨水笔勾绘的图像轮廓，模仿粗糙的油墨印刷效果。

③ "喷溅"和"喷色描边"：让图像产生色彩向四周喷溅的效果。

④ 强化边缘：用来突出图像不同颜色边缘，使图像的边缘清晰可见。

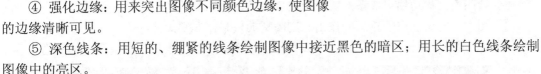

图 12.4.27　画笔描边

⑤ 深色线条：用短的、绷紧的线条绘制图像中接近黑色的暗区；用长的白色线条绘制图像中的亮区。

⑥ 烟灰墨：营造用蘸满黑色油墨的湿画笔在宣纸上绘画的效果。这种效果具有非常黑的柔化模糊边缘。

⑦ 阴影线：使图像产生十字交叉网络线风格，类似在粗糙的画布上作画的效果。

"画笔描边"滤镜组效果示例如图 12.4.28 所示。

| (a)原图 | (b)成角的线条 | (c)墨水轮廓 |
| (d)喷溅 | (e)强化边缘 | (f)阴影线 |

图 12.4.28　"画笔描边"滤镜组效果示例

### 12.4.13 "素描"滤镜组

"素描"滤镜组主要用来模拟素描、速写等手工绘制图像的艺术效果，还可以在图像中增加纹理、底纹等来产生三维效果。"素描"滤镜组中的一些滤镜需要使用图像的前景色和背景色，因此前景色和背景色的设置对这些滤镜的效果将起到很大的作用。"素描"滤镜组的滤镜命令可通过滤镜库来使用，如图 12.4.29 所示。

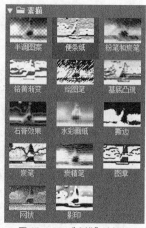

① 半调图案：模仿报纸的印刷效果。

② 便条纸：在制作报纸风格印刷品时，需要比较单一的简单素材，它使图像变成相当于在便条簿上快速、随意涂抹的图片。

③ 炭笔："炭笔"和"绘画笔"滤镜都可产生一种手工绘图的效果。炭笔可产生素描效果，它使用前景色的墨水颜色。

④ 铬黄渐变：产生液态金属的效果。

⑤ 基底凸现：用来制造粗糙的浮雕式效果。

⑥ 撕边：产生一种撕纸的效果。它同样使用设定的前景色。

⑦ 塑料效果：它使用前景色，产生一种塑料融化的效果。

⑧ 影印：用图像的明暗关系分离出图像的影印轮廓。轮廓使用设定的前景色。

图 12.4.29 "素描"滤镜组

⑨ 绘画笔：模仿铅笔线条的效果。它使用的彩色铅笔的颜色也是前景色。

⑩ 图章：它用图像的轮廓制作出雕刻图章的效果，非常简洁。

部分"素描"滤镜的效果如图 12.4.30 所示。当前图层前景是红色，背景是白色。

(a) 水彩画纸　　　　　(b) 半调图案　　　　　(c) 便条纸

(d) 绘图纸　　　　　(e) 影印

图 12.4.30 "素描"滤镜的效果示例

## 12.4.14 "纹理"滤镜组

"纹理"滤镜组主要用于给图像加入各种纹理，制作出深度感和材质感较强的效果，如图 12.4.31 所示。

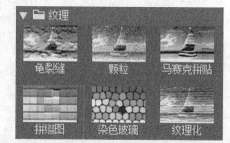

① 龟裂缝：它以随机方式在图像上生成龟裂纹，产生凹凸不平的皱纹效果，并有一定的浮雕效果。

② 颗粒：可在图像中随机加入不规则的颗粒，形成颗粒纹理。

③ 马赛克拼贴：可使图像产生由小片马赛克拼贴墙壁的效果。

图 12.4.31 "纹理"滤镜组

④ 拼缀图：可将图像转化成由规则排列的小方块拼成的图像，每个小方块的颜色取自

块中像素颜色的平均值，从而产生拼贴画效果。

⑤ 染色玻璃：使图像转化成由不规则分离的彩色玻璃格组成，如同教堂中的彩色玻璃窗。玻璃格的颜色也由格中像素颜色的平均值决定。

⑥ 纹理化：它是在图像中加入各种纹理，以模拟各种材质。

"纹理"滤镜组效果示例如图 12.4.32 所示。

（a）龟裂缝　　　　　　　（b）马赛克拼贴　　　　　　　（c）拼缀图

图 12.4.32　"纹理"滤镜组效果示例

## 12.4.15　"艺术效果"滤镜组

"艺术效果"滤镜组包括 15 种滤镜，可以对图像进行各种艺术处理，达到水彩、油画等艺术效果。"艺术效果"滤镜如图 12.4.33 所示。

① 壁画：使图像具有古代壁画的效果。

② 彩色铅笔：可模拟彩色铅笔绘制的美术作品。

③ 干画笔：模拟不饱和的干枯画笔涂抹的油画效果。

④ 海报边缘：根据海报特点，减少图像的颜色，并将自动查找图像的边缘，在图像边缘中填入黑色阴影。

⑤ 木刻：模拟木刻版画的逼真效果。

⑥ 塑料包装：经过它的处理，图像外面类似包了一层薄膜塑料。

"艺术效果"滤镜组效果示例如图 12.4.34 所示。

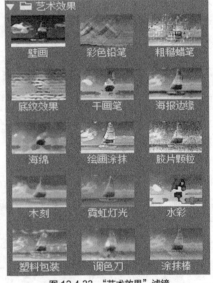

图 12.4.33　"艺术效果"滤镜

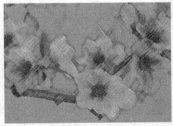

（a）壁画　　　　　　　（b）彩色铅笔　　　　　　　（c）木刻

图 12.4.34　"艺术效果"滤镜组效果示例

（d）塑料包装　　　　　　　　　（e）底纹效果　　　　　　　　　（f）绘画涂抹

图 12.4.34　"艺术效果"滤镜组效果示例（续）

### 12.4.16　外挂滤镜与增效工具

外挂滤镜是由第三方厂商开发的滤镜，Photoshop 提供了一个开放的平台，允许用户将这些滤镜以插件的形式安装在 Photoshop 中。外挂滤镜必须安装在 Photoshop CS6 安装目录 Plug-ins 下（默认路径为：C:\program files\adobe\adobe photoshop CC\plug-ins\filters）。重新启动 Photoshop，即可在滤镜菜单中看到新安装的滤镜命令。

增效工具也可以作为插件来使用，是一种遵循一定规范的应用程序接口编写出来的程序文件。在 Photoshop 中，增效工具是可选安装内容。用户可以登录到 Adobe 的官方网站上下载可用的增效工具。下载完成后将其复制到 Photoshop CS6 安装目录中的 Plug-ins 下即可。

## 12.5　应用实例——制作三维模型贴图效果

本节介绍使用置换滤镜来制作三维模型贴图效果——为皮球贴上花纹的具体操作方法。原图及效果如图 12.5.1 所示。

制作三维模型贴图的前提是要有两个文件：一个是贴图文件，另一个是原始图像文件（又叫位移图像）。位移图像充当移位模板，用来控制位移的方向。

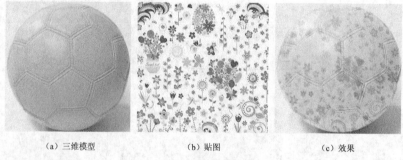

（a）三维模型　　　　　　　　　（b）贴图　　　　　　　　　　（c）效果

图 12.5.1　原图及效果

### 1.　打开贴图文件

在 Photoshop 中打开"小花.jpg"，适当调整其亮度与对比度。选择"滤镜｜扭曲｜置换"命令，在打开的"置换"对话框中进行图 12.5.2 所示的设置。

在随后打开的"选取一个置换图"对话框中选择"皮球.psd"。（若皮球文件不是 psd 格式的，要先将其保存为 psd 格式。）

### 2. 打开模型文件并编辑

打开"皮球.psd",将步骤 1 中编辑完成的"小花"全选并复制到"皮球"文件中,形成图层 1,如图 12.5.3 所示。

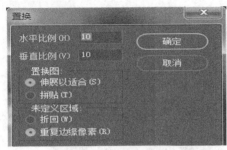

图 12.5.2 "置换"对话框          图 12.5.3 复制图层效果

适当调整其大小,使其布满画面。

### 3. 制作图层蒙版

选取球体部分,为图层 1 创建图层蒙版。设置图层 1 的混合模式为"叠加",不透明度为 51%。效果如图 12.5.4 所示。

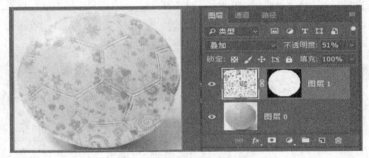

图 12.5.4 效果以及图层面板内容

### 4. 保存文件

将制作完成的文件保存为"三维贴图.psd"。

小花文件按照皮球的明暗及纹理效果进行了扭曲,贴图的效果更加自然。

## 12.6 习题

### 一、简答题

1. 智能滤镜应该如何使用?
2. 滤镜的使用方法是什么?

### 二、上机实际操作题

制作雨雪效果。

操作步骤如下。

1. 打开文件"车.jpg"。复制一个副本图层。

2. 前景色设置为黑色、背景色设为白色；执行"滤镜|像素化|点状化"命令，单元格大小设为 8，如图 12.6.1 所示。

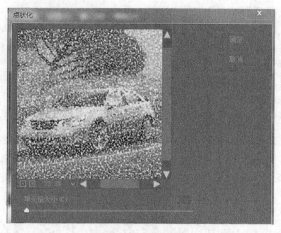

图 12.6.1　像素化效果

3. 执行"图像|调整|阈值"命令，色阶为 225。图层的混合模式设置为"滤色"。

4. 执行"滤镜|模糊|动感模糊"命令，角度为−50，距离为 20。效果如图 12.6.2 所示。

图 12.6.2　雨雪效果

5. 保存文件为"作品.psd"文件。

Chapter

# 13

# 第 13 章
# 3D 设计

3D 立体设计可以让设计目标更立体化，更形象化，使图像效果更加绚丽。Photoshop CC 2017 中提供了强大的 3D 处理工具，可以不借助其他 3D 软件而快速打造漂亮的 3D 效果。

✿ 学习要点：

● 掌握 3D 对象的创建方法；
● 掌握 3D 对象的基本编辑；
● 掌握 3D 对象的渲染和存储。

✿ 建议学时：上课 2 学时，上机 2 学时。

# 13.1 3D 基础

在进行 3D 设计之前，需要熟悉一些 3D 设计中的基本概念和名词，以及 Photoshop 中的 3D 编辑环境。

## 13.1.1 3D 对象

3D 对象包含网格、材质和光源等组件。

网格指的是 3D 模型的框架结构。网格看起来是由成千上万个单独的多边形框架结构组成的线框。3D 模型通常至少包含一个网格，也可能包含多个网格。Photoshop 提供了一些预设的网格类型，如立方体、帽子、酒瓶、球体等。要编辑 3D 模型本身的多边形网格，必须使用 3D 创作程序。

材质是指 3D 模型各个平面的填充类型。一个网格可具有一种或多种相关的材质，这些材质控制整个网格的外观或局部网格的外观。这些材质构建于纹理映射的子组件。纹理映射本身是一种二维图像文件，如各种纯色、图案文件等。纹理映射还可以产生各种效果，如反光度或崎岖度等。Photoshop 材质最多可使用 9 种不同的纹理映射来定义其整体外观。图 13.1.1 展示了设置材质纹理映射前后的效果。

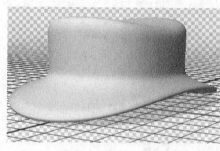 

（a）未设置材质纹理映射效果　　　　　　　（b）设置材质纹理映射效果

图 13.1.1　材质纹理映射效果示例

光源是指模拟光源照射 3D 对象效果。光源类型包括无限光、聚光灯、点光以及环绕场景的基于图像的光。图 13.1.2 展示了无限光光源添加前后的效果。

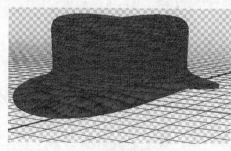 

（a）未添加光源效果　　　　　　　（b）"无限光"光源效果

图 13.1.2　光源效果示例

场景则是指 3D 对象所在的立体场景。它是一个三维的立体画面，也就是在 Photoshop 3D

编辑窗口看到的 3D 画面。

### 13.1.2  3D 编辑环境

在 Photoshop 中创建或编辑 3D 文件时，会自定切换到 3D 编辑界面，如图 13.1.3 所示。工具箱会切换到 3D 编辑常用工具。

3D 视图窗口：可查看 3D 对象的俯视图、左右视图等视图。

3D 面板：查看 3D 对象的各种组件并进行相关的编辑。

3D 属性设置面板：对 3D 对象相关的环境、材质、光源等属性进行设置。

在移动工具的选项栏右侧为 3D 对象工具：用于对 3D 对象网格进行旋转、滚动、平移、滑动、缩放操作。

3D 相机工具：对场景视图进行环绕、滚动、平移、滑动、变焦操作。

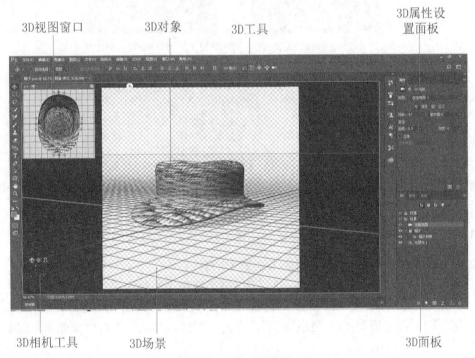

图 13.1.3  3D 编辑界面

### 13.1.3  3D 面板

3D 对象的相关操作可以通过 3D 面板生成。执行"窗口 | 3D"菜单命令，可打开 3D 面板。在未创建和选取 3D 对象前，3D 面板显示创建 3D 对象的各种设置选项，如图 13.1.4 所示。

在创建和选取 3D 对象后，3D 面板会显示相应对象的各种组件信息，如图 13.1.5 所示，可通过面板提供的按钮对其做进一步编辑。

场景、网格、材质、光源滤镜按钮 ：切换面板的显示信息，如选择"材质"，则面板只显示 3D 对象的材质。

添加新对象按钮 ：将各种 3D 对象继续添加到当前场景。

添加新光源 ：添加各种光源到场景中。

渲染按钮 ：渲染 3D 对象。

打印按钮 ❖：单击打开 3D 打印机属性面板，设置打印机属性后，打印输出 3D 对象。

取消打印 ❖：取消打印。

删除 ❖：选中对象后，单击此按钮即可将其删除。或将对象拖到此按钮处也可完成删除。

图 13.1.4　未创建和选取对象　　　　图 13.1.5　创建和选取 3D 对象后

# 13.2　3D 对象的创建

在 Photoshop 中，可以基于图层、选区、路径、文件等 4 种方式来创建 3D 对象。Photoshop 中还提供了明信片、3D 模型、从预设创建网格、从深度映射创建网格、3D 体积等不同类型的 3D 对象。

## 13.2.1　基于图层创建 3D 对象

Photoshop 中，可以基于当前图层来创建 3D 对象。

打开图 13.2.1（a）所示的编织纹理图像文件，选择"背景"图层，在 3D 面板中（见图 13.1.4），选择"源"为"选中的图层"，选择"从预设创建网格"中的"帽子"，然后单击"创建"按钮，即可快速地创建一个立体帽子。当前的图层内容会作为材质纹理填充到帽子中。效果如图 13.2.1（b）所示。

原有图层将会变为一个 3D 图层，图层面板状态如图 13.2.1（c）所示。

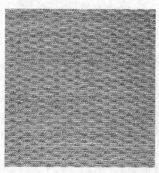 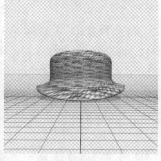 

　　（a）原图　　　　　　　　　（b）创建 3D 效果后　　　　　　　（c）图层面板状态

图 13.2.1　基于图层创建 3D 对象示例

### 13.2.2　基于选区创建 3D 对象

Photoshop 中，可以基于选区来创建 3D 对象。

打开图 13.2.2（a）所示的图像文件，选择魔棒工具，选择其中的钟表。在 3D 面板中（见图 13.1.4），选择"源"为"当前选区"，此时面板只能选择"3D 模型"类别，单击"创建"按钮，即可快速地创建一个立体钟表。效果如图 13.2.2（b）所示。

（a）原图　　　　　　　　（b）创建 3D 效果后　　　　　　　（c）图层面板状态

图 13.2.2　基于选区创建 3D 对象示例

### 13.2.3　基于工作路径创建 3D 对象

Photoshop 中，可以基于已有的工作路径来创建 3D 对象。

新建一个文件，选择"自定形状工具"，在选项栏中设定绘制"路径"，选择脚丫形状，创建图 13.2.3（a）所示的路径。在 3D 面板中（见图 13.1.4），选择"源"为"工作路径"，此时面板只能选择"3D 模型"类别，单击"创建"按钮，即可快速地创建一个立体脚丫图形。效果如图 13.2.3（b）所示。

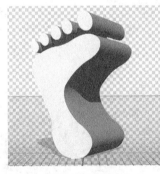
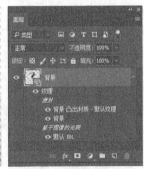

（a）路径　　　　　　　（b）创建 3D 效果后　　　　　　　（c）图层面板状态

图 13.2.3　基于工作路径创建 3D 对象示例

### 13.2.4　基于文件创建 3D 对象

其他软件如 3DMax 等制作的 3D 文件也可以导入 Photoshop。Photoshop 支持的 3D 文件格式如图 13.2.4 所示。在 3D 面板中（见图 13.1.4），选择"源"为"文件"，单击"创建"按钮，会可打开一个"打开"对话框，找到相应的 3D 文件，即可基于文件创建 3D 对象。

图 13.2.4　支持的 3D 文件格式

### 13.2.5 创建不同类型的 3D 对象

面向于不同的应用,在创建 3D 对象时,可以选择明信片、3D 模型、从预设创建网格、从深度映射创建网格、3D 体积等不同类型。

#### 1. 创建 3D 明信片

3D 明信片用于快速打造图像的透视立体效果。打开如图 13.2.5(a)所示的图像文件,选择手机截图所在的图层,在 3D 面板选择"源"为"选中的图层",选择"3D 明信片",单击"创建"按钮即可创建一个 3D 明信片对象,如图 13.2.5(b)所示。适当旋转、平移后,效果如图 13.2.5(c)所示。

(a)路径原图          (b)3D 面板设置          (c)3D 明信片效果

图 13.2.5　3D 明信片效果示例

#### 2. 从预设创建网格

Photoshop 中提供了若干预设的 3D 网格,可以快速地创建一个带有预设效果的 3D 对象。在 3D 面板中,选择"从预设创建网格",在下拉列表中选择要创建的网格类型,单击"创建"按钮即可创建相应的 3D 对象。图 13.2.6 展示了通过一个纹理图层创建的各种预设网格效果。

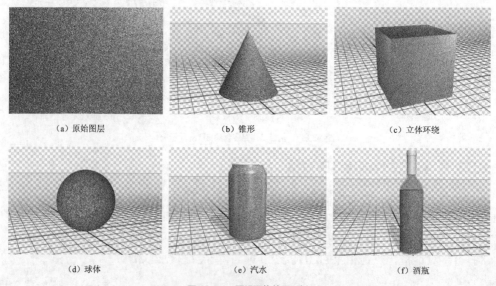

(a)原始图层          (b)锥形          (c)立体环绕

(d)球体          (e)汽水          (f)酒瓶

图 13.2.6　预设网格效果示例

### 3. 创建 3D 模型

"3D 模型"是基于选择的图层、选区、工作路径来创建 3D 对象。创建的 3D 对象需要进一步设置材质纹理和其他效果。图 13.2.7 所示为基于文字图层创建的 3D 模型效果。

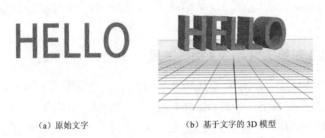

（a）原始文字 　　　　　　　　　　　　（b）基于文字的 3D 模型

**图 13.2.7 文字 3D 模型效果示例**

### 4. 从深度映射创建网格

"从深度映射创建网格"会根据所选图层的明度来生成 3D 立体对象，亮度越高凸起越大。在 3D 面板选择"从深度映射创建网格"，可从下拉菜单中选择"平面""双色平面""纯色突出""圆柱""球体"样式。图 13.2.8 所示的是由亮度不同的红色条组成的图层，选择"从深度映射创建网格"后的不同样式的 3D 对象。

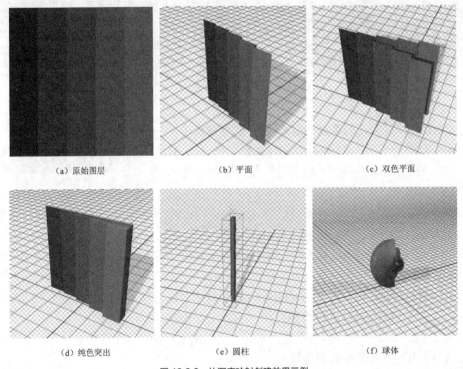

（a）原始图层 　　　　　　　　　（b）平面 　　　　　　　　　（c）双色平面

（d）纯色突出 　　　　　　　　　（e）圆柱 　　　　　　　　　（f）球体

**图 13.2.8 从深度映射创建效果示例**

### 5. 3D 体积

3D 体积主要应用于一些医学图像。执行"文件|打开"命令，打开一个 DICOM 文件，Photoshop 会读取文件中所有的帧，并将其转换为图层。选择要转换为 3D 体积的图层后，

在 3D 面板选择"3D 体积"即可看见对应的 3D 对象。

# 13.3 3D 对象的基本编辑

创建 3D 对象后，可以通过 3D 菜单或者 3D 面板对 3D 对象的场景、网格、材质、光源进行编辑。

## 13.3.1 3D 对象工具和 3D 相机工具

Photoshop 中提供了 3D 对象工具和 3D 相机工具来编辑 3D 对象。使用 3D 对象工具可更改 3D 模型的位置或大小，使用 3D 相机工具可更改场景视图。

如图 13.3.1（a）所示，使用自定形状工具，创建一个"树"的形状路径，在 3D 面板基于工作路径创建一个 3D 对象，如图 13.3.1（b）所示。3D 面板状态如图 13.3.1（c）所示。

（a）原始路径　　　　　　（b）3D 对象　　　　　　（c）3D 面板

图 13.3.1　创建 3D 对象效果

### 1. 利用 3D 对象工具调整 3D 模型的位置或大小

选中 3D 图层后，在 3D 面板选择"背景"，会默认激活 3D 对象工具。当操作 3D 模型时，相机视图保持固定。3D 对象工具如图 13.3.2 所示。

图 13.3.2　3D 对象工具

① 旋转：上下拖动可将模型围绕其 x 轴旋转；两侧拖动可将模型围绕其 y 轴旋转。

② 滚动：两侧拖动可使模型绕 z 轴旋转。

③ 拖动：两侧拖动可沿水平方向移动模型；上下拖动可沿垂直方向移动模型。按住 Alt 键的同时进行拖移可沿 x 或者 z 方向移动。

④ 滑动：滑动 3D 对象。两侧拖动可沿水平方向移动模型；上下拖动可将模型移近或移远。按住 Alt 键的同时进行拖移可沿 x 或者 y 方向移动。

⑤ 缩放：上下拖动可将模型放大或缩小。按住 Alt 键的同时进行拖移可沿 z 方向缩放。

### 2. 利用 3D 相机工具调整场景

选中 3D 图层后，在 3D 面板选择"场景"，会激活 3D 相机工具。选项栏中的 3D 模式工具也会相应地变化为 3D 相机工具。

① 环绕：拖动可将相机沿 x 或 y 方向环绕移动。

② 滚动：两侧拖动可将相机绕 z 轴旋转。

③ 平移▣：拖动以将相机沿 *x* 或 *y* 方向平移。按住 Alt 键的同时进行拖移可沿 *x* 或 *z* 方向平移。

④ 滑动▣：两侧拖动可沿水平方向移动相机；上下拖动可将相机移近或移远。

⑤ 变焦▣：拖动以更改 3D 相机的视角。

图 13.3.3 所示为使用 3D 对象工具和 3D 相机工具对 3D 对象实施变换的效果。

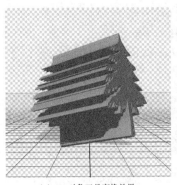

（a）3D 对象工具变换效果　　　　（b）3D 相机工具变换效果

图 13.3.3　3D 对象工具和 3D 相机工具的变换效果

## 13.3.2　3D 场景设置

3D 场景设置可更改渲染模式，选择要在其上绘制的纹理或创建横截面。单击 3D 面板中的"场景"按钮，然后在面板顶部选择"场景"条目，在属性面板即可出现场景相关的属性设置，如图 13.3.4 所示。

图 13.3.4　场景属性面板

预设：设置 3D 模型渲染预设。

横截面：可创建以所选角度与模型相交的平面横截面。

表面：设置表面的渲染样式。

线条：设置线条的渲染样式。

点：设置点的渲染样式。

阴影：显示和隐藏阴影。

移去隐藏内容：隐藏双面组件背面的表面。

图 13.3.5 所示为"线条插图"和"素描草"两种渲染预设的效果。

  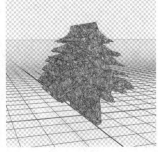

（a）默认　　　　　　（b）线条插图　　　　　　（c）素描草

图 13.3.5　渲染预设效果

### 13.3.3 3D 网格设置

单击 3D 面板顶部选择"网格",在属性面板即可出现网格相关的属性设置。如图 13.3.6 所示。

捕捉阴影:控制选定网格是否在其表面上显示其他网格所产生的阴影。

投影:控制选定网格是否投影到其他网格表面上。

不可见:隐藏网格,但显示其表面的所有阴影。

形状预设:选取网格对象的形状预设样式,默认为"凸出"。图 13.3.7 所示为"凸出""斜面""枕状膨胀"预设效果。

变形轴:设置网格变形时的中心点位置。

纹理映射:设置纹理映射的样式。可选择"缩放""平铺""填充"。

凸出深度:设置网格凸出深度。数值可以为 0、正数或负数。数值越大,网格越厚,数值越小,网格越薄。若为负数则反方向凸出。图 13.3.8 所示为凸出深度预设效果。

单击面板上方的变形按钮 进入网格"变形"属性设置,如图 13.3.6(b)所示,可进一步设置网格的扭转、锥度、水平和垂直弯曲角度等。

单击面板上方的盖子按钮 进入"盖子"属性设置,如图 13.3.6(c)所示,可以设置边缘斜面的样式,创建膨胀效果。膨胀角度为正为凸出,角度为负为凹陷。图 13.3.9 所示为宽度为 22%,角度为 45°,强度为 14%,膨胀角度为正数和负数的效果。

单击面板上方的 按钮进入"坐标"属性设置,如图 13.3.6(d)所示,通过在 $x$、$y$、$z$ 轴相应的位置、旋转、缩放输入框中输入相应的数值来编辑网格。

(a)"网格"属性设置　　(b)"变形"属性设置　　(c)"盖子"属性设置　　(d)"坐标"属性设置

图 13.3.6　网格属性面板

(a)凸出　　　　　　　　(b)斜面　　　　　　　　(c)枕状膨胀

图 13.3.7　形状预设效果

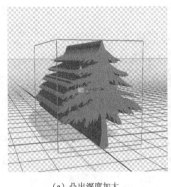
（a）凸出深度加大

（b）凸出深度降低

（c）凸出深度为负数

图 13.3.8　凸出深度设置效果

（a）未设置"盖子"

（b）膨胀角度为正

（c）膨胀角度为负

图 13.3.9　膨胀角度设置效果

### 13.3.4　3D 材质设置

可以使用一种或多种材质来创建模型的整体外观。单击 3D 面板顶部选择"材质"，3D 面板中会列出网格各个表面的材质列表，如图 13.3.10 所示。在面板中选择要编辑的材质，在属性面板即可出现材质相关的属性设置，如图 13.3.11 所示。

单击属性面板右侧的"材质"拾色器，在下拉列表中可以选取预设的材质属性。图 13.3.12 所示为使用"材质"预设的效果。

漫射：材质的颜色。漫射映射可以是实色或任意二维图像内容。如果选择"移去纹理"，则通过"漫射"色板来设置漫射颜色。选择"新建纹理"，可新建一个纹理文件，如图 13.3.13（a）所示。选取要使用的纹理素材，将其复制到新建文件中，并调整大小，如图 13.3.13（b）所示。回到原来的 3D 图层，可看到纹理映射的结果，如图 13.3.13（c）所示。选择"编辑纹理"会打开创建的纹理文件进行编辑，可以使用任意 Photoshop 工具在纹理上绘画或编辑纹理。选择"编辑 UV 属性"命令可以打开"纹理属性"对话框 [见图 13.3.14（a）]，通过修改填充纹理对应的缩放、平铺、位移等来编辑纹理映射效果，如图 13.3.14（b）所示。

镜像：为镜面属性显示的颜色，例如，高光光泽度和反光度。

发光：定义不依赖于光照即可显示的颜色。创建从内部照亮 3D 对象的效果。

环境：设置在反射表面上可见的环境光的颜色。该颜色与用于整个场景的全局环境色相互作用。

闪亮：定义产生的反射光的散射。低反光度（高散射）产生更明显的光照，但焦点不足。

高反光度（低散射）产生较不明显、更亮、更耀眼的高光。

反射：增加 3D 场景、环境映射和材质表面上其他对象的反射。

粗糙度：设置材质表面的粗糙程度。可以使用纹理映射或小滑块来控制粗糙度。

凹凸：在材质表面创建凹凸，无需改变底层网格。可以使用纹理映射或小滑块来控制凹凸程度。纹理映射的灰度值控制凹凸程度，则较亮的值创建突出的表面区域，较暗的值创建平坦的表面区域。

不透明度：增加或减少材质的不透明度。可以使用纹理映射或小滑块来控制不透明度，使用纹理映射的灰度值控制材质的不透明度。白色值创建完全的不透明度，而黑色值创建完全的透明度。

折射：设置折射率。两种折射率不同的介质（如空气和水）相交时，光线方向发生改变，即产生折射。新材质的默认值是 1.0（空气的近似值）。

环境：储存 3D 模型周围环境的图像。环境映射会作为球面全景来应用。可以在模型的反射区域中看到环境映射的内容。要避免环境映射在给定的材质上产生反射，请将"反射"更改为 0，并添加遮盖材质区域的反射映射，或移去用于该材质的环境映射。

材质所使用的纹理映射作为"纹理"出现在"图层"面板中，它们按纹理映射类别编组。

图 13.3.10　3D 面板材质列表　　　　图 13.3.11　材质属性设置面板

（a）原图　　　　　　　　（b）趣味纹理　　　　　　　　（c）金属-黄金

图 13.3.12　"材质"预设设置效果

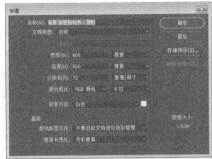
（a）新建纹理对话框

（b）编辑纹理文件效果

（c）纹理映射效果

图 13.3.13　新建纹理映射

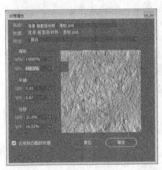
（a）"纹理属性"对话框

（b）纹理映射效果

图 13.3.14　编辑纹理 UV 属性效果

## 13.3.5　3D 光源设置

3D 光源从不同角度照亮模型，从而添加逼真的深度和阴影。单击 3D 面板顶部选择"光源"，3D 面板中会列出现有光源列表，如图 13.3.15 所示。选择要编辑的光源，在图像编辑窗口出现光源示意图。使用 3D 对象工具，配合鼠标拖动可以移动光源位置。

以"无限光"为例，光源属性设置面板如图 13.3.16 所示。

预设：从预设下拉菜单中选取光源预设样式。图 13.3.17 所示为"翠绿"和"狂欢节"光源预设效果。

类型：设置光源类型。无限光像太阳光，从一个方向平面照射，这种光源被看作来自无穷远，它的强度不随着接近对象而变化。在唯一的方向上，其亮度是固定的，如图 13.3.18（a）所示。点光源是从一个点发出的光，类似灯泡照射效果，如图 13.3.18（b）所示。聚光灯是可调整的锥形光线，是有方向和强弱的，类似手电筒照射效果，如图 13.3.18（c）所示。

强度：调整光源亮度。

颜色：定义光源的颜色。

阴影：从前景表面到背景表面、从单一网格到其自身或从一个网格到另一个网格的投影。

柔和度：模糊阴影边缘，产生逐渐的衰减。

移到视图：将光源置于与相机相同的位置。

对于点光源或聚光灯，除以上属性设置外，还有以下的附加选项。

光照衰减："内径"和"外径"选项决定衰减锥形，以及光源强度随对象距离的增加而减弱的速度。对象接近内径限制时，光源强度最大。对象接近外径限制时，光源强度为零。

处于中间距离时，光源从最大强度线性衰减为零。

聚光（仅限聚光灯）：聚光灯内锥形角度。

锥形（仅限聚光灯）：聚光灯外锥形角度。

单击 3D 面板下方的添加光源按钮，可以继续添加光源。点击删除按钮，可以删除光源。在 3D 面板选择"环境"，可设置环境光。环境光对场景中所有的对象都提供了固定不变的照明。

图 13.3.15　3D 面板光源列表　　　图 13.3.16　光源属性设置面板

（a）默认光源　　　　　（b）"翠绿"光源效果　　　　　（c）"狂欢节"光源效果

图 13.3.17　使用光源预设效果

（a）无限光光源　　　　　（b）点光光源　　　　　（c）聚光灯效果

图 13.3.18　不同光源效果

### 13.3.6　3D 图层的栅格化

3D 对象编辑完成后，可以转换为普通图层。在"图层"面板选择对应的 3D 图层，执行"图层 | 栅格化 | 3D"菜单命令，或者单击鼠标右键，在快捷菜单中选择"栅格化 3D"，对应的 3D 图层将转换为普通图层。栅格化之后，不能再使用 3D 工具对其进行修改。

## 13.4　3D 对象的渲染

完成 3D 对象的编辑处理之后，执行"3D | 渲染 3D 图层"，或者单击 3D 面板下面按钮区的 ▣，可创建最终渲染以产生用于 Web、打印或动画的最高品质输出。最终渲染使用光线跟踪和更高的取样速率以捕捉更逼真的光照和阴影效果。

使用最终渲染模式可以增强 3D 场景中的下列效果：

① 基于光照和全局环境色的图像。

② 对象反射产生的光照（颜色出血）。

③ 减少柔和阴影中的杂色。

最终渲染可能需要很长时间，具体取决于 3D 场景中的模型、光照和映射。如果只想暂时查看一下最终渲染的效果，可以只选取 3D 对象的一小部分来渲染以缩短渲染时间。

## 13.5　3D 文件的存储和导出

要保留 3D 模型的位置、光源、渲染模式和横截面，需要将包含 3D 图层的文件以 PSD、PSB、TIFF 或 PDF 格式储存。

Photoshop 还提供 3D 图层的导出功能以用于其他软件。执行"3D | 导出 3D 图层"，打开"导出属性"对话框，如图 13.5.1 所示。

可以导出的 3D 文件格式如图 13.5.2 所示。不同的文件格式所支持的纹理格式不同，如"Collada"支持 Photoshop 支持的纹理格式，"Flash 3D"支持 JPEG 和 PNG 两种纹理格式，3D PDF 只支持 JPEG。

如果导出为 U3D 格式，需要选择编码选项。ECMA 1 与 Acrobat 7.0 兼容；ECMA 3 与 Acrobat 8.0 及更高版本兼容，并提供一些网格压缩。

图 13.5.1　"导出属性"对话框　　　　　图 13.5.2　支持的 3D 文件格式

## 13.6 应用实例——创建 3D 立体字

【实例】创建 3D 立体字，最终效果如图 13.6.1 所示。

图 13.6.1　最终效果

① 新建一个文件，大小为 800 像素×600 像素，分辨率为 72 像素/英寸。

② 执行"编辑 | 填充"，填充 50%的灰色。

③ 选择"横排文字工具"，输入文字"3D"，字体为华文琥珀，150 点；打开"字符面板"，适当调整字符间距。效果如图 13.6.2 所示。

④ 执行"窗口 | 3D"打开 3D 面板，选择"源"为"选中的图层"，选择"3D 模型"，单击"创建"按钮，创建 3D 立体文字对象，如图 13.6.3 所示。

⑤ 使用 3D 相机工具适当旋转、移动，效果如图 13.6.4 所示。

⑥ 网格设置：在 3D 面板上面选择"网格"，在属性面板设置"凸出深度"为 2 厘米；在属性面板上方选择"盖子"，设置属性如图 13.6.5 所示。效果如图 13.6.6 所示。

⑦ 材质设置：在 3D 面板上面选择"材质"，3D 面板状态如图 13.6.7 所示。选择"3D 前膨胀材质"，在属性面板单击"漫射"旁边的■按钮，选择"新建纹理"，会创建一个新的纹理文件，如图 13.6.8 所示。

⑧ 选择渐变工具，设置渐变为"金色"渐变，渐变类型为"径向"渐变，沿对角线拖动填充，效果如图 13.6.9 所示。

⑨ 回到 3D 图层，可以看到纹理映射的效果如图 13.6.10 所示。依次选择前斜面材质、凸出材质、后斜面材质、后膨胀材质，在属性面板的"漫射"打开的菜单中选择"3D 前膨胀材质-漫射"，效果如图 13.6.11 所示。

⑩ 在 3D 面板上方选择"光源"，单击添加光源按钮，选择"聚光灯"，设置灯光的颜色为红色，调整光源位置和聚光校对，参数设置如图 13.6.13 所示。效果如图 13.6.12 所示。

⑪ 再次使用 3D 相机工具适当变换，最终效果如图 13.6.1 所示。

⑫ 保存文件。

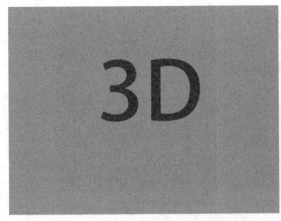

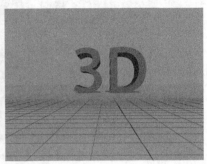

图 13.6.2　输入文字

图 13.6.3　3D 立体文字对象

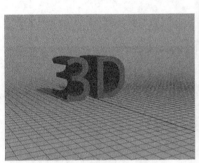

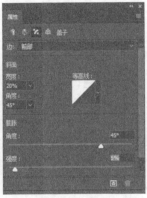

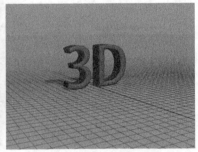

图 13.6.4　适当变换后

图 13.6.5　盖子属性设置

图 13.6.6　盖子属性设置

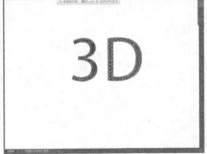

图 13.6.7　3D 面板

图 13.6.8　纹理材质文件

图 13.6.9　纹理材质文件编辑效果

图 13.6.10　纹理映射效果

图 13.6.11　纹理映射最终效果

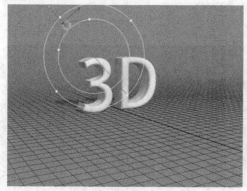

图 13.6.12　聚光灯效果　　　　　　　图 13.6.13　聚光灯设置参数

# 13.7 习题

### 一、简答题

1. 3D 对象包含哪些组件？
2. 有几种方式可以创建 3D 对象？
3. Photoshop 中提供了几种 3D 对象的类型，有什么特点？

### 二、上机实际操作题

1. 利用 3D 功能，通过图 13.7.1 所示素材，制作出图 13.7.2 所示的人像立方体效果。

图 13.7.1　素材　　　　　　　图 13.7.2　效果

（1）新建一个文件。

（2）在 3D 面板，选择"源"为"选中的图层"，从预设创建网格，在下拉菜单选择"立体环绕"，单击"创建"按钮。创建 3D 立方体对象。

（3）使用 3D 对象工具适当变换。

（4）选择立方体材质，在漫射处选择"编辑纹理"，将图 13.7.1 的素材放入纹理文件中。

2. 打开如图 13.7.3 所示素材文件，利用 3D 工具制作如图 13.7.4 所示效果。

图 13.7.3　素材　　　　　　　　　　图 13.7.4　效果

（1）打开素材文件，选择直排文字工具，输入文字"映日荷花"，字体为华文隶书。

（2）选择文字图层，在 3D 面板，选择"源"为"选中的图层"，选择"3D 模型"，单击"创建"按钮。创建 3D 立体文字对象。

（3）使用 3D 对象工具适当变换。

（4）网格编辑。在 3D 面板上方选择"网格"，在属性面板设置"凸出深度"和"盖子"里面的属性，创建文字的膨胀效果。

（5）材质编辑。在 3D 面板上方选择"材质"，在"材质"拾色器里选择"金属-黄金"预设。

（6）光源编辑。在 3D 面板上方选择"光源"，适当调整光源位置。

# 第 14 章
# 动作与自动化

在图像处理中，有时存在需要对大量的图像文件执行相同操作的情况，如果一张一张地处理，非常浪费时间。为此，Photoshop 中提供了对重复执行的任务进行自动化处理的功能。通过对一幅图像的处理动作录制，来自动完成其他图像的批量处理。Photoshop 中不仅提供了大量的预设动作，也可以进行动作的自定义创建和存储。

学习要点：

● 掌握创建动作的基本方法；
● 掌握批处理的基本应用；
● 熟悉一些脚本。

建议学时：上课 2 学时，上机 2 学时。

# 14.1　认识动作

## 14.1.1　动作的概念

动作是指在单个文件或一批文件上执行的一系列命令，如菜单命令、面板选项、工具动作等。Photoshop 可以将动作中执行的一系列命令记录下来，以后对其他图像进行同样处理时，执行该动作就可以自动完成操作任务。动作是自动化处理的基础。

在 Photoshop 中绝大部分操作都可以录制为动作的内容。例如，工具箱中工具的操作或者各个控制面板中的操作都可以录制。但是有时候为了处理图像的灵活，希望针对图像特点进行个性化的处理，可以通过在动作中插入菜单项目、停止、条件等命令来实现。

## 14.1.2　动作控制面板

Photoshop 中提供了"动作"面板用于创建、执行、修改和删除动作。执行"窗口｜动作"菜单命令，即可打开"动作"面板，如图 14.1.1 所示。面板中默认显示 Photoshop 预设中的默认动作。

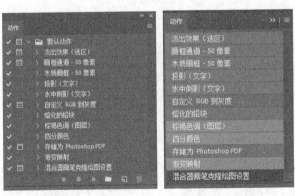

(a)"动作"面板默认视图　　　　(b)"按钮"模式

图 14.1.1　"动作"面板

切换项目开/关按钮☑：如果有"✓"，并呈黑色，表示该动作组（包含所有动作和命令）可以执行；如果呈红色，表示该组中的部分动作或命令不能执行。如果没有打"✓"，表示组中的所有动作都不能执行。

切换对话开/关按钮▣：出现▣图标，表示在执行动作的过程中会暂停，只有在对话框中单击"确定"按钮后才能继续。没有出现▣，表示动作会顺序执行。如果▣为红色，表示动作中的部分命令设置了暂停操作。

展开按钮❯：可展开查看动作组或动作。

停止播放/记录按钮■：停止当前的播放或记录操作。

开始记录●：用于记录一个新动作。当处于记录状态时，该按钮呈红色显示。

播放选定动作▶：执行当前选定的动作。

创建新组▢：创建一个新的动作组，以便存放新的动作。

创建新动作▣：创建一个新的动作。单击该按钮会弹出"新建动作"对话框。

删除按钮 ⏚：删除选定的命令、动作、序列。

面板右上角的按钮 ▤：打开调板菜单（见图 14.1.2）。选择"按钮模式"可以将动作以按钮的形式显示。

图 14.1.2 "动作"调板菜单

### 14.1.3 使用预设动作

Photoshop 中提供了大量的预设动作，使用非常简单。打开"动作"面板后，面板中默认显示的是 Photoshop 预设中的默认动作，如图 14.1.1 所示。在面板中选取想要执行的预设动作，单击按钮 ▶ 即可进入动作的执行。图 14.1.3 所示为使用默认动作中的"木质画框"动作之后的处理效果。

（a）原图　　　　　　　　　　　　　　　（b）"木质画框"效果

图 14.1.3 "木质画框"动作处理效果

单击面板右上角的 ▤ 按钮，打开调板菜单，如图 14.1.2 所示。选择其中的红色方框内的命令，可以载入 Photoshop 中预设的其他动作序列。例如，选取"图像效果"，即可将一组图像效果的动作序列载入"动作"面板。图 14.1.4 所示为使用"图像效果"中的"细雨"动作处理后的结果。

单击调板菜单中的"复位动作"，可以恢复"动作"面板的默认状态。

（a）原图　　　　　　　　　　　　　　　　（b）"细雨"效果

图 14.1.4　"细雨"动作处理效果

## 14.2　创建与编辑动作

除了 Photoshop 预设的动作之外，还可以按照需要创建自定义的动作。

### 14.2.1　创建和记录新动作

动作的创建就是把对图像的处理过程录制下来。下面以为图像添加文字水印为例来讲解动作的创建。

① 打开一副图像素材，如图 14.2.1（a）所示。

② 在"动作"面板，单击"创建新动作"按钮 ，打开"新建动作"对话框，如图 14.2.2 所示。输入新动作的名称"添加文字水印"，单击"记录"按钮。此时开始记录 变红，动作进入录制状态。

③ 选择"横排文字工具"，在图像左下角，输入白色文字"www.baidu.com"，48 点，华文隶书。

④ 把文字图层的不透明度调整为 50%。效果如图 14.2.1（b）所示。

⑤ 选择"文件|存储"命令，存储格式选择 JPEG。

⑥ 单击停止播放/记录按钮 ，结束动作的录制。录制的动作已出现在"动作"面板中，如图 14.2.3 所示。

（a）原图　　　　　　　　　　　　　　　　（b）水印效果

图 14.2.1　水印效果

图 14.2.2 "新建动作"对话框

图 14.2.3 新录制的动作

### 14.2.2 修改动作

在动作创建完成后，可以对其进行修改。

#### 1．重命名动作

在"动作"面板双击某个动作名称，会进入名称的编辑状态，输入新名称即可。也可按住 Alt 键双击该动作名称或者执行面板菜单中的"动作选项"，会弹出"动作选项"对话框，在对话框中进行设置，如图 14.2.4 所示。

#### 2．复制动作

选中要复制的动作，将其拖动到"创建新动作"按钮 ▣ 处，即可得到相应的动作副本。

#### 3．移动动作

将动作拖动到适当位置后释放鼠标即可。

#### 4．删除动作

选中要删除的动作，将其拖动到删除按钮 ▣ 处即可。

#### 5．修改动作内容

使用面板菜单中的命令可以修改动作内容，如图 14.1.2 所示。

图 14.2.4 "动作选项"对话框

图 14.2.5 "插入菜单项目"对话框

选择"开始记录"，可以在当前动作继续添加记录动作。

选择"再次记录"命令，可以从当前动作重新记录。

选择"插入菜单项目"，会弹出相应对话框，如图 14.2.5 所示，单击菜单命令，可在动作中插入想要执行的菜单命令。

选择"插入停止"，可在动作中插入一个暂停设置。如图 14.2.6 所示，在弹出的对话框中设置提示信息，如"用画笔修饰边缘"。勾选"允许继续"选项，可以在动作执行时允许动作继续执行不停止。插入停止后，动作执行到停止时会弹出一个对话框，如图 14.2.7 所示，选择停止，动作暂停，完成处理后，继续单击播放按钮完成动作。

选择"插入条件"，可在动作中插入一个条件判断，如图 14.2.8 所示。

选择"插入路径"，可以在动作中设置一个工作路径。

图 14.2.6　"记录停止"对话框　　　图 14.2.7　停止执行时显示信息　　　图 14.2.8　"条件动作"对话框

### 14.2.3　执行动作

动作的执行非常简单，打开要执行动作的图像，在"动作"面板中选择要执行的动作，如"添加文字水印"，单击播放选定动作 ▶ ，该动作的编辑就应用到图像了。

### 14.2.4　创建动作组

为方便管理，可以创建动作组来对动作分类管理。在"动作"面板，单击"创建新组"按钮 ，打开"新建组"对话框，如图 14.2.9 所示。输入新组的名称，如"自定义动作"，单击"确定"按钮即可创建一个新的动作组。

图 14.2.9　"新建组"对话框

在"动作"面板中，选择动作，使用鼠标将其拖动到动作组名称处，松开鼠标，即可将该动作添加到组。将动作拖动到组外，即可从组中删除该动作。

使用鼠标拖动动作组到"动作"面板中的 🗑 图标处，可以删除动作组。

### 14.2.5　存储和载入动作

动作创建后会暂时保留在 Photoshop 中，即使重新启动 Photoshop，也仍然存在。但如果重新安装了 Photoshop，这些记录的动作就会被删除。为了能够在重新安装 Photoshop 后继续使用这些动作，可以将它们保存起来。

选择要保存的动作组，在"动作"面板菜单中选择"存储动作"命令，打开保存对话框，如图 14.2.10 所示。设置文件名和保存位置，单击"保存"按钮就完成了动作的存储。存储的动作文件扩展名为.ATN。

对已保存的动作可以方便的载入，选择"动作"面板菜单中的"载入动作"命令，打开"载入"对话框，如图 14.2.11 所示。找到要载入的动作文件，单击"载入"按钮即可。

图 14.2.10　"另存为"对话框　　　　　图 14.2.11　"载入"对话框

### 14.2.6 替换动作

在"动作"面板菜单中选择"替换动作"命令会打开"载入"对话框，从中选择替换的动作文件，单击"载入"按钮，可将动作面板中的现有动作列表替换为动作文件中的动作。

## 14.3 自动处理的应用

在 Photoshop 的"文件 | 自动"命令的子菜单中，提供了多个自动处理图像的命令。合理利用这些命令可以有效地提高图像处理的效率。

### 14.3.1 批处理图像

批处理可以对多个图像文件执行同一个动作的操作，从而实现操作的自动化。批处理可以帮助用户完成大量的、重复性的操作，节省时间，提高工作效率。

要使用批处理前，必须先要录制好要使用的动作。以上一节中创建的"添加文字水印"动作为例，来讲解如何在 Photoshop 中创建一个批处理。

① 准备好要进行批处理的素材。要处理的素材要放在同一文件夹下，如"处理前"。新建一个"添加水印后"的文件夹存放处理之后的图像。

② 选择"文件 | 自动 | 批处理"命令，打开"批处理"对话框，如图 14.3.1 所示。

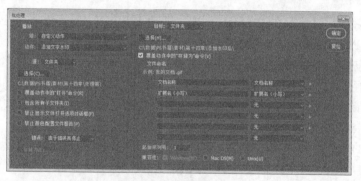

图 14.3.1 "批处理"对话框

③ 在组的下拉列表中选择要使用的动作所在的组"自定义动作"，在动作的下拉列表中选中要使用的动作"添加文字水印"。

④ 设置源：设置应用批处理的图像来源。图像可以来源于"文件夹""导入""打开的文件""Bridge"。在本例中选择"文件夹"，然后单击"选择"按钮，浏览找到素材所在文件夹。

⑤ 设置目标：设置动作执行后文件的保存位置。可以保存在"文件夹"或者直接存储并关闭。在本例中选择"文件夹"，单击"选择"按钮，浏览指定一个存储结果的文件夹，并勾选"覆盖动作中的"存储为"命令"选项。

⑥ 在文件命名区域可以指定文件名的组合方式。本例中采用默认。

⑦ 错误：用于指定批处理出现错误时的操作。本例选择"由于错误而停止"。

⑧ 单击"确定"按钮，批处理进入执行阶段。文件夹中的原始素材依次打开处理，最

终全部都添加好水印，并保存在结果文件夹中。

### 14.3.2　创建快捷批处理

创建快捷批处理可以创建一个批处理的快捷方式。当把需要处理的图片拖曳到创建的批处理图标上时，会自动对图片进行批处理。

以上节中的"添加文字水印"为例，执行"文件｜自动｜创建快捷批处理"命令，打开"创建快捷批处理"对话框，按图 14.3.2 所示设置参数。单击"将快捷批处理存储为"下面的选择按钮，为创建的批处理快捷方式选择保存位置。单击"确定"按钮后，在设定的位置会出现一个可执行文件，如图 14.3.3 所示。将图片拖到此图标上，即可完成水印的快捷添加。

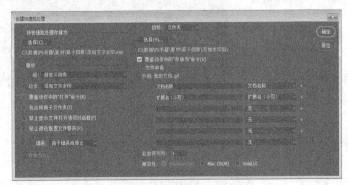

图 14.3.2　"创建快捷批处理"对话框

图 14.3.3　批处理快捷图标

### 14.3.3　裁剪并修齐图像

在同时扫描多幅图片后，需要将每幅图片进行分割并修正，通过"文件｜自动｜裁剪并修齐照片"命令，即可快速地完成这个操作。

"裁剪并修齐照片"命令能自动查找图像边缘，在扫描图像中识别出各个图片，并对其旋转对齐，然后再将它们复制到新文档中，并保持原始文档不变。为了得到更好的裁剪效果，在扫描时，照片与照片之间至少保持 0.4cm 的间距，这样自动裁剪出来的照片往往比较准确。

图 14.3.4（a）中的原图，执行"裁剪并修齐照片"后得到 4 张独立的图像文件，如图 14.3.4（b）所示。

（a）原图　　　　　　　　　　　　　（b）裁剪效果

图 14.3.4　"裁剪并修齐照片"效果

### 14.3.4　制作全景图

对一些大的场景，在用相机拍摄时，无法全部一次纳入镜头，需要多角度拍摄多张，这时就需要把多角度的照片合成为一张全景图。通过"文件｜自动｜Photomerge"命令，可以快速地合成全景图。"Photomerge"对话框如图14.3.5 所示。

利用"Photomerge"命令合成全景图的步骤如下。

① 单击"浏览"按钮打开源文件。

② 选择版面。

● "自动"：自动对源图像进行分析，然后将选择"透视"或"圆柱"版面对图像进行合成。

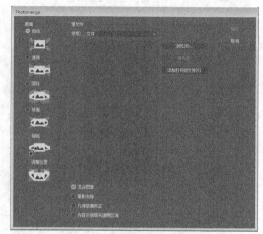

图 14.3.5　"Photomerge"对话框

● "透视"：将源图像中的一个图像指定为参考图像来复合图像，然后交换其他图像以匹配图层的重叠内容。

● "圆柱"：将在展开的圆柱上显示各个图像，从而减少在"透视"布局中出现的扭曲现象。

● "球面"：将对齐并转换图像，使其映射球体内部。

● "拼贴"：将对齐图层并匹配重叠内容，同时交换任何源图层。

● "调整位置"：将对齐图层并匹配重叠内容，但不会交换任何源图层。

③ 单击"确定"按钮开始图像的合成。

④ 使用裁剪工具适当裁剪，得到最终全景图。

图 14.3.6 所示为全景图合成效果。

（a）原图1

（b）原图2

（c）原图3

（d）效果图

图 14.3.6　全景图合成效果

### 14.3.5　合并到 HDR

"合并到 HDR pro"可以将同一景物不同曝光度的多幅图像合成在一起。这一命令主要是为了解决在数码摄影中对同一对象拍摄时由于"曝光不准"而产生的不足。进行合成的图像的分辨率和大小必须一致。

执行"文件丨自动丨合并到 HDR pro",在对话框选取要进行合并的图像,单击"确定"按钮即可自动完成,并弹出 HDR 调整对话框,如图 14.3.7（c）所示。根据需要调整参数,即可完成图像的合成。

图 14.3.7 所示为"合并到 HDR pro"合成效果。

(a) 原图 1

(b) 原图 2

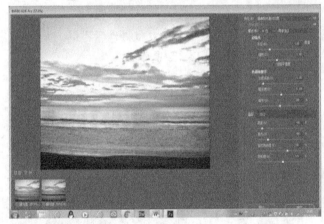

(c) 调整参数

(d) 效果图

图 14.3.7　"合并到 HDR pro"合成效果

### 14.3.6　限制图像

很多网络应用都对图像大小有限定。在图像处理中,可以快速地调整图像的大小,使其在设定的范围之内。执行"文件丨自动丨限制图像",打开"限制图像"对话框,如图 14.3.8 所示。

例如打开一副图像,原图大小如图 14.3.9（a）所示,执行"限制图像"命令后,图像大小如图 14.3.9（b）所示。

图 14.3.8　"限制图像"对话框

(a)原图大小

(b)"限制图像"后大小

图 14.3.9 "限制图像"效果

# 14.4 脚本

Photoshop 通过脚本支持外部自动化。在 Windows 中，可以使用支持 COM 自动化的脚本语言，例如 VB Script。在 Mac OS 中，可以使用允许发送 Apple 事件的语言，例如 AppleScript。这些语言不是跨平台的，但可以控制多个应用程序，例如 Adobe Photoshop、Adobe Illustrator 和 Microsoft Office。

与动作相比，脚本提供了更多的可能性。在"文件｜脚本"的下拉菜单中包含了多种对脚本命令封装的应用，如图 14.4.1 所示。

图像处理器：可以使用图像处理器转换和处理多个文件。与"批处理"不同的是，使用图像处理器不需要创建动作。"图像处理器"对话框如图 14.4.2 所示。

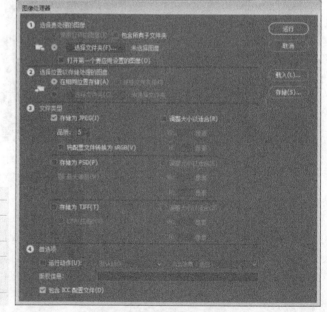

图 14.4.1 "脚本"下拉菜单　　　　　　　　　图 14.4.2 "图像处理器"对话框

删除所有空图层：删除不需要的空图层，减小图像文件大小。

将图层复合导出到文件：可以将图层复合导出到单独的文件中。

将图层导出到文件：可以将图层作为单个文件导出和存储。

脚本事件管理器：可以将脚本和动作设置为自动运行，即使用事件（如在 Photoshop 中打开、存储或导出文件）来触发 Photoshop 动作或脚本。

将文件载入堆栈：可以使用脚本将多个图像载入到图层中。

统计：可以使用统计脚本自动创建和渲染图形堆栈。

浏览：运行存储在其他位置的脚本。

## 14.5　应用实例——自动裁剪照片

【实例】自动裁剪照片到指定的冲印尺寸，如五寸照片：3.5 英寸×5 英寸，分辨率为 300 像素/英寸。

① 将要裁剪的照片放到同一个文件夹中。打开要裁剪的一幅照片。

② 执行"文件 | 动作"命令，打开"动作"面板。

③ 创建新组。单击"创建新组"按钮 ，输入名称"裁剪图像"，单击"确定"按钮创建一个新的动作组。

④ 创建新动作。单击"创建新动作"按钮 ，打开"新建动作"对话框，输入名称"裁剪 3.5×5 寸照片"，单击"记录"按钮。

⑤ 调整图像尺寸。执行"文件 | 图像大小"命令，更改图像的分辨率为 300 像素/英寸，其他参数如图 14.5.1 所示，单击"确定"按钮。

⑥ 裁剪照片。选择"矩形选框工具"，在选项的样式中选择"固定大小"，宽度设为 5 英寸，高度设为 3.5 英寸。在图像上单击形成一个矩形选区，适当调整矩形选区的位置，使其包含想要的主体图像。执行"图像 | 裁切"命令裁剪图像。取消选区。

⑦ 存储图像。新建一个文件夹"裁剪后"，执行"文件 | 存储为"命令，将文件存到新建的文件夹中。

⑧ 结束录制。单击停止播放/记录按钮 ，结束动作的录制。

⑨ 创建批处理。选择"文件 | 自动 | 批处理"命令，打开"批处理"对话框，设置参数，如图 14.5.2 所示。

⑩ 单击"确定"按钮完成批处理。

图 14.5.1　图像大小设置参数

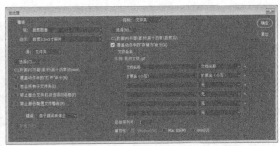

图 14.5.2　"批处理"对话框

# 14.6 习题

## 一、简答题

1. 什么是动作？如何载入系统预设的动作序列？
2. 如何在动作中添加停止？
3. 如何创建自动图像批处理？

## 二、上机实际操作题

将 JPG 格式的图像批量转换为 PNG 格式。

（1）打开一副 PNG 格式的图像。

（2）创建动作。单击"创建新动作"按钮 ，输入新动作的名称"PNG 转 JPEG"，单击"记录"按钮。

（3）选择"文件 | 存储为"命令，在保存格式里选择"JPEG"格式，单击"确定"按钮，在弹出的 JPEG 选项对话框中再次单击"确定"按钮。

（4）单击停止播放/记录按钮 ，结束动作的录制。

（5）选择"文件 | 自动 | 批处理"命令，创建格式转换批处理。

# 15

# 第 15 章
# 打印输出图像文件

图像处理完成后，可以将图像导出为适当的文件格式。Photoshop 中支持多种图像格式，并提供了相应的导出命令，可以方便地导出文件，用于各种不同的应用。在 Photoshop 中也可以将图像打印输出或者进行商业印刷。

学习要点：

● 掌握常用图像文件的导出格式；
● 熟悉一些文件打印的常用设置。

建议学时：上课 2 学时，上机 2 学时。

# 15.1 导出图像文件

## 15.1.1 导出 Web 所用格式图像

通过"存储为 Web 所用格式",可以对图像进行优化处理来适合网络和移动通信应用。从 Photoshop CC 2015 版开始,"文件 | 存储为 Web 所用格式"选项已被移到"文件 | 导出 | 存储为 Web 所用格式(旧版)"。

"存储为 Web 所用格式"对话框如图 15.1.1 所示。在其预览窗口可以用"原稿、优化、双联、四联"4 种方式显示图像的不同优化效果。单击鼠标左键可选择某个格式。单击对话框左下角的缩放按钮 ▣ ▣ 100% ▾ 或显示比例菜单可调整图像为合适的显示尺寸。

图像下面为文件信息显示栏,显示当前文件的格式、大小及在 Web 中的下载速度。

"图像大小"用于对当前图像的分辨率、百分比及图像品质进行设置。

单击"预览"按钮可以在 Web 浏览器中预览优化后的输出图像。所有参数都设置和选择好后,单击"存储"按钮,即可完成"存储"功能。

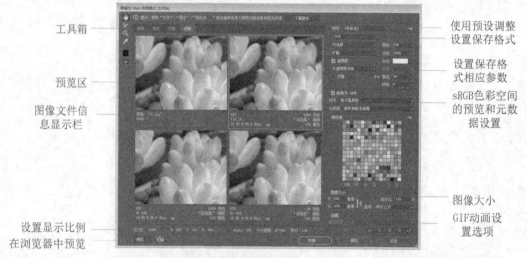

工具箱

预览区

图像文件信息显示栏

设置显示比例
在浏览器中预览

使用预设调整
设置保存格式

设置保存格
式相应参数

sRGB色彩空间
的预览和元数
据设置

图像大小

GIF动画设
置选项

图 15.1.1 "存储为 Web 所用格式"对话框

## 1. 设置 GIF 格式和 PNG-8 格式图像

GIF 格式与 PNG-8 格式类似,都是 8 位索引色图像,最多支持 256 种色彩,支持透明,适合于颜色单调和细节清晰的图像。PNG-8 的设计目标是替代 GIF 格式,不过 GIF 格式能支持简单动画,目前因特网上的许多彩色小动画都采用了此格式。下面以 GIF 格式为例,来讲解一下相应的格式设置选项。

在"存储为 Web 所用格式"对话框的保存格式里面选择"GIF",可以看到 GIF 格式的设置选项,如图 15.1.2 所示。

降低颜色深度算法:GIF 格式为索引色模式,有相应颜色表。降低颜色深度算法是指生成颜色表的算法。

图 15.1.2　"GIF"格式参数设置

仿色算法："仿色"即为仿造颜色来显示颜色表中未提供颜色的方法，可以使颜色减少时，图像效果更为平滑。选择较高的仿色比例可以保留图像中更多的颜色细节，但会增加存储空间。

透明度：勾选时保留图像中原有颜色的不透明度属性。

杂边：选择在有透明背景的图像中，如何处理图像的边缘。

交错：在浏览器中显示低分辨率版本，使用户感觉下载时间更短。

Web 靠色：将颜色转换为最接近的 Web 面板等效颜色的容差级别。

损耗：可以有选择地扔掉数据来减少文件大小。数值越高，文件越小，但图像的品质会变差。

如图 15.1.3 所示的是将一副真彩色图像保存为 GIF 格式的效果，可以看到图像中颜色大量减少，图像质量变低。

图 15.1.3　保存为"GIF"格式效果

图 15.1.4　"JPEG"格式参数设置

## 2. 设置导出 JPEG 图像格式

JPEG 格式允许用不同的压缩比对文件进行压缩，在获取极高的压缩率的同时能展现丰富生动的图像。但 JPEG 格式不支持透明。Web 中的图片大多采用此格式。

在"存储为 Web 所用格式"对话框的保存格式里面选择"JPEG"，可以看到 JPEG 格式的设置选项，如图 15.1.4 所示。

品质：设置压缩比。"品质"越高，图像的压缩比越低，图像质量越好。

连续：在浏览器浏览时以渐进方式显示图像。

优化：优化图像，创建文件稍小的增强 JPEG。

嵌入颜色配置文件：将颜色配置文件保存到文件中，方便浏览器对颜色进行校正。

模糊：应用于图像的模糊量。与"高斯模糊"效果类似。

杂边：为透明像素指定一个填充颜色。

### 3．设置导出 PNG-24 格式图像

PNG-24 格式是 24 位真彩色图像，支持透明。这种格式的图片清晰度好，质量高，但文件大小相对较大，比较适合像摄影作品之类颜色比较丰富的图片。

在"存储为 Web 所用格式"对话框的保存格式里面选择"PNG-24"，可以看到 PNG-24 格式的设置选项，如图 15.1.5 所示。选择"透明度"，则图像是支持 Alpha 透明的全色 32 位 PNG 图像。其他选项设置参照 GIF 格式。

### 4．设置导出 WBMP 格式图像

WBMP 格式是一种移动计算机设备使用的标准图像格式。手机中的彩信就支持此格式。WBMP 格式主要用于 WAP 网页中。WBMP 支持 1 位颜色，即 WBMP 图像只包含黑色和白色像素，而且不能制作得过大，这样在 WAP 手机里才能被正确显示。

在"存储为 Web 所用格式"对话框的保存格式里面选择"WBMP"，可以看到 WBMP 格式的设置选项，如图 15.1.6 所示。设置参照 GIF 格式。

图 15.1.7 所示为将一副彩色图像转换为 WBMP 格式的效果。

图 15.1.5 "PNG-24"格式参数设置　　图 15.1.6 "WBMP"格式参数设置　　图 15.1.7 保存为"WBMP"格式的效果

### 15.1.2　快速导出图像文件

Photoshop CC 中提供了快速导出文件的功能。执行"文件｜导出｜快速导出为 PNG"命令，可以打开"存储为"对话框，从而快速地将当前文件转换为 PNG 格式的图像。

快速导出的图像格式及相应设置选项，可以通过"文件｜导出｜导出首选项"命令来设置。导出首选项的对话框如图 15.1.8 所示。

图 15.1.8 "首选项"对话框

在"快速导出格式"下拉列表中设置快速导出的图像格式,包括 PNG、JPG、GIF、SVG 格式。PNG、GIF、JPEG 设置方法参照上一节。

SVG 格式是一种可缩放的矢量图形格式。基于 XML,可以直接用代码来描绘图像,可以用任何文字处理工具打开 SVG 图像,通过改变部分代码来使图像具有交互功能,并可以随时插入到 HTML 中通过浏览器来观看。

### 15.1.3 快速导出多个不同尺寸的图像文件

不同的设备适用的图像尺寸不同。使用"文件 | 导出 | 导出为"命令可以一次导出多个尺寸规格的图像文件,以适应不同设备的要求。

执行"文件 | 导出 | 导出为"命令,打开"导出为"对话框,如图 15.1.9 所示。在左侧窗格中,选择相对资源大小,例如 1x 为以当前 100% 大小导出。

图 15.1.9 "导出为"对话框

单击图标 ➕ 可以为导出添加更多的不同大小设置的图像文件,如 0.5x、0.75x 等。还可以为以不同大小导出的图像文件选取后缀,默认是直接添加图像大小倍数,例如@0.5x。通过后缀可以更方便地管理导出的资源。

单击"全部导出"按钮,可以得到指定格式导出的 3 个大小不同的图像文件,如图 15.1.10 所示。

(a) 7.png          (b) 7@0.5x.png          (c) 7@0.75x.png

图 15.1.10 导出结果

### 15.1.4 导出图像中的图层

如果将在 Photoshop 中处理的带有图层的图像文件导入到其他软件,可能只会显示一张图像,不会有图层信息。这样就需要将图像文件中的各图层作为单独的文件导出。

执行"文件 | 导出 | 将图层导出为文件",可以快速导出图像中的各图层。"将图层导出为文件"对话框如图 15.1.11 所示。

单击"浏览"按钮设置放置导出结果的文件夹。"文件名前缀"默认为当前文件名,文件名后缀为图层的名字。在"文件类型"下拉菜单中选择导出图像文件的格式。选择"仅限可见图层"可以只导出可见的图层。

图 15.1.12 所示为有两个图层的图像的导出结果。

(a)2_0000_蝴蝶.psd

(b)2_0001_背景.psd

图 15.1.11 "将图层导出为文件"对话框　　　　图 15.1.12 导出"图层"结果

### 15.1.5　导出画板

在 Photoshop 中可以快速地将画板导出为单独的图像文件,也可以将画板导出到 PDF 文件中。

执行"文件 | 导出 | 画板至文件",打开"画板至文件"对话框,如图 15.1.13 所示。可以将画板导出为 JPEG、GIF、PNG、PNG-8 或 SVG 格式的图像文件。选择"包括重叠区域",图像中与画板重叠的区域也会被导出。选择"仅限画板内容",则仅导出画板上的内容。勾选"在导出中包括背景"会连同画板背景一起导出。

执行"文件 | 导出 | 将画板导出到 PDF",可以将画板导出为 PDF 文件。"将画板导出到 PDF"对话框如图 15.1.14 所示。在选项处可设置 PDF 文件的格式,其他选项设置与"画板至文件"类似。

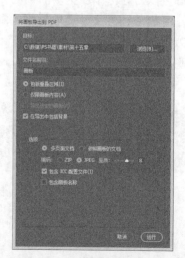

图 15.1.13 "画板至文件"对话框　　　图 15.1.14 "将画板导出到 PDF"对话框

### 15.1.6　导出图层复合

在图像处理中，利用图层复合可以方便地保存不同的处理方案。Photoshop 中也提供了将图层复合导出为单独文件的功能。

执行"文件｜导出｜将图层复合导出到文件"，打开导出图层复合对话框，如图 15.1.15 所示。选择"仅限选中的图层复合"，则只有选中的图层复合才会被导出。

执行"文件｜导出｜将图层复合导出到 PDF"，可以将图层复合导出为 PDF 文件。"将图层复合导出到 PDF"对话框，如图 15.1.16 所示。单击"浏览"按钮设定结果文件的存放位置和名称。导出完成后会以 PDF 演示文稿的方式演示图层复合导出结果。

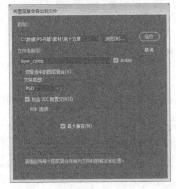
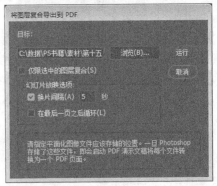

图 15.1.15　"将图层复合导出到文件"对话框　　　图 15.1.16　"将图层复合导出到 PDF"对话框

## 15.2　设置打印输出

图像处理完毕后，可以通过打印设备打印输出。为获得良好的打印效果，需要掌握打印参数的正确设置。

### 15.2.1　打印前准备

在图像打印前，需要对图像做一些检查和设置以利于打印和印刷。

#### 1．检查图像分辨率

经过长期的打印印刷经验摸索，300ppi 的分辨率最适合印刷，图像清晰度好，文件大小也合适。在打印印刷前最好执行"图像｜图像大小"命令，检查一下图像的分辨率，将其更改为 300ppi，如图 15.2.1 所示。

图 15.2.1　"图像大小"对话框

### 2．检查图像颜色模式

如果使用打印机打印图像，图像是 RGB 模式或者 CMYK 模式都可以。如果用于印刷，则要求图像的颜色模式必须是 CMYK 模式。如果不是，可以通过"图像｜模式｜CMYK 模式"来更改。

### 15.2.2　打印基本设置

执行"文件｜打印设置"命令，可以打开"打印设置"对话框，如图 15.2.2 所示。

① 在打印机下拉列表选取打印机。

② 在"份数"输入框设置打印份数。

③ 在版面处设置版面。两个按钮分别代表"纵向""横向"版面。

④ 调整位置和大小。在对话框左侧的预览区域，鼠标拖动图像可以改变位置，在图像边点的 4 个调整点上拖动鼠标可直观地更改大小。也可以单击右侧位置和大小 ▶展开相应的设置选项来进行设置，如图 15.2.3 所示。

⑤ 如要部分打印，要先制作选区，后执行打印命令，在"位置和大小"选项中选择打印选定区域。

⑥ 选择"匹配打印颜色"可在预览区域中查看图像颜色的实际打印效果。选择"色域警告"，则在图像中高亮显示溢色。选择"显示纸张白"，可将预览中的白色设置为选定的打印机配置文件中的纸张颜色。

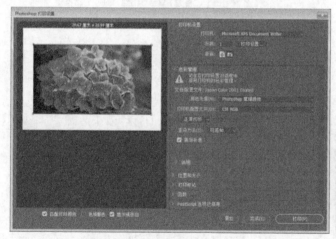

图 15.2.2　"打印设置"对话框

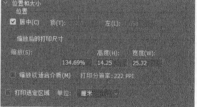

图 15.2.3　"位置和大小"设置选项

### 15.2.3　色彩管理的设置

Photoshop 中可以对打印色彩进行管理。"色彩管理"设置选项如图 15.2.4 所示。在颜色处理下拉列表中可以选择"打印机来管理颜色""Photoshop 管理颜色"和"分色"。如果有针对特定打印机、油墨和纸张组合的自定颜色配置文件，与让打印机管理颜色相比，让 Photoshop 管理颜色通常会得到更好的效果。"分色"是指打算用于商业再生产并包含多种颜色的图片必须在单独的主印版上打印，一种颜色一个

图 15.2.4　"色彩管理"设置选项

印版。要求图像必须是 CMYK 模式。

在颜色处理处，选择 "Photoshop 管理颜色"，在下面的打印机配置文件中选取对应的配置文件即可。"渲染方法" 用于指定 Photoshop 如何将颜色转换为目标色彩空间。"黑场补偿"则通过模拟输出设备的全部动态范围来保留图像中的阴影细节。

### 15.2.4  添加打印标记

在打印图像时，可以给图像添加一些标记，如裁剪标志、说明等。在 "打印" 设置对话框中单击 "打印标记"前面的 ▶ 即可展开相应的设置选项，如图 15.2.5 所示，直接勾选想要的标记类型即可。

图 15.2.5  "打印标记" 设置选项

如要选择添加 "说明"，可单击 "编辑" 按钮，编辑要添加的说明信息。选择 "标签"，将在图像上打印出文件名称和通道名称。选择 "套准标记"，将会在打印的同时在图像的 4 个角上出现打印对齐的标志符号，用于图像中分色和双色调的对齐。

### 15.2.5  输出背景的设置

在打印图像时，可以给图像设置背景。在 "打印设置" 对话框中单击 "函数" 前面的 ▶即可展开相应的设置选项。

单击 "背景" 按钮，即可打开拾色器（见图 15.2.6），设置背景颜色（见图 15.2.7）。

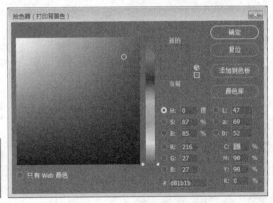

图 15.2.6  "函数" 设置选项

图 15.2.7  "打印背景色" 拾色器

### 15.2.6  图像边界的设置

在打印图像时，可以给图像设置边界。在 "打印" 对话框中单击 "函数" 前面的 ▶ 即可展开相应的设置选项。

单击 "边界" 按钮，即可打开 "边界" 对话框（见图 15.2.8）。边界数值要求在 0～3.5mm 之间。

图 15.2.8  "边界" 对话框

### 15.2.7  出血边的设置

在印刷中，出血是图像落在印刷边框打印定界框外的或位于裁切标记和裁切标记外的部分。可以把出血作为允差范围包括到图像中，以保证在页面切边后印刷品完好。

在 "打印设置" 对话框中单击 "函数" 前面的 ▶即可展开相应的设置选项。单击 "边界"

按钮，即可打开"出血"对话框（见图 15.2.9），设置出血宽度。

图 15.2.9 "出血"对话框

## 15.3 应用实例——导出全部图像切片

【实例】快速将全部图像切片导出为 JPEG 格式。

① 打开一幅图像，选择工具箱中的"切片工具"，按图 15.3.1 所示将图像分为 3 部分。

② 执行"文件 | 导出 | 存储为 Web 所用格式（旧版）"，选择文件格式为 JPEG，品质为 60。

③ 单击"存储"按钮，在打开的对话框中设置保存位置。切片处选择"所有切片"，如图 15.3.2 所示。

④ 单击"保存"按钮，在选择的保存位置会生成一个 images 文件夹，里面有 3 张图像文件，如图 15.3.3 所示。

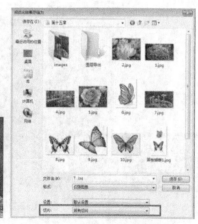

图 15.3.1 切片效果　　　　　　图 15.3.2 优化存储对话框　　　　　图 15.3.3 导出结果

## 15.4 习题

**简答题**

1．如何优化 Web 格式图像并导出？

2．如何导出不同尺寸的图像文件？

3．要得到良好的打印印刷效果，对图像有什么要求？

# 第 16 章
# 综合案例

本章介绍几个综合案例，来对前几章学习的内容进行综合复习。

学习要点：

● 对 Photoshop 的所有内容进行进行综合应用，提高实际操作能力。

建议学时：上机 3 学时。

## 16.1 制作"参军报国"宣传海报

### 1. 示例效果

效果图如图 16.1.1 所示。

图 16.1.1 效果图

### 2. 素材

陆军.psd，空军.jpg。

### 3. 步骤

（1）制作陆军部分

打开"陆军.psd"文件，将"背景"层内容全部选中并做自由变换，对图像的大小进行调整，并取消选区。效果如图 16.1.2 所示。

（2）制作空军部分

① 打开图片"空军.jpg"将其复制到"陆军.psd"，形成"图层 1"，调整其大小和位置。

② 在"图层 1"的右上角添加镜头光晕效果，亮度为"100%"的电影镜头。

③ 使用图层蒙版制作两个图层内容的自然融合效果，如图 16.1.3 所示。

图 16.1.2 陆军

图 16.1.3 空军

在"图层 1"的上面新建一个"亮度/对比度"的调整图层,设置其参数为:亮度-30、对比度 30。该调整图层的效果影响下面的"图层 1"和"背景"层。

(3)制作红旗部分,将红旗和五星的内容都在一个图层中完成。

① 新建"图层 2",使用套索工具制作红旗选区并填充红色(255,0,0)。

② 制作黄色(255,255,0)的 5 颗五角星,可以使用多边形工具或者"混合画笔"预设中的星形画笔完成。

③ 将"图层 2"的图层混合模式设置为"线性加深"、不透明度设置为"80%"。效果如图 16.1.4 所示。

图 16.1.4　红旗

(4)添加文字

① 输入文字"参军报国",文字字体为"隶书",大小为"108 点"。

② 设置文字图层样式为斜面和浮雕、描边(黄色)、渐变叠加(红到黑的渐变)。整体效果如图 16.1.5 所示。

图 16.1.5　整体效果

（5）保存文件

将最终结果以"作品 1.psd"保存到自己的文件夹内。

## 16.2 制作唯美海报

综合运用文字工具、画笔、滤镜等工具完成如图 16.2.1 所示的海报制作。

图 16.2.1　最终效果

### 1. 背景的制作

① 新建一个文件，大小为 800×600，RGB 模式。执行"编辑｜填充"命令填充如图 16.2.2 所示颜色。

② 打开如图 16.2.3 所示素材，将其复制到新建文件中，调整大小，调整其图层混合模式为"叠加"。

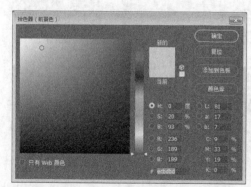

图 16.2.2　填充颜色

图 16.2.3　素材 1

③ 打开如图 16.2.4 所示素材，将其复制到新建文件中，调整大小，调整其图层混合模式为"叠加"，不透明度为"60%"。效果如图 16.2.5 所示。

图 16.2.4 素材 2

图 16.2.5 背景最终叠加效果

### 2. 人物部分的制作

① 打开如图 16.2.6 所示的素材。执行"图像｜调整｜自然饱和度"命令，将其"自然饱和度"设置为 100%，并将其复制到新建文件中，调整大小和位置。为其添加图层蒙版并适当编辑，效果如图 16.2.7 所示。

图 16.2.6 素材 3

图 16.2.7 复制图像效果

② 打开如图 16.2.8 所示素材，选取其中的人物并复制到新建文件中，调整大小和位置。为其添加蒙版，用画笔编辑一下边缘部分。效果如图 16.2.9 所示。

图 16.2.8　素材 4

图 16.2.9　人物部分编辑效果

### 3. 桃花及花瓣部分制作

① 打开如图 16.2.10 所示的桃花素材。使用魔棒工具，单击选取白色背景，执行"选择｜反选"，选取其中的"桃花"并将其复制到当前文件中。适当调整大小和位置，如图 16.2.11 所示。

② 使用快速选择工具，选取其中的一个花瓣。选择"移动工具"，按住 Alt 键拖动复制桃花花瓣，并按 Ctrl+T 组合键适当变换，最终效果如图 16.2.12 所示。

图 16.2.10　桃花素材

图 16.2.11　复制桃花后效果

图 16.2.12 花瓣制作效果

#### 4. 文字部分的制作

① 选择直排文字工具，输入文字"十里桃花"，字体为"华文隶书"、72 点，颜色如图 16.2.13 所示。

② 为文字"十里桃花"添加 "描边"样式，描边为白色，3 个像素。效果如图 16.2.14 所示。

图 16.2.13 文字颜色

图 16.2.14 文字效果

#### 5. 最后修饰

① 打开小鸟素材，如图 16.2.15 所示。选取其中的小鸟复制到当前文件，适当变换大小。

② 复制小鸟所在图层，执行"图像｜调整｜色相饱和度"调整色相，适当变换大小和位置，效果如图 16.2.16 所示。

③ 新建一个图层，设置前景色和背景色为默认的黑色和白色，执行两次"滤镜｜渲染｜云彩"命令，如图 16.2.17 所示。将图层的混合模式调整为"滤色"，效果如图 16.2.18 所示。

图 16.2.15　小鸟素材

图 16.2.16　小鸟最终效果

图 16.2.17　"云彩"滤镜效果

图 16.2.18　最终效果

# 16.3　制作图书包装

　　本案例利用 Photoshop CC 制作图书《旅美杂记》的封面。

　　本案例所用素材皆为该书内图片，书的封面以一张图片为主，将美丽的蓝天、河流、道路、路边风景和绿草地展示给读者，插入 4 张旅游景点作为陪衬，用书的名称作为画龙点睛之视觉重点，使用图片、文字和色彩为设计元素，突出了本书的独有特性。

　　本案例的最终效果如图 16.3.1 所示。

　　在 Photoshop CC 中要完成的任务主要有两个：①制作图书封面包装平面效果。②制作图书封面包装立体效果；

　　案例的难点在于：封面的精准定位和画面创意。

图 16.3.1　图书包装效果

案例大体分 5 个主要内容：①制作图书封面尺寸。②封面的画面设计。③制作平面效果。④制作立体效果。⑤强化立体效果，如添加投影等效果。

## 16.3.1　制作图书封面包装平面效果

① 新建文件"旅美杂记.psd"。启动 Photoshop CC，新建一个名称为"旅美杂记"的文件，设置"宽度"为 21.6 厘米、"高度"为 26 厘米，"分辨率"为 300 像素/英寸，如图 16.3.2 所示。

②新建 5 条垂直参考线，4 条水平参考线。选择"视图｜新建参考线"命令，在"新建参考线"对话框中，依次设置"垂直"位置为 0 厘米、0.3 厘米、2.5 厘米、21.3 厘米、21.6 厘米，建立 5 条垂直参考线；依次设置"水平"位置为 0 厘米、0.3 厘米、25.7 厘米、26 厘米，建立 4 条水平参考线，如图 16.3.3 所示。

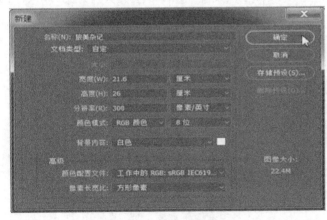

图 16.3.2　新建文件对话框

图 16.3.3　新建参考线效果

③ 打开"图 1.jpg""图 2.jpg""图 3.jpg""图 4.jpg"和"图 5.jpg"素材文件。分别将它们复制、粘贴至"旅美杂记"图像文件窗口中，并调整各自的大小和位置，如图 16.3.4 所示。

④ 盖印所有可见图层。按 Shift+Ctrl+Alt+E 组合键，生成"图层 6"图层；用"矩形"选框工具选择左边第 1 至第 3 条垂线之间的区域，填充颜色，设置填充颜色"R"为 207、"G"为 229、"B"为 240；单击图层面板底部的添加图层蒙版按钮 🔲，添加图层蒙版，用黑色的画笔涂抹刚刚填充的选区，要设置画笔的"不透明度"为 10%。图像效果如图 16.3.5 所示。

⑤ 输入文字。分别选择工具箱中的直排和横排文字工具，在文字属性栏中，设置"字体""字号""字间距""颜色"等，输入文字；打开"Logo.jpg"素材文件，复制到图书的封面图像文件中并调整位置和大小，如图 16.3.6 所示。

图 16.3.4 添加素材效果　　图 16.3.5 盖印可见图层效果　　图 16.3.6 输入文字效果

### 16.3.2 制作图书封面包装立体效果

① 新建文件"旅美杂记 1.psd"。新建一个名称为"旅美杂记 1"的文件，设置"宽度"为 41.6 厘米、"高度"为 46 厘米，"分辨率"为 300 像素/英寸，如图 16.3.7 所示。

② 新建 5 条垂直参考线，6 条水平参考线。选择"视图 | 新建参考线"命令，在"新建参考线"对话框中，依次设置"垂直"位置分别为 10 厘米、10.3 厘米、12.5 厘米、31.3 厘米、31.6 厘米，建立 5 条垂直参考线；依次设置"水平"位置分别为 10 厘米、10.3 厘米、10.6 厘米、35.4 厘米、35.7 厘米、36 厘米，建立 6 条水平参考线，如图 16.3.8 所示。

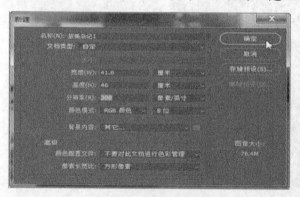 

图 16.3.7 "新建"对话框　　图 16.3.8 新建参考线效果

③ 将"旅美杂记.psd"文件窗口图像复制到"旅美杂记 1.psd"文件窗口。选择"旅美杂记.psd"文件窗口为当前窗口，合并所有图层为背景图层，按 Ctrl+A 组合键、按 Ctrl+C 组合键；选择"旅美杂记 1.psd"文件窗口为当前窗口，按 Ctrl+V 组合键。效果如图 16.3.9 所示。

④ 制作图书正面立体效果。在工具箱中，选择矩形选择工具■，在左起第 3 至 5 条垂线和上起第 1 至 6 条水平线间制作一个矩形选区；在系统菜单上，选择"编辑｜变换｜透视"命令，做"透视"变换，调整选区，效果如图 16.3.10 所示。按 Ctrl+D 组合键，取消选区。

⑤ 制作图书侧面立体效果。在工具箱中，选择矩形选择工具■，在左起第 1 至 3 条垂线和上起第 1 至 6 条水平线间制作一个矩形选区；在系统菜单上，选择"编辑｜变换｜透视"命令，做"透视"变换，调整选区，效果如图 16.3.11 所示。

图 16.3.9　复制图像效果　　　　图 16.3.10　制作图书正面立体效果　　　　图 16.3.11　制作图书侧面立体效果

⑥ 按 Ctrl+D 组合键，取消选区；选择"视图｜清除画布参考线"命令，清除画布参考线；双击"图层 1"缩略图，打开"图层样式"对话框，设置"投影"效果，得到最终图像效果，如图 16.3.1 所示。